职业教育3D打印技术应用专业系列教材

3D打印扫描技术

组　编　华唐教育

主　编　刘军华　曹明元

副主编　叶　锋　王爱红　刘　鹏

参　编　劾文颖　孙永忠　卢　启　卢金平　周振宇

机械工业出版社

本书兼顾理论基础与实践操作两个方面，主要按照任务驱动的方式组织相关内容。全书由导学和 7 个项目组成，以 3D 打印扫描技术的应用为编写主线，以逆向工程技术的介绍引出 3D 打印扫描技术，通过机械加工零件、塑料件、冲压件、铸造件的逆向设计为典型案例讲解 3D 打印扫描技术在逆向设计中的应用，将产品快速成型技术介绍和检测报告的生成与输出作为 3D 打印扫描技术应用的延伸。本书理论讲解内容难易程度适当；项目真实详尽，实用性强，便于教师教学和学生自学。

本书可以作为各类职业院校机械设计与制造类专业的模具、工业设计、机械设计课程的教材，也可作为 3D 打印爱好者的自学参考书。

本书配有电子课件，选用本书作为教材的教师可以从机械工业出版社教育服务网（www.cmpedu.com）免费注册下载或联系编辑（010-88379194）咨询。

图书在版编目（CIP）数据

3D打印扫描技术 / 刘军华，曹明元主编. —北京：机械工业出版社，2018.12（2023.12重印）

职业教育3D打印技术应用专业系列教材

ISBN 978-7-111-61677-1

Ⅰ. ①3… Ⅱ. ①刘… ②曹… Ⅲ. ①立体印刷—印刷术—职业教育—教材 Ⅳ. ①TS853

中国版本图书馆CIP数据核字（2019）第010140号

机械工业出版社（北京市百万庄大街22号 邮政编码100037）

策划编辑：梁　伟　　责任编辑：李绍坤

版式设计：鞠　杨　　责任校对：马丽婷

封面设计：鞠　杨　　责任印制：单爱军

北京虎彩文化传播有限公司印刷

2023年12月第1版第4次印刷

184mm×260mm・14印张・276千字

标准书号：ISBN 978-7-111-61677-1

定价：39.80元

电话服务

客服电话：010-88361066

010-88379833

010-68326294

封底无防伪标均为盗版

网络服务

机　工　官　网：www.cmpbook.com

机　工　官　博：weibo.com/cmp1952

金　　书　　网：www.golden-book.com

机工教育服务网：www.cmpedu.com

前言

目前已经出版的有关3D打印扫描技术、逆向设计的图书中，大部分提供的建模源文件是点云数据文件，使用点云数据进行逆向造型，几乎没有对原型数据采集的方法做出说明，缺少了数据的溯源性；在逆向设计的过程中，缺少对产品原型的注塑、冲压、机加工、铸造等成型工艺说明，缺少关于工艺特性和产品原型缺陷对后期数据采集、逆向建模影响的说明，缺少如何在逆向中规避上述问题的描述。

针对以上问题，本书编者使用工业级的三维扫描、三坐标测量机等三维测量工具，结合自身多年的相关工作经验，介绍了逆向工程常用的软硬件资源。重点选取了机加工零件、塑料件、冲压件、铸造件作为典型案例，对其成型工艺做出判断、分析，三维数据采集工具的选择和采集前的处理做出说明，简要介绍数据采集的过程、数据输出的类型和特点。最后使用专业三维软件进行逆向造型设计，本书对大型工件的扫描、处理做出了简单介绍，供读者阅读了解。本书还对市场上主流的产品快速成型工艺和使用的材料做了简单介绍，方便读者根据成型产品的用途合理选择成型材料和成型工艺。本书通过一个项目重点介绍了3D打印扫描技术的另外一个重要用途——质量检测，对如何使用产品扫描数据和设计原型做出比较，输出检测报告做出了详细说明。

本书以工业级三维扫描仪作为数据采集工具，从实际应用出发，对各种典型成型工艺的工件数据采集、分析、处理、逆向造型、快速成型等做出了详细介绍。案例真实，有易有难，覆盖全面，造型过程清晰，贴近读者需求。

本书由常州信息职业技术学院刘军华、华唐集团董事长曹明元担任主编，常州信息职业技术学院叶锋、北京科技高级技术学校王爱红、华唐集团刘鹏担任副主编，参加编写的还有劾文颖、孙永忠、卢启、卢金平和周振宇。刘军华编写了导学，项目2、4、5、7，叶锋编写了项目3，王爱红编写了项目1，刘鹏、劾文颖、孙永忠、卢启、卢金平和周振宇共同编写了项目6。另外本书在编写过程中得到了先临三维科技股份有限公司教育事业部经理施翰昱先生，马路科技ATOS华东区经理青志东先生的大力支持，在此表示诚挚的感谢。

由于编者水平有限，不当之处在所难免，望读者批评指正。

编　者

目录

目录

导学

本项目将以汽车开发为例介绍逆向工程产生的起源和主要用途，进而解释逆向工程的定义，逆向设计“实物原型”⟶“数字化实物三维原型”⟶“三维原型重建”⟶“创新设计的三维模型”⟶“创新实物”的具体流程，逆向设计过程中使用的软、硬件等内容。

- ❐ 一、产品设计开发与逆向工程。
- ❐ 二、逆向工程的应用流程。
- ❐ 三、逆向工程常用的硬件设备介绍。
- ❐ 四、逆向工程常用的软件介绍。

逆向工程（Reverse Engineering，RE）是将实物模型转变为CAD模型的相关数字化测量技术、几何模型重建技术和产品制造技术的总称。简单地说，逆向工程就是根据已经存在的产品模型，反向推出产品设计数据（包括设计图样或数字模型）的过程，是一个“从有到无”的过程。

逆向工程原本只是产品正向开发的一种途径。在进行产品开发的过程中，设计师根据调研结果和客户需求构思出大量的设计方案供客户选择、重组，最终形成客户认可的平面效果图，模型师根据二维效果图制作成三维模型，和设计师沟通是否符合设计要求或表达了设计思想，在符合设计师和客户的要求之后，使用数字化的测量工具将实物模型转化为数字化的模型，然后在专门的软件中进行建模、加工样机、测试、小批量投放市场，最终批量上市。

在上述过程中，逆向工程的主要工作就是将实物模型转化为数字模型。随着该技术的普及，被大量应用于产品的仿制、再创造，使逆向工程和“山寨”等同起来，与该技术的产生背景已经背道而驰了。

随着该项技术的发展，逆向技术已经被应用到越来越多的领域中，如产品的改型、零件的复制和还原，产品精度的提升，产品的检测，文艺品的复制等。在传统的木雕和艺术品领域，设计师的作品都是单一的作品，很难实现批量化，逆向工程通过对手工雕刻出的实物进行扫描处理，形成雕刻机所识别的*.stl文件，进行批量生产。

一、产品设计开发与逆向工程

产品开发过程中，首先是新产品研发之前的调研和评估、新产品研发立项、方案设计、设计方案评审、模型制作及修改、模型三维扫描、数据处理、模型三维重构、样机制作、实验、小批量生产投放市场。

在此过程中，模型是展现设计方案的最佳手段，模型师通过和设计师反复沟通制作、修改产品模型，直至设计师满意。最终的设计模型制作出来以后，使用三维扫描仪、三坐标测量机等数字化测量工具将实物模型扫描出来，导入专业的逆向设计软件之中进行模型重构，完成后将数字模型分解，进行在此基础上的关联设计，得到产品完整的数字模型，最后使用快速成型技术将产品样机制作出来。

下面以汽车为例，展示逆向设计在整个产品开发过程中的作用。

1．产品创意阶段

在该阶段，设计师设计出大量手绘设计草图，供客户选择，针对客户的要求重新组合，直至设计出满意的产品草图，如图0-1所示。

图0-1 手绘设计草图

在确定大体方案后，为了更好地表达设计理念，对草图进行上色，使用色彩图对方案进行进一步优化和表现，得到上色的设计方案，如图0-2所示。

图0-2 上色后的草图

2．模型制作阶段

在该阶段，模型师通过和设计师反复沟通修改将产品模型制作出来，在汽车的开发过程中，油泥模型是必不可少的展示手段。技术高超的模型师会先制作1:4的车辆油泥模型，最后制作1:1的汽车模型，如图0-3所示。

图0-3　模型制作

3．逆向设计1——采集点云数据

在该阶段，使用三坐标测量机和三维扫描仪等逆向设备，对汽车模型进行数据采集，转化为点云数据，如图0-4所示。

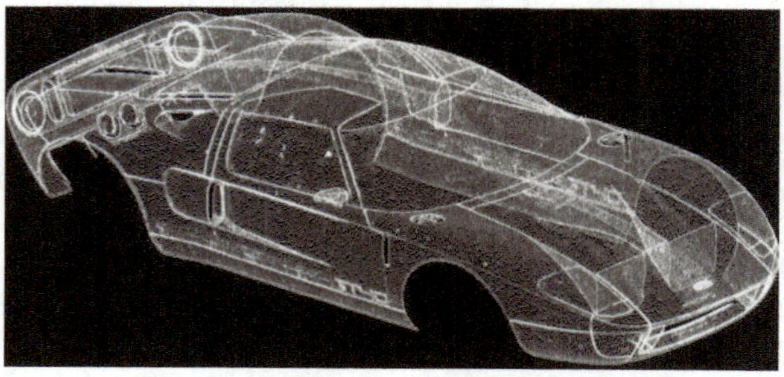

图0-4　根据模型得到的点云数据

4．逆向设计2——模型三维重构

在该阶段，将点云数据导入逆向设计软件，利用点云数据进行产品模型三维重构，得到可以进行计算机辅助设计和制造的数字模型。完成后的效果如图0-5所示。

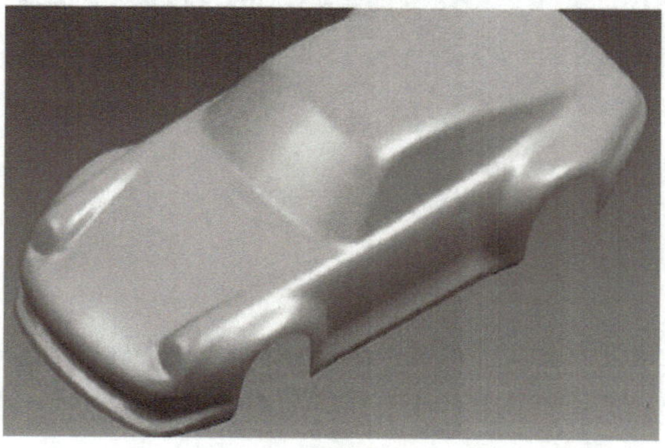

图0-5　完成模型重构后的产品

5．逆向设计3——分解、关联设计阶段

根据重构的模型，在三维软件中设计其他部件，得到的设计效果图如图0-6所示。

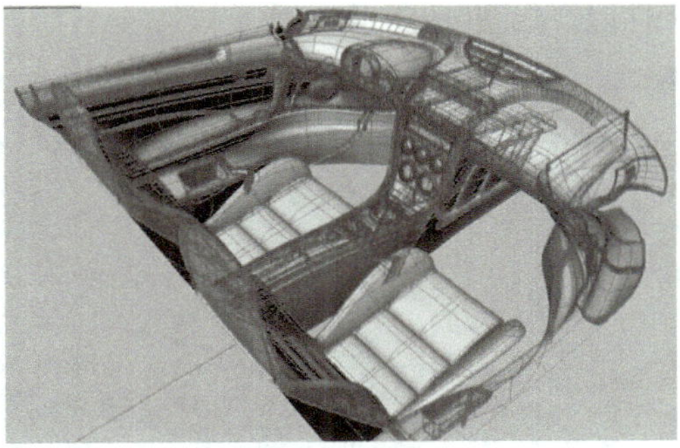

图0-6　关联设计其他部件

6．数字化设计与装配

根据关联设计的主要部件，结合已有的设计部件，在计算机中进行虚拟装配和设计分析，得到的装配效果图如图0-7所示。

图0-7　数字化设计完成后的装配效果图

7．制作样车

根据数字化设计的汽车模型，使用计算机辅助制造和快速成型技术，1:1制作真实样车或概念车，如图0-8所示。

图0-8　样车转配

8．样车实验

完成的样车在上市之前要进行风洞实验、碰撞实验、各种路试，根据实验结果重新对各部件进行调整，直至发挥最大性能，如图0-9所示。

图0-9　样车实验

通过汽车的开发过程，可以了解到逆向技术的主要作用是将实物模型转换为数字模型，用于模型重构或者重新设计或改型设计。

如今，逆向技术被应用于越来越多的领域中，它以已有的产品为基础或研究对象，通过逆向技术消化和吸收原型数据，通过修改和再设计，制造出新的产品，是一项具有开拓性、综合性的技术。

二、逆向工程的应用流程

逆向工程是从“实物原型”⟶“数字化实物三维原型”⟶“三维原型建模”⟶“创新设计的三维模型”⟶“创新实物”的过程。

在此过程中有几个重要的转变，第一个转变是“实物原型”⟶“数字化实物三维原型”，是从“实”到“虚”的转变。它是利用三坐标测量机和三维扫描仪扫描实物原型，使之转化为数字原型，可以是点云格式的文件，也可以是STL格式的文件，此类文件可以用于重新建模，或者用于“数模比对”检查产品质量。

第二个转变是“数字化实物三维原型”⟶“三维原型建模”，是从点云格式的文件到可编辑的实体三维模型，或者是从小三角片体的STL文件到可编辑的实体三维模型的转变。在此过程中需要用到多学科的知识。比如，一件塑料模具产品的逆向建模，需要建模人员具备材料、成型工艺、模具、测量、装配等多方面的知识，能够对产品进行综合分析，避免产品缺陷，分析产品装配需求，正确处理逆向建模的重点和难点，正确还原产品的设计意图和设计思路，是一个消化的过程。

第三个转变是“三维原型建模”→“创新设计的三维模型”，是设计师在消化吸收原有产品的基础上，突破技术保密限制重新设计的过程，也是设计师创新的过程。二次大战以后，日本通过模仿美国和欧洲的产品，获取了先进的技术和设计理念，在对其技术消化和吸收的基础上建立了自己的创新设计体系和基础，经济迅速崛起，成为仅次于美国的制造大国。近年来在我国汽车行业也有很典型的通过模仿建立自主品牌的成功案例。

第四个转变是“创新设计的三维模型”→“创新实物”，是从“虚”到“实”的过程。创新设计完成的三维模型，使用快速原型和3D打印技术，将产品样机真实还原出来，制作成概念原型或样机，进一步检验产品的设计。

三、逆向工程常用的硬件设备介绍

三坐标测量机和三维扫描仪是进行数字化测量的重要工具，其使用的软件和硬件都有很大的不同。用途也有很大的不同。三坐标测量机主要用来测量机械加工零件的形位公差，在测量公差的过程中具有直观、快速、高精度的特点。三维扫描仪主要用来测量曲面物体，通过非接触式的光学扫描获得物体的三维模型，主要是用来做数模比对和逆向建模的参考原型。

1．认识三坐标测量机

1956年，英国Ferranti公司开发了第一台三坐标测量机，1992年全球拥有三坐标测量机46100台，年销售增长率为7%～25%。发达国家拥有量高，在欧美、日韩每5～7台机床配备一台三坐标测量机。我国三坐标测量机的生产始于20世纪70年代，年增长率20%以上。目前，三坐标测量机被广泛应用在汽车、航天、航空、家电、电子、模具等制造领域。

（1）什么是三坐标测量机

一个三坐标测量机必须满足下面3个条件，有X、Y、Z 3个坐标轴，两两垂直，三轴满足左手定则（大拇指指向Z轴，食指指向Y轴，中指指向X轴）；有一个可以感知空间位置信息的测头系统；有负责分析处理测量数据的软件，测头信息传输给软件，软件分析、处理后得到所需数据。三坐标测量机的主要组成部分如图0-10所示。

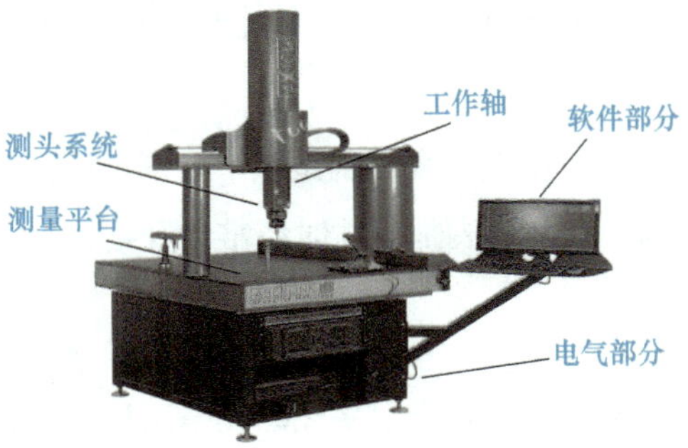

图0-10　三坐标测量机的组成

三坐标测量机的主要组成部件分为硬件和软件。硬件由主机（3个相互垂直的坐标轴和工作平台）、测头系统和电器系统组成；软件部分主要是用于处理、分析测头系统测量数据，得出测量结果。

（2）三坐标测量机的分类

三坐标测量机可以分为移动桥式、“L”形桥式、固定桥式、龙门式和悬臂式，如图0-11所示。

图0-11 三坐标测量机的分类

（3）三坐标测量机的测量原理和优缺点

将被测物体置于三坐标测量机的测量空间，根据测量需求建立测量坐标系，使用测头系统测量出被测物体上各测量点的坐标位置，根据这些点的空间坐标值，可计算出被测对象的位置公差。

三坐标测量是一种接触测量。精度最高级别是微米级别，可直接测量特征尺寸，但是其测量速度慢，仅能测量硬质表面，在测量内部尺寸时经常会受到限制。

2．认识三维扫描仪

三维扫描仪和三坐标测量机一样都属于数字化的测量工具，它属于一种非接触式测量，有二维影像仪、激光扫描仪、三维光学扫描仪。下面重点介绍三维光学扫描仪，国外产品中技术和易用性的典型代表是ATOS光学扫描仪，国产的三维扫描仪主要是先临三维科技股份有限公司为代表的光学扫描仪。

（1）三维扫描仪的测量原理

三维光学扫描仪的基本原理是把结构光栅投影到物体表面，物体表面形状不同让投射过来的光栅影线发生不同的变形，再利用两个工业照相机获取相应图像，通过解析变形影线，就可以获得图像上像素的三维坐标，形成密集的三维点云。其原理如图0-12所示。

图0-12　三维扫描仪测量原理

（2）三维扫描仪介绍

三维光学扫描仪是目前三维形状测量中最好的方法之一，主要优点有测量范围大、速度快、成本低、携带方便、易于操作；缺点是精度相对较低、不适合扫描曲率大的表面、点云边界不清晰。尽管如此，基于结构光法的三维扫描仪仍被认为是目前测量速度和精度最好的扫描系统之一，特别是针对复杂面型的测量。先临三维科技股份有限公司的OKIO—5M光学测量系统可以在几秒内完成一幅数百万、甚至上千万个像素点的图像测量，且精度达到0.05mm以内，然后通过软件将多次测量的图像利用公共区域拼接起来。

先临三维科技股份有限公司自2004年成立以来，三维扫描技术发展迅速，目前其产品已成为国内领先的扫描测量系统。它共有两个模块，分别是复杂面型测量模块和摄影测量模块，在本书中，重点介绍了先临三维扫描仪的用法。

1）复杂面型测量模块。复杂面型测量模块采用立体照相机测量技术和先进的电外差相位测量光栅，数秒内完成点云数据采集，不同规格每次的最大采集点数是不同的，最新的型号为OKIO—5M，可在2s内获取多达5百万的高精度点云，可满足在任何环境、对不同尺寸的复杂零件进行三维测量，提供完整的误差分析和评估功能。其扫描范围可达20m，广泛用于质量控制、逆向工程、快速成型（雕刻业）、快速制造、虚拟装配。复杂面型测量模块的先临三维扫描仪如图0-13所示。

图0-13　先临OKIO—5M三维扫描仪

2）Tritop测量模块。Tritop测量模块又称照相测量定位系统，是利用照相机技术来获取标记点坐标。为了有效控制和消除复杂面型测量模块的拼接误差，需要使用Tritop测量模块，提高大尺寸零件的测量精度和效率。Tritop采用一个高分辨率的数字照相机，采取手持拍照式对贴有参考点的零件从不同的角度进行拍照，相片数据直接读入Tritop软件系统进行快速处理和计算，得到标志点的三维坐标提供给复杂面型模块。当然，Tritop测量模块也能单独使用，进行检测分析，用于夹具、检具等特征对象的测量，如图0-14所示。

图0-14　ATOS三维扫描仪Tritop测量模块

（3）光学测量系统的误差分析

对于光学测量来说，必须根据不同的测量对象选择不同测量精度的设备。影响测量精度的因素很多，如测量的原理误差、测量系统的精度以及测量过程中的随机因素等，都会对测量结果造成影响，从而产生测量误差。影响数据测量误差的因素主要有以下几点，尽量避免这些误差。

1）物体自身的因素。在光学测量中被测物体本身的材料、粗糙度、颜色、光学性质及表面形状，对光的反射和吸收有很大差异，尤其是物体表面的粗糙度和折射率。比如，直接扫描反光件，不喷显影剂，误差会增大。

2）标定的因素。由于光学测量系统在制造和装配时必然存在误差，因此对于物点到像点的非线性关系的标定技术更是获取物体三维点云的关键。由于侧头变形及标定时对光学系统进行了很多理想假设，因此带来了一些系统误差。比如，进行系统标定时，每次标定完弹出的参数是不一样的。

3）照相机或投射器的因素。由于照相机和投射器都有焦距，当焦距模糊时，拍出的工件图片是模糊的，再根据模糊图片解析点云，将会增加测量误差。

4）标记点的误差。光学测量设备的扫描范围有限，若将整个工件扫描完整需进行多次拼接。在提点和匹配过程中将产生拼接累积误差。

5）环境的因素。由于三维光学测量系统需通过打光栅到物体表面，因此受环境影响较大。温度：–10℃～50℃，要防止剧烈的温度变化；湿度范围：相对湿度<65%；光强环境：在日光灯及自然光下（不要在强光源或频闪光下）；请勿在有腐蚀性气体、多尘、震动的环境下使用设备。

（4）三维扫描仪的优缺点

1）三维扫描仪的缺点。

①光学扫描仪靠工件表面对光反射接收数据，因此对反光程度、颜色有较高的要求。

②相对于接触式测量而言，测量精度低。

③对细节表达不清楚，容易丢失数据，比如边界、缝隙、孔洞等。

④测量镜头与工件之间有角度限制，否则会增加测量误差。

⑤易受环境光线及杂散光影响，故一般点云杂点都较多。

2）三维扫描仪的优点。

①有光学扫描仪的优点。

②相对三坐标测量机无须进行测头的半径补偿。

③测量速度快，不必逐点测量，测量面积大，数据较为完整。

④可以直接测量材质较软以及不适合直接接触测量的物体，比如文物、橡胶等。

四、逆向工程常用的软件介绍

逆向工程常用的软件根据逆向工程过程的不同，大体上分成3个阶段。

第一个阶段是对扫描设备采集的点云数据进行处理和分析，近几年，随着三维扫描仪的更新换代，以德国GOM公司为代表的三维扫描仪制造厂商在发展硬件的同时，软件的功能也越来越强大，GOM Inspect软件在数据扫描、数据封装、数据处理、数模比对、检测报告输出等方面的功能十分强大（详见项目8）。

第二个阶段是曲面或实体重构软件，这方面的软件有SIEMENS公司的UG、Catia等，这方面的软件主要功能是利用扫描数据进行实体或者曲面建模。其中功能最为强大的就是SIEMENS公司的UG软件，其主要功能稍后将做详细介绍。

第三个阶段是数据分析（CAE）软件，这方面的软件有Geomagic Qualify等，但综合性的GOM Inspect软件在易用性和数据分析方面的功能较为强大。

综上所述，本书在编写过程中，在第一和第三阶段推荐大家参照项目8，下载使用GOM Inspect软件。而实体建模方面推荐大家使用SIEMENS公司的UG NX软件。

1．初步认识SIEMENS公司的NX软件

NX是一个用于完整的产品工程的CAD/CAM解决方案，如图0-15所示。它能很好地帮助制造商在集成的数字化环境中设计、模拟、验证产品及其生产过程，能有效地捕捉、应用和共享整个数字化过程的知识，为制造商提高其战略优势。

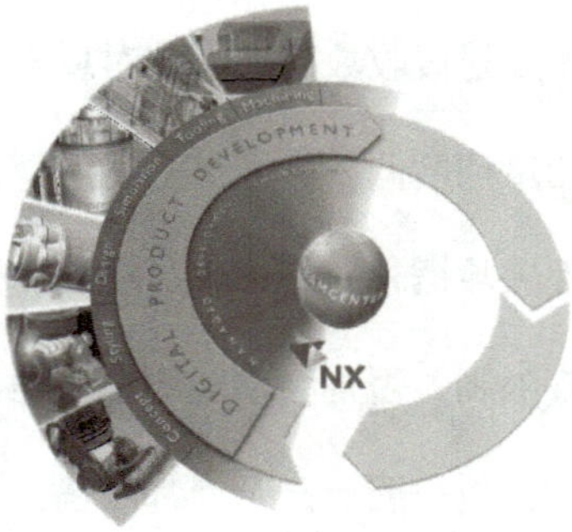

图0-15　NX数字化产品开发流程

NX的技术特性：NX包含一套完整的产品工程流程解决方案。NX的应用程序从产品概念设计到加工制造，利用一套统一的方案把产品开发流程中的所有学科和所有活动融合到一起。

1）概念设计（Concept）。用于获取和管理客户以及设计所需要的信息，在概念模型中嵌入知识规则，并允许评价多种设计方案。

2）风格及样式设计（Styling）。用于工业设计、风格及样式设计，逆向设计。NX具备自由形状建模、表面连续性及分析、形象化渲染以及先进的表现方式等功能。

3）产品设计（Design）。NX提供一套先进的产品设计方案，主要包括以参数化或直接建模的方式实施混合建模、装配设计和管理、用于钣金和路线系统的流程设计工具、产品设计验证、三维尺寸标注和出工程图等。

4）性能仿真验证（Simulation）。包括范围广泛的仿真工具组合，主要包括供设计人员使用的运动和结构分析向导、供仿真专家使用的前/后处理器以及用于多物理场CAE的企业级解决方案。

5）工装及模具设计（Tooling）。包括普通用途的工装和夹具设计、用于塑模开发的知识驱动型注塑模设计向导、用于冲压级进模设计的模具工程向导等。

6）加工制造（Machining）。行业领先的数控编程解决方案，集成刀具路径切削和机床运动仿真功能，能够根据需要生成后处理程序、车间工艺文档，并有效地管理制造资源等。

2．初步认识UG NX软件的工作流程

NX的数字化产品开发过程体现了并行工程的思想。在产品设计初期，它的下游应用部门（如工艺部门、加工部门和分析部门等）就已经介入设计阶段，整个过程是一个可反馈、修改的过程。

NX强大的参数化建模功能能够支持模型的实时修改，系统能够自动更新模型，以满足设计要求。这种工作过程不必等产品设计完成，而是在产品初步设计后，就可以进行方案评审，并不断修改设计，直到达到设计要求。

应用NX进行数字化产品开发的一般流程如图0-16所示。

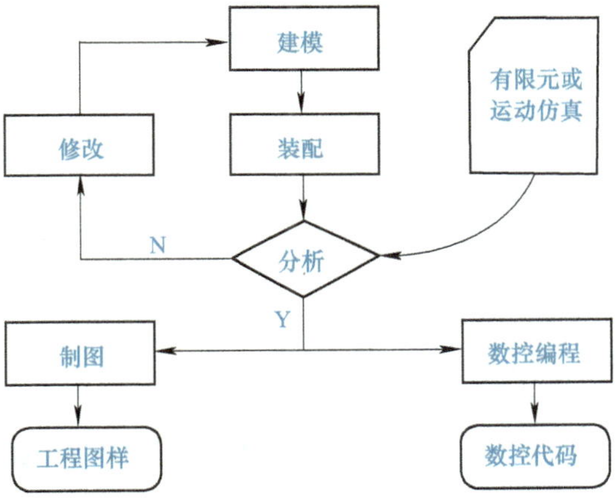

图0-16　NX的工作流程

3．建立正确的逆向设计思路

根据产品的成型工艺选择合适的测量工具。机械加工产品要求测量精度较高，应当选择三坐标测量机进行测量，通过分析产品功能和加工基准进行逆向建模。模具产品可以选择三维扫描仪进行测量，根据成型工艺建立正确的建模思路。如果是模具产品，那么无论是塑料模具还是压铸模具，至关重要的是分析产品的拔模方向。拔模方向在造型中非常重要，如果拔模方向不对，那么就容易产生倒拔模，导致数据无法使用。

运用专业知识规避工艺缺陷，还原设计意图。要清楚地知道哪些是产品缺陷或者是工艺缺陷，比如塑料件的变形、冲压件的回弹、机加工件的加工公差等，避免照葫芦画瓢，浪费了时间还得不到好的建模结果。

4．应当具备的逆向造型原则

逆向造型的原理是相同的。造型的方法很多。同样的物体造型时可能有很多种方法，每个人每次做出来的面都不一样。在掌握了普通方法后可以自己试着用其他方法来做，从中理解逆向造型的原理、思路和方法，自己也可以总结出一些小技巧，以提高造型的质量。

但总体要保证逆向造型出来的数据特征明显、面光顺、尽量体现了原有的设计意图，为使用数据二次开发或创新设计提供准确参考。

5．应当知道的一些逆向造型小技巧

（1）建模过程的小技巧

1）先构大面，尽量做到最大。

2）对于复杂曲面尽量用非参方式建模。

3）倒圆角时先大后小、先少后多、同类型的边一起倒、先支路后干路。

4）先难后易。

5）消失面用桥接。

6）圆角倒不过切四边。

（2）使用UG逆向建模过程的小技巧

UG的逆向造型遵循点→线→面→体的一般原则。

1）取点。点的来源有很多种，可以是三坐标直接测量得到的IGS数据点，也可以是三维扫描仪STL数据截线后得到的样条节点。一般原则是在曲率变化比较大的地方点要密一些，平滑的地方则可以稀一些。由于一般的三坐标测量机取点的效率大大低于激光扫描仪，所以在零件测点时要做到有的放矢。值得注意的是除了扫描剖面、测分型线外，测轮廓线等特征线也是必要的，它会在构面的时候带来方便。

2）构线。构线之前先整理好点，包括去误点、明显缺陷点。同方向的剖面点放在同一层里，分型线点、孔位点单独放一层，轮廓线点也单独放一层，便于管理。通常这个工作在生成点阶段完成，也可以在UG软件中完成。然后根据建模需要构造合适的或需要的线。连分型线点尽量做到误差最小并且光顺。因为在许多情况下分型线是产品的装配结合线。对汽车、摩托车中一般的零件来说，连线的误差一般控制在0.5mm以下。连线要做到有的放矢，根据样品的形状、特征大致确定构面方法，从而确定需要连哪些线条，不必连哪些线条。连线可用直线、圆弧、样条线（Spline），选点间隔尽量均匀，有圆角的地方先忽略，做成尖角，做完曲面后再倒圆角。

因测量有误差及样件表面不光滑等原因，连成spline的曲率半径变化往往存在突变，对以后的构面的光顺性有影响。因此，曲线必须经过调整使其光顺。调整中最常用的一种方法是编辑样条。但必须注意，无论用什么命令调整曲线都会产生偏差，调整次数越多，累积误差越大。误差允许值视样件的具体要求决定。

特别需要注意的是，构造线时要把握以下几点。

①所有构造线必须光顺连接，也就是相切或曲率连续，这样做出来的面才能光顺。如果不光顺连接，则所做出来的面就会扭曲。

②边界线的制作必须满足以下几个条件：相邻边应尽量垂直，角度不能太大；同类型的构造线要尽量平行，线的长度要尽可能差不多，不能相差太大；所有构造线尽量在一个平面内，并且和最终所做的平面垂直；疏密有致，也就是说在要做的面变化比较大的地方取的构造线要密，在变化不大的地方构造线要稀。

③先直线后圆弧线再样条曲线，也就是在做线时能做直线的地方要做成直线，不能做成直线时做成圆弧，在直线和圆弧都不能做时才用样条曲线，在做的过程中要尽量用圆弧。

④尽量做成平面线，而不是三维空间线。

⑤在平缓的地方桥接时，尽量用倒圆连接。

⑥在桥接时不能在端点，必须回拉一点，一般是做过头往回割，回拉时，桥接线不能超过两边的原始线，必须使桥接的线在原始线内部，这样所做出来的线才完全是凸曲线。

⑦在边界线上用构造线所在的平面求出交点，做出人造测量点。

3）造面。UG中经常使用的构面方法包括过曲线组、曲线网格、扫略等，构面方法的选择要根据样件的具体特征情况而定。最常用的是曲线网格，其优点是可以保证曲面边界曲率的连续性，面的质量更高。而过曲线组只能保证两边曲率，在构面时误差也大。

另外，在做一个单张且比较平坦的曲面时，直接用点云构面更方便。但是对那些曲率半径变化大的曲面则不适用，构造面时误差较大。有时面与面之间的空隙要桥接，以保证曲面光滑过渡。在构建曲面的过程中，有时还要再加连一些线条用于构面。连线和构面经常要交替进行。曲面建成后，要检查曲面的误差，一般测量点到面的误差，对外观要求较高的曲面还要检查表面的光顺度。当一张曲面不光顺时，可求此曲面的一些截面，调整这些截面使其光顺，再利用这些截面重新构面，效果会好些，这是常用的一种方法。

构面还要注意简洁。面要尽量做得大，张数少，不要太碎，这样有利于后面增加一些圆角、斜度、增厚等特征，而且也有利于下一步编程加工，刀路的计算量会减少，NC文件也小。

4）组体。对于机械加工零件可以直接使用UG中的实体建模命令直接构造为实体。对于曲面的零件，当外表面完成后，下一步就要构建实体模型。当模型比较简单且所做的外表面质量比较好时，用缝合或增厚指令就可建立实体。如果不能增厚，那么采用偏置曲面是一个不错的选择。偏执命令可同时选多个面或用窗口全选，提高建模速度。对于那些无法偏置的曲面，一种可能是由于曲面本身曲率太大，偏置后会自相交，导致偏置失败；另一种可能是被偏置曲面的品质不好，修改好曲面后再偏置；看起来光顺性很好不能偏置的，可将曲面转换为成B曲面后再偏置，基本会成功。偏置后的曲面有的需要裁剪，有的需要补面，可以使用修剪延伸等各种曲面编辑命令完成内曲面的构建，然后缝合内外表面成为一个实体。最后进行产品结构设计，如加强筋、安装孔等。

项目小结

通过本项目的学习，对什么是逆向工程、逆向工程的产生和产品开发的关系、逆向工程的应用流程有了大致的了解，对逆向工程有了正确的认识，不再认为逆向就是仿造、“山寨”，而是产品创新设计的一个快速途径。

通过了解常用的逆向工程硬件设备，在了解其组成、测量原理的基础上，为在逆向过程中选择合适的测量工具提供依据。

通过了解常用的逆向工程软件功能，在不同的阶段使用不同的软件，充分发挥各个软件的长处，通过数据的输入和输出，使用各个软件完成需要达到的目的。

通过了解逆向造型的原则，综合利用专业知识，规避测量和样件的缺陷，正确还原设计意图，设计出产品的真实设计尺寸。

思考与练习

1）逆向工程是什么？你觉得你身边的哪些实物是通过逆向工程设计出来的？

2）逆向工程的应用流程是什么？

3）逆向工程常用的硬件有哪些，各有什么长处，对于书中没有列出的用于检具检测和调整的关节臂（带有硬质测头或者激光测头），你了解吗？其和书中重点介绍的三坐标测量机及三维扫描仪有哪些相似或不同之处？

4）你了解的逆向设计软件有哪些？它们有什么共同之处，又有哪些优缺点？

项目1

机械加工零件的三维扫描与逆向设计

本项目使用三维扫描仪对数控铣床加工的凸台零件进行数据采集，使用Geomagic Studio/Wrap软件进行数据处理，最后使用Geomagic Design X逆向设计软件完成凸台的逆向设计建模，以此为例介绍机械加工零件的逆向流程。当然如果需要精密的逆向设计，也可以使用三坐标测量机对其进行测量得到其逆向造型的数据。

- ❐ 任务1　机械加工零件扫描采集数据。
- ❐ 任务2　机械加工零件扫描数据的处理。
- ❐ 任务3　机械加工零件的逆向设计。

对于机械加工零件来说，如果类似于本例中没有曲面的零件（见图1-1），使用三维扫描仪可以快速获得逆向设计的参考数据，然后根据机械加工工艺的相关知识修正加工误差，得到正确的产品设计尺寸。

图1-1 凸台零件

对于精密零件的逆向设计，可以使用三坐标测量机等精密测量工具进行测量。需要注意的是，在使用三坐标测量机测量之前需要在正确的对象上建立测量坐标系，然后测量。

而三维扫描仪在测量时不需要此步骤，但必须在软件中逆向设计建模时完成调整。

任务1 机械加工零件扫描采集数据

一、机械加工零件扫描工具的选择

1．三维扫描仪简介

机械加工零件的扫描可以采用三坐标测量机（CMM）或三维扫描仪等测量装置来获取零件表面点的数据。本任务选择用三维扫描仪对数控铣床加工的凸台零件进行数据采集。本项目中使用的三维扫描仪硬件结构如图1-2所示。

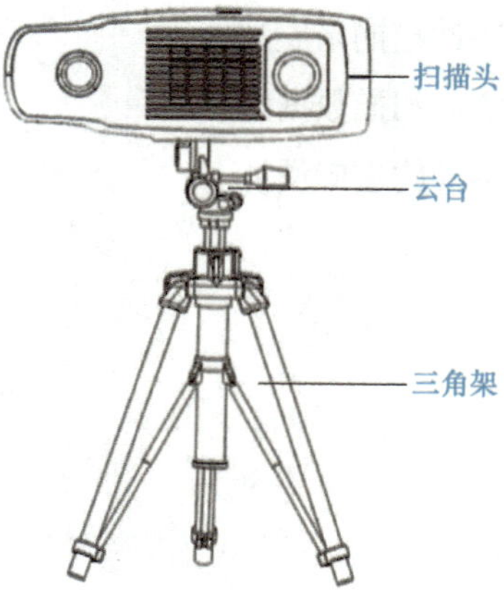

图1-2 扫描仪的硬件结构

2．三维扫描仪配套软件介绍

本项目中使用的三维扫描仪配套的扫描软件是Win3DD三维扫描系统，软件安装完成后，计算机桌面增加一个如图1-3所示的快捷图标。双击该图标即可启动运行Win3DD三维扫描系统。

图1-3 扫描软件图标

二、机械加工零件的表面处理

通过观察发现该凸台是铝材质，光滑处可能会反射光线，影响正常的扫描，所以可以采用喷涂一层显像剂的方式对零件表面进行处理，从而在扫描阶段获得更加理想的点云数据，为之后的建模打下基础。

经过喷粉处理的零件，在扫描前要进行扫描策略的制定并进行标识点粘贴。在凸台和转盘上均要贴上合理的标志点。凸台正面、背面和中间过渡面均需要粘贴合适数量的标识点，选择中间侧面作为过渡面。完成标识点粘贴的结果如图1-4所示。

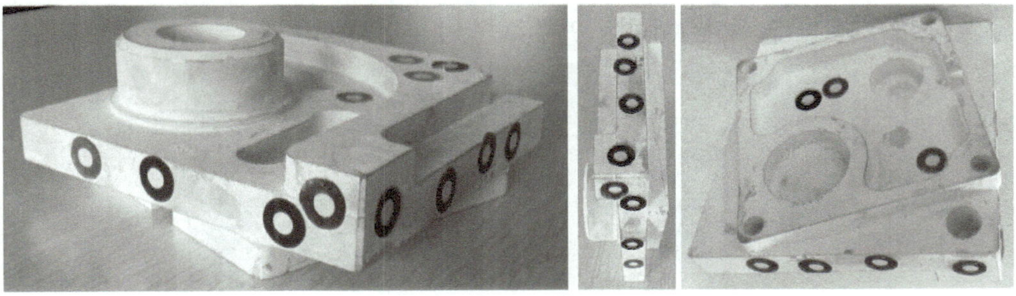

图1-4　完成标识点粘贴后的零件

需要注意的是，在喷涂显像剂时需要清洗模型表面并晾干，喷涂前摇匀，与物体保持150～300mm的距离喷涂，使喷出的显像剂粉末均匀落在产品表面，尽量做到物体各表面的粉薄而均匀，待其干透后即可进行扫描。

三、零件的扫描

三维扫描仪在使用之前，首先要对扫描仪进行标定。标定是得到三维世界坐标系中工件点的三维坐标与其图像坐标系中对应点的函数关系（旋转、平移）的过程。照相机标定精度是决定扫描系统精度的重要因素。系统进行硬件调整或运输后以及在使用过程中产生较严重振动的情况下，都需进行重新标定，以保证扫描系统的精度。打开WIN3DD，按照图1-5所示的标定步骤完成标定。

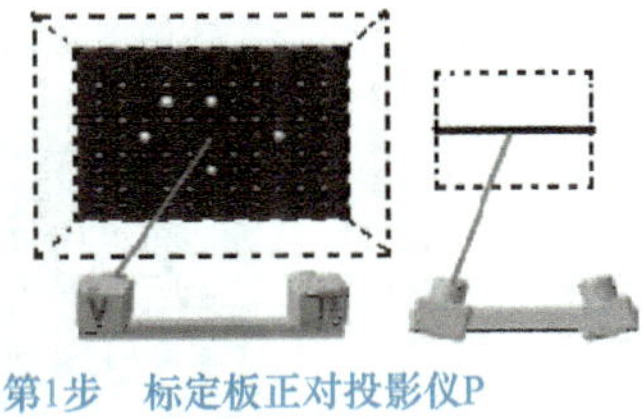

第1步　标定板正对投影仪P
标定板两个相邻大点在上方
标定板距设备600mm

图1-5　三维扫描仪标定界面

1．新建工程

新建工程时首先给工程起个名字，例如“tutai”。然后将凸台放置在扫描转盘上，确定转盘和凸台在十字中间，尝试旋转转盘一周，在软件的实时显示区域观察，确保能够扫描到整体。

2．对凸台进行扫描，获取完整的点云数据

1）调整扫描距离并进行第一步扫描。

将被扫描工件放置在视场中央，单击“投射图像”中的“投射十字”项，通过云台调整硬件系统的高度及俯仰角，使白色十字与黑色十字尽量重合，并且保证十字尽量在被扫描工件上。参数调整好即可进行“扫描操作”，开始第一步扫描，如图1-6所示。

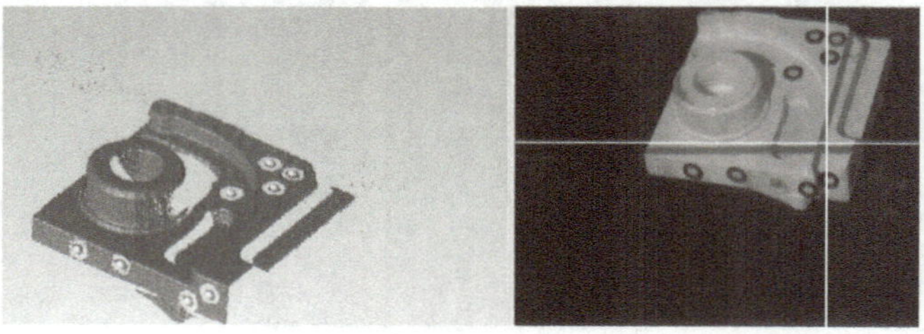

图1-6　第一步扫描

在扫描时如果物体表面凸凹不平不容易观察，则可以先用一张白纸来调节。如果使用转盘上的标识点作为过渡，则需要保证在扫描过程中，物体与转盘不能有任何相对移动，否则扫描点云拼接时会出现错位。

2）转动转盘一定的角度，必须保证与上一步扫描有公共重合部分，重合是指标识点重合，即这一步和上一步能够同时看到至少3个相同的标识点，如图1-7所示。

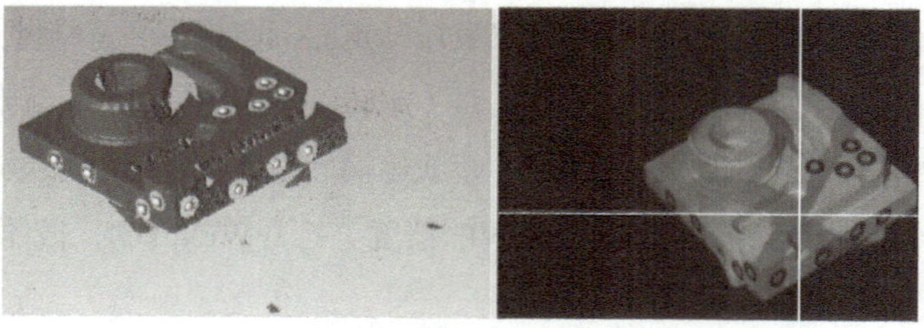

图1-7　第二步扫描

3）同步骤 2）类似，向同一方向继续旋转一定角度进行扫描，如图1-8所示。

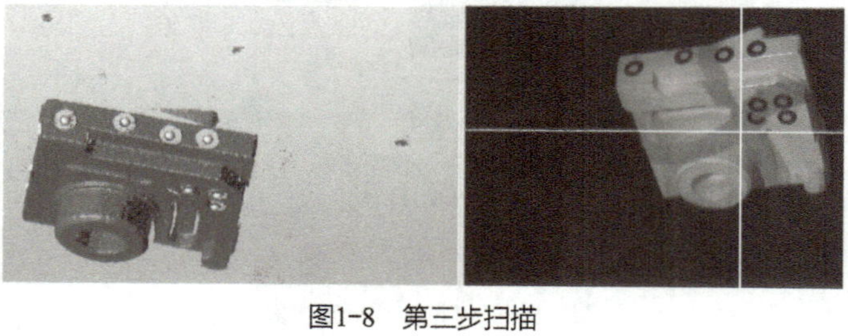

图1-8　第三步扫描

4）同步骤2）类似，向同一方向继续旋转一定角度进行扫描，如图1-9所示。

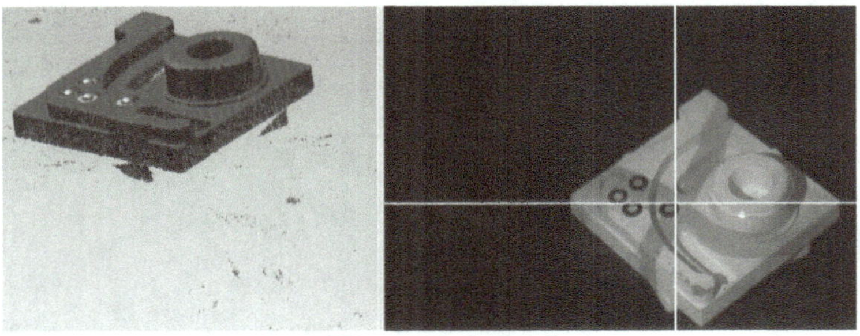

图1-9　第四步扫描

5）同步骤2）类似，向同一方向继续旋转一定角度进行扫描，如图1-10～1-13所示。

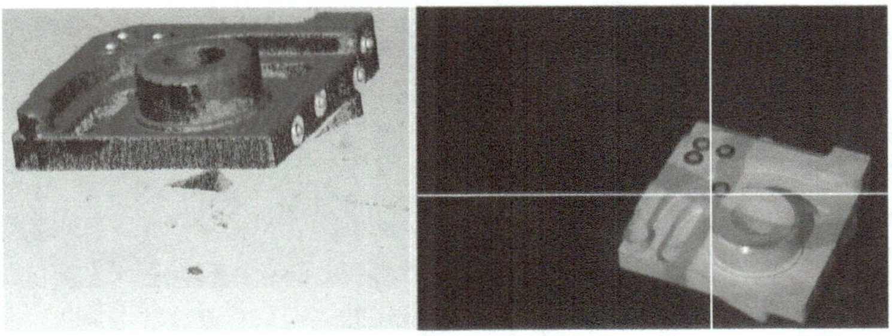

图1-10　第五步扫描

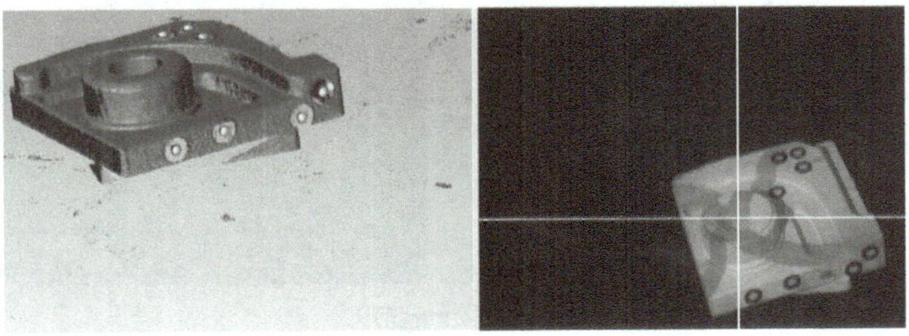

图1-11　第六步扫描

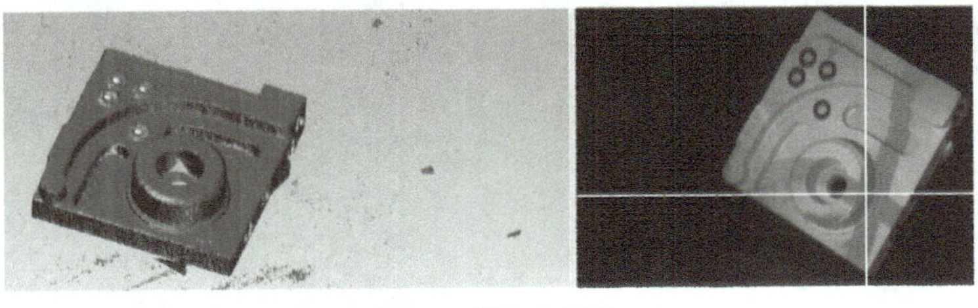

图1-12　第七步扫描

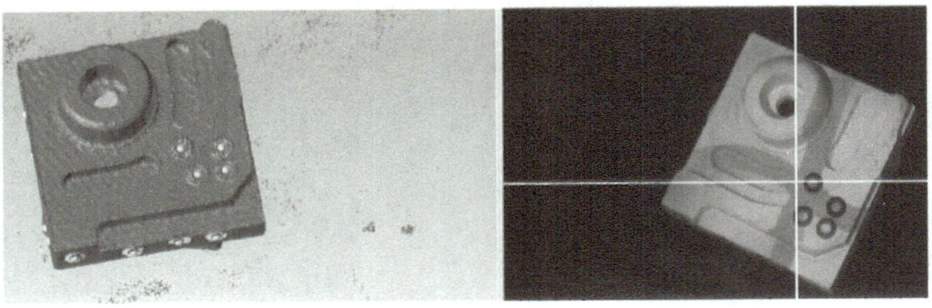

图1-13　第八步扫描

6）前面已经将凸台的上表面的数据扫描完成，这一步将凸台进行翻转，并通过贴有标识点的过渡面来完成拼接过程。同步骤2）类似，通过向同一方向转动转盘一定的角度进行扫描，直至完成整个凸台下表面数据的扫描，如图1-14～1-20所示。

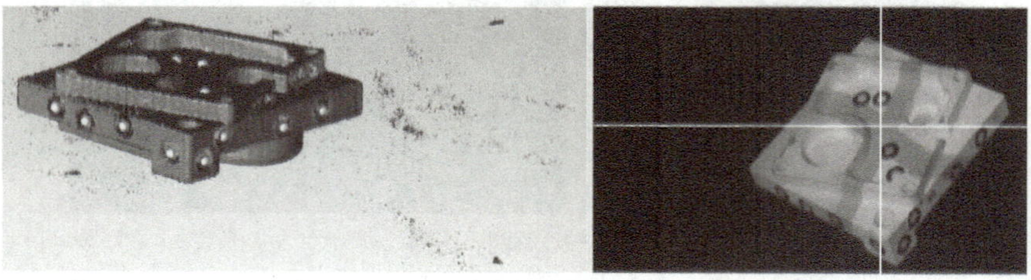

图1-14　第九步扫描

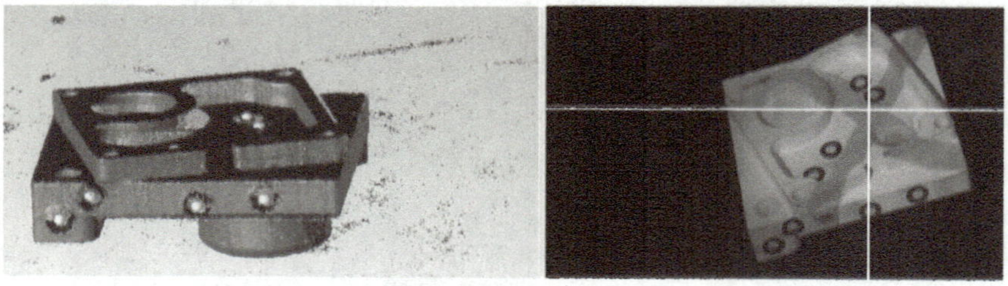

图1-15　第十步扫描

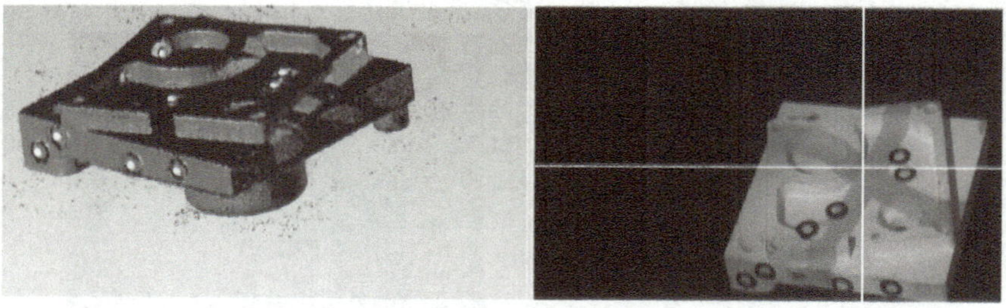

图1-16　第十一步扫描

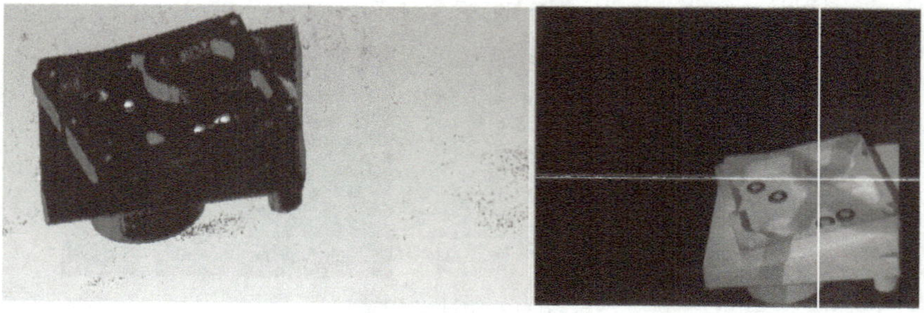

图1-17　第十二步扫描

图1-18　第十三步扫描

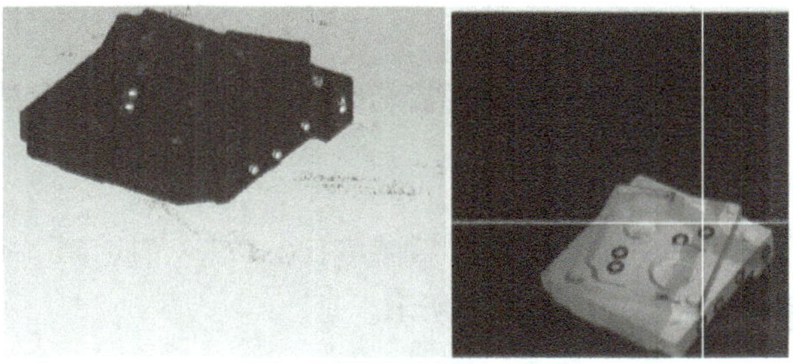

图1-19　第十四步扫描

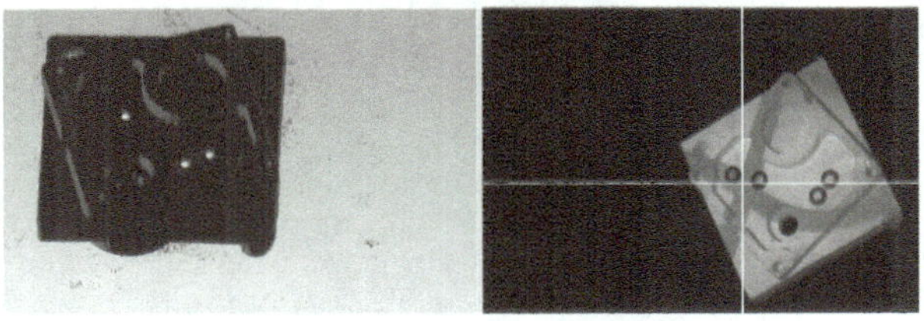

图1-20　第十五步扫描

3．保存扫描数据

单击“文件”菜单栏中的“保存”按钮或“另存为”按钮对点云进行保存处理，文件名为“tutai.asc”。

任务2　机械加工零件扫描数据的处理

一、机械加工零件点云阶段的数据处理

点云处理的目的是将获取的点云数据转化为面片。打开Geomagic Studio软件，导入零件的点云数据，采样比率为100%，单位为mm。

1．点云数据的着色处理

执行“着色”→“着色点”命令，着色处理后的视图如图1-21所示。

图1-21　着色处理后的视图

2．设置旋转中心

单击鼠标右键弹出快捷菜单，执行“设置旋转中心”命令，单击零件的中心作为旋转中心。

3．删除体外孤点

重复执行“选择”→“体外孤点”→“敏感度100.0”→“应用”→“确定”→“删除”命令2～3次。软件选择的体外孤点如图1-22所示。

图1-22　体外孤点

4．删除非连接项

执行“选择”→“非连接项”→“应用”→“确定”→“删除”命令1～2次。软件选择的非连接项如图1-23所示。

图1-23　非连接项

5．减少噪声

在“减少噪声”对话框中设置参数造型平弧度水平为2或3，“迭代”次数为5，“偏差限制”为0.05mm，如图1-24所示。

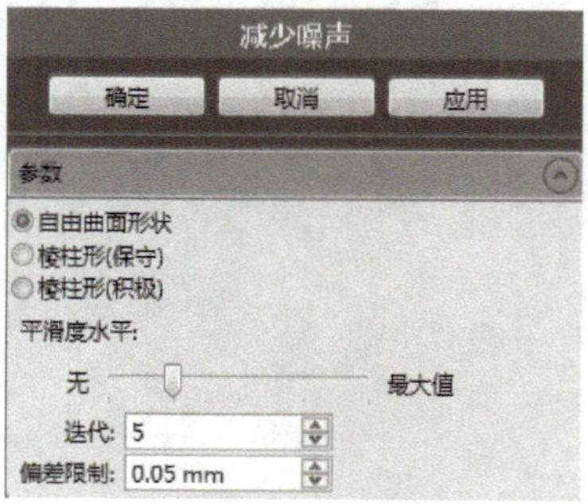

图1-24　“减少噪声”设置

6．封装数据

点云数据经过封装后变成多边形的形式存在，数据从点云数据转变为小三角片体文件。完成数据封装后的效果如图1-25所示。

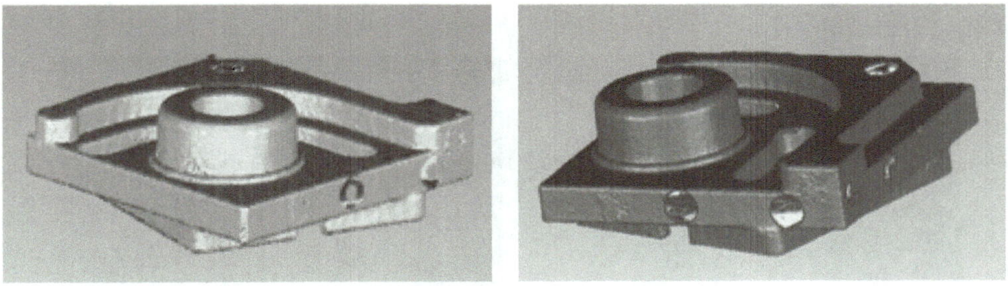

图1-25　数据封装

二、多边形阶段处理

封装后的文件，由点云格式转换成了三角面片格式，但是不够光顺，需要进行面片处理，并输出为*.stl格式的文件。

1．全部空洞填充

执行“多边形”→“全部填充”命令，在模型管理器中弹出“全部填充”对话框。可以根据孔的类型搭配选择不同的方法进行填充，完成的效果如图1-26所示。

图1-26　全部填充完成

2．删除钉状物

执行“多边形”→“删除钉状物”命令，在模型管理器中弹出如图1-27a所示的“删除钉状物”对话框。将“平滑级别”放在中间位置，单击“应用”按钮，如图1-27b所示。

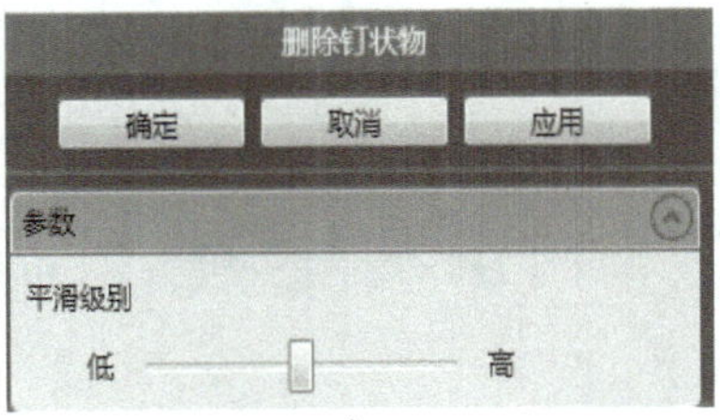

a）

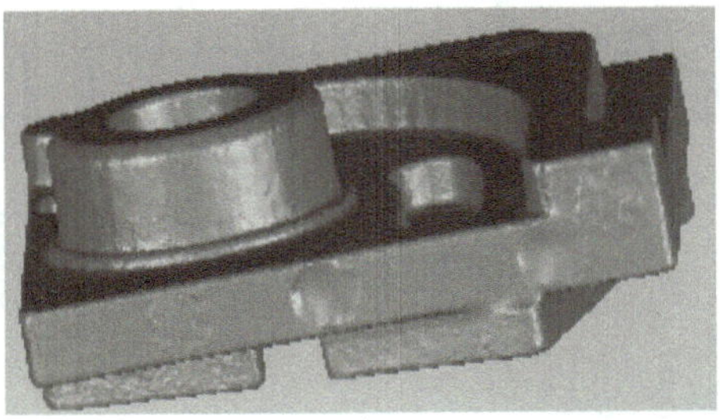

b）

图1-27　删除钉状物

3．修整模型缺陷“去除特征”

该命令用于删除模型中不规则的三角形区域，并且插入一个更有秩序且与周边三角形连接更好的多边形网格。但必须先手动选择需要去除特征的区域，然后执行“多边形”→“去除特征”命令，如图1-28所示。

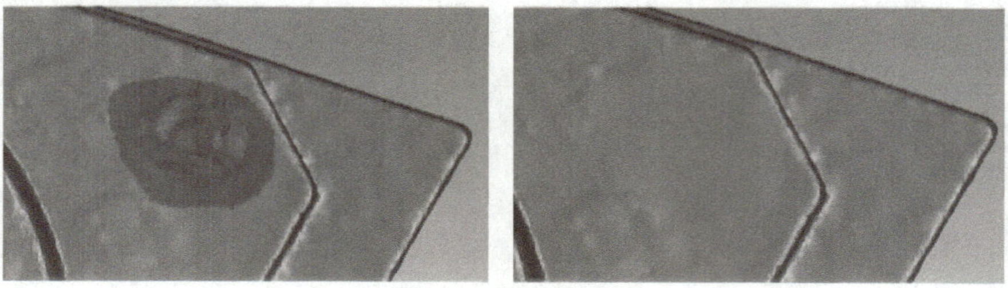

图1-28　去除特征

4．“砂纸”细节优化

在“砂纸”的使用过程中，要根据需要修改的平面的粗糙程度选择“砂纸”的大小，完成后的效果如图1-29所示。

图1-29　“砂纸”优化

5．数据输出并保存

保存类型选择*.stl（Binary），输入文件名为“tutai”，如图1-30所示。

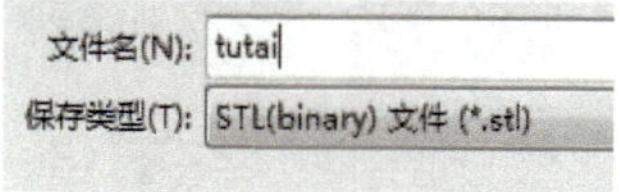

图1-30　保存文件

任务3　机械加工零件的逆向设计

一、机械加工零件扫描数据的对齐（对正或者坐标系调整）

1．划分领域组

DX软件划分领域组的方法有两种：自动划分领域和手动划分领域。本任务用手动划分领域的方式进行领域划分。

划分领域组时应将处在同一平面上的区域划分为同一领域，如图1-31所示

图1-31 机械机工零件的领域划分

2．手动对齐

执行“工具”→“对齐”→“手动对齐”命令，选择需要对齐的零件后单击“下一步”按钮，弹出如图1-32所示的界面，参照图中的说明输入相应的参数并选择相应的对象。对齐后的数据如图1-33所示。

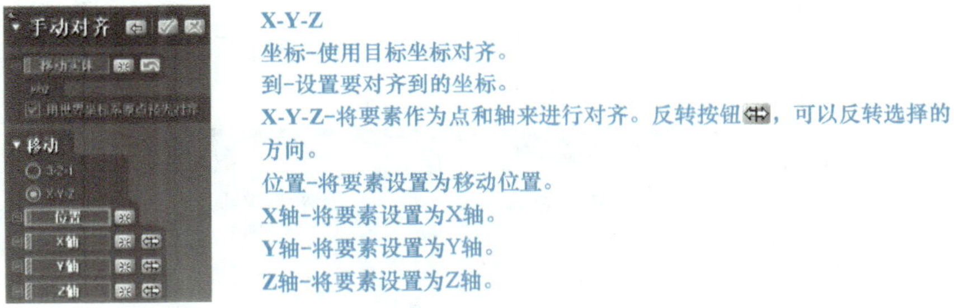

图1-32 手动对齐设置

将对正的文件保存成*.stl文件。如果在建模过程中出现失误，则可以重新打开对正的文件进行建模。

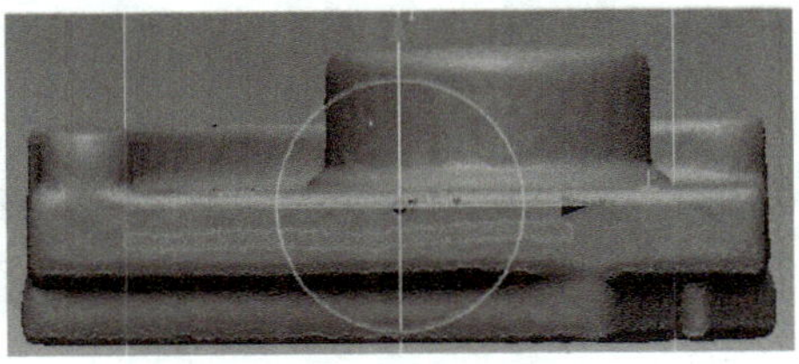

图1-33 对齐后的数据

二、机械加工零件逆向建模

1．机械加工零件的主体构建

导入对正的文件，执行“面片草图”命令绘制外轮廓，执行“拉伸”命令，选择“拉伸到领域”进行主体的构建。具体步骤如下：

面片草图→向上或下拉伸出想要的的图形→确定→自动草图→选择想要的线→确定→拉伸

到领域，具体操作如图1-34所示。

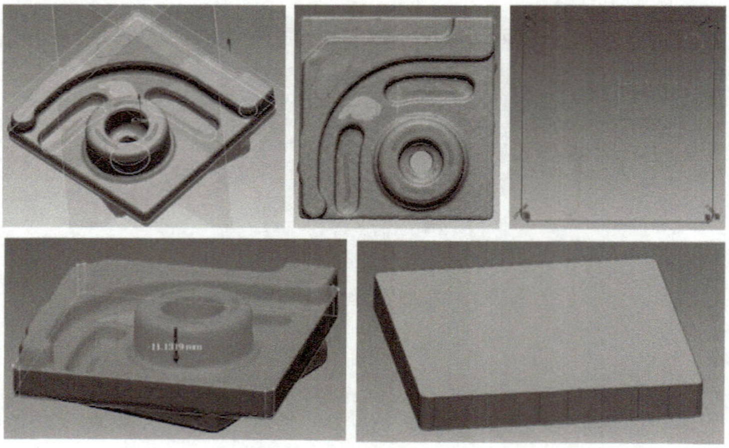

图1-34 主体建模流程图

2．上表面建模

将整个零件的上表面分为6个部分，所以需要用5次“面片草图”命令和“拉伸”命令进行建模，上表面6个部分的建模流程如图1-35所示。

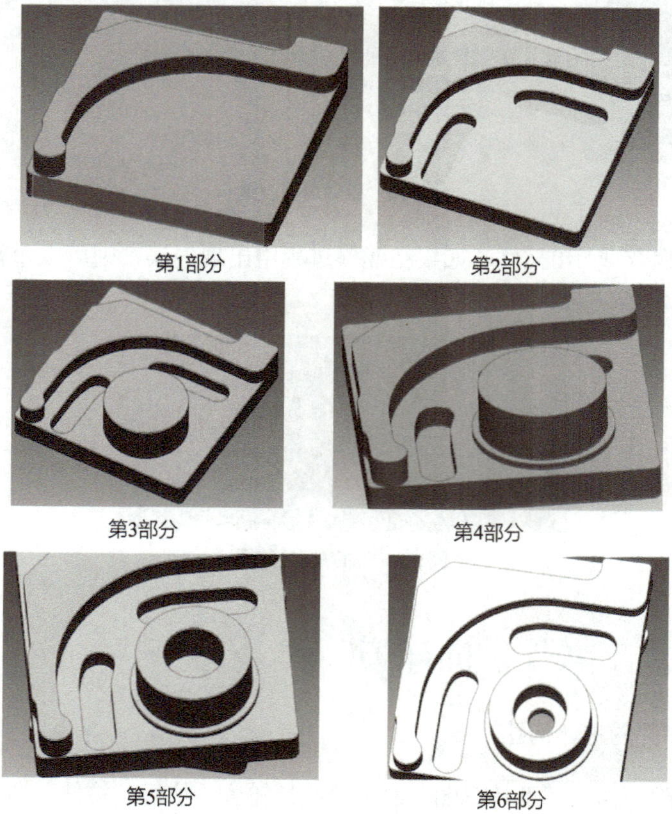

图1-35 上表面6个部分的建模流程图

以第1部分为例，详细介绍用“面片草图”和“拉伸”命令建模的方法。

首先，单击“面片草图”按钮，接着需要选择基准平面，基准平面可以是前、上、右，也可以是手动划分的领域，但是其基本原则就是选择的基准平面要能够截取到所需要的轮廓。

第一部分详细的建模设置如图1-36所示，流程如图1-37所示。提醒：如果零件内出现槽、孔等，“拉伸”的“运算结果”里选择“剪切”选项。

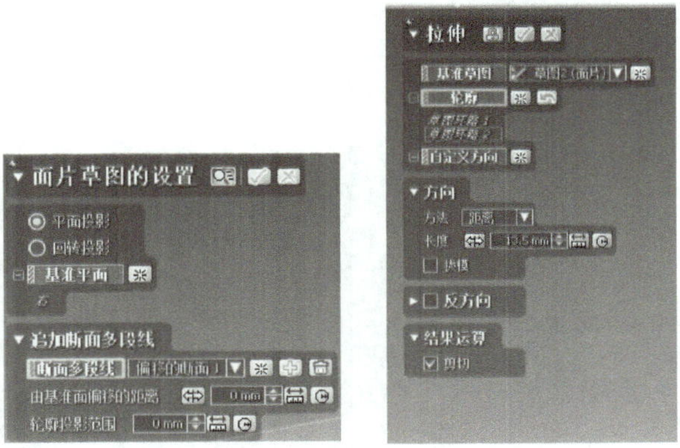

图1-36 “面片草图”和“拉伸”命令设置

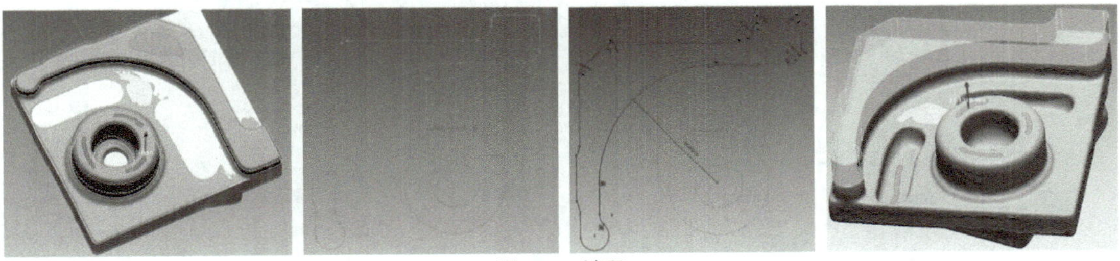
图1-37 流程

3．下表面建模

零件的下表面分为4个部分，需要用4次“面片草图”命令和“拉伸”命令进行建模。这4个部分的建模流程如图1-38所示。

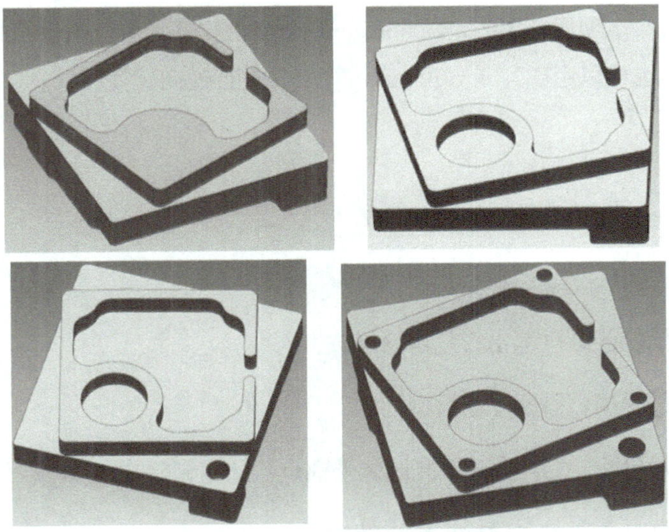
图1-38 下表面建模流程

4．模型输出

执行“文件”→“输出”命令，在如图1-39所示的对话框中输入文件名和保存位置，框选如图1-40所示的模型，单击“确定”按钮完成文件输出。

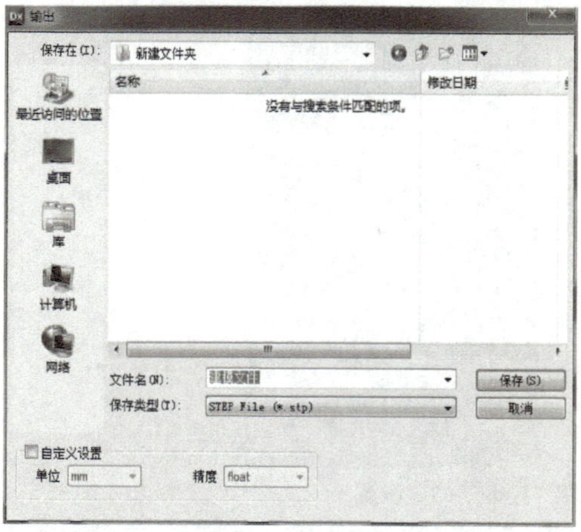

图1-39　模型“输出”对话框

图1-40　框选模型

项目小结

通过本项目的学习，可以根据零件的不同选择不同的数据采集设备，而三维扫描仪是最常见的三维数据采集设备。三维扫描仪的硬件结构和软件操作都需要了解，在数据采集阶段，使用尽量少的扫描次数得到完整的数据信息，从而为下一步的数据处理和建模打好基础。在数据处理阶段，保证零件不失真的情况下，尽可能地使零件表面光滑平整。在建模阶段，本项目选用的是Geomagic Design X软件，这款软件用起来比较方便，简单易学，当然也可以用UG、Pro/Engineer等软件进行逆向建模设计。

思考与练习

1）三维扫描仪的硬件都由哪几部分组成？

2）在喷粉过程中，需要注意哪些问题？

3）数据处理阶段，为什么对“删除体外孤点”和“删除非连接项”的次数有限制？

4）如何理解对正在整个建模过程中的作用？

项目2

塑料件的三维扫描与逆向设计

本项目以冰箱冷藏室收纳盒为例，通过扫描工具的选择，收纳盒的表面处理，收纳盒的扫描、数据处理和收纳盒逆向设计等典型步骤完成该项目，为其他塑料件的扫描和逆向设计提供参考和借鉴。

- ❐ 任务1　塑料件扫描工具的选择。
- ❐ 任务2　塑料件的表面处理。
- ❐ 任务3　塑料件的扫描与数据处理。
- ❐ 任务4　典型塑料件的逆向设计。

在逆向设计中，塑料产品较多。有透明的、半透明的、不透明的；白色的、灰色的、黑色的。由于其材料的多样性，表面的处理工艺方法较多。材料和表面处理工艺的不同产生了更多产品。在逆向设计过程中应当分析塑料产品的模具设计，如开模方向、脱模斜度等；哪些部分是安装和定位基准；该产品是否存在工艺缺陷，在逆向设计时如何解决该问题。然后选择合适的扫描工具和表面处理方法，合理地进行扫描数据处理，为完成逆向设计提供正确的参考，最终还原出符合模具制造工艺的产品三维模型。

本项目以透明的冰箱冷藏室收纳盒为例，向大家介绍其表面的处理方法，并使用三维扫描仪扫描，将其输出为*.stl类型的数据文件，供数模比对和逆向设计使用，最后使用NX 10.0为载体进行逆向设计，完成模型重构。

任务1　塑料件扫描工具的选择

一、认识冰箱冷藏室收纳盒

1．冰箱冷藏室收纳盒材料分析

该项目中的收纳盒是扣在冰箱冷藏室门板上用于储藏饮料等罐装食品的透明收纳盒，如图2-1所示，其主要成分是PS材料。

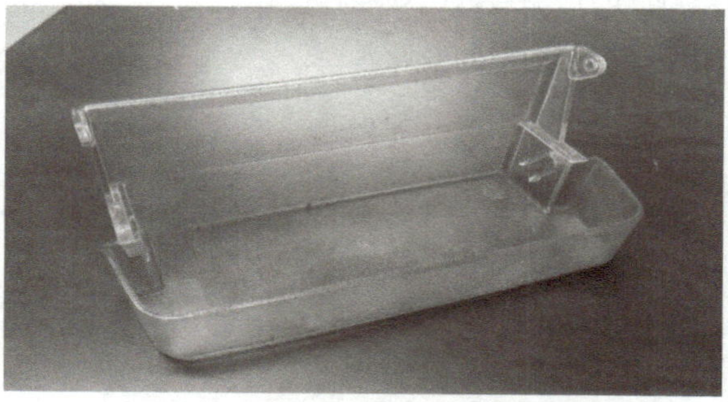

图2-1　PS材料的冰箱冷藏室收纳盒

聚苯乙烯（Polystyrene，PS）是指由苯乙烯单体经自由基加聚反应合成的聚合物，它是一种无色透明的热塑性塑料，其制品具有极高的透明度，透光率可达90%以上，电绝缘性能好、易着色、加工流动性好、刚性好、耐化学腐蚀性好。经常被用来制作各种需要承受高温的容器、各类放置食品的容器等。

聚苯乙烯最重要的特点是熔融时的热稳定性和流动性非常好，所以易成型加工，特别是注射成型容易，适合大量模具生产。成型收缩率小，成型品尺寸稳定性也好。在模具生产过程中吸湿小，不须充分干燥，不易分解。因流动性较好，可用螺杆或柱塞式注射机成型。宜用高料温、高模温、低注射压力，延长注射时间降低内应力，防止缩孔、变形。

使用聚苯乙烯制作的收纳盒呈淡蓝色，具有表面光洁、透明，表面平整度好，壁厚均匀等特点。

2．冰箱冷藏室收纳盒结构分析

图2-1所示的收纳盒底部平面为平面度较高的平面，产品是对称结构，左右对称。由于该产品是配合件的一部分，因此安装孔位和两端的卡槽位置相对比较重要。而其他部分均是出于美观设计出的圆角样式，因此要求不高。

整个产品壁厚较为均匀，因此只需要测量其外部形状即可获得其整体尺寸。

二、测量工具选择建议

对于此类塑料产品，建议选用三维扫描仪作为测量工具，获得其全部外部数据，用于分析产品的结构对称性和安装位置、样式圆角等特征的尺寸。

另外由于该产品主要功能为收纳部件，安装孔位和卡位要求不高，产品外形尺寸要求不高，只要做到产品光顺、美观即可，因此表面喷涂显像剂对产品的尺寸影响基本可以忽略不计。

该产品尺寸约250mm×120mm×150mm，但局部有较小的安装孔和卡槽，不宜选用镜头过大的三维扫描仪，单幅扫描尺寸在200mm×200mm左右、分辨率在200万左右较为适宜。

综合以上因素考量，针对本产品建议使用分辨率在200万左右，单幅拍照尺寸在200mm×200mm的扫描仪。国产扫描仪中先临三维科技股份有限公司生产的三维扫描仪是较好的选择，该公司OKIO—5M三维扫描仪软件在易操作性、朔源性、数据处理的快速等方面优先于其他产品。本项目使用OKIO—5M三维扫描仪作为测量工具对该产品进行测量，如图2-2所示。

图2-2　OKIO—5M三维扫描仪

该产品使用蓝色光源作为主要扫描光源，受环境光的影响较小，具有快速、非接触、精确的测量特点，适合塑料件的扫描测量。

任务2　塑料件的表面处理

由于冰箱冷藏室收纳盒是透明工件，三维扫描仪光源无法形成漫反射，因此需要喷涂白色显像剂，如图2-3所示。

DPT—5显像剂在使用之前要充分摇匀，喷涂时在距离物体30～50cm的上方喷出，粉末在重力的作用下自然、均匀地落在物体表面，如图2-4所示。由于冰箱收纳盒是透明塑料件，且特征全部集中在外部，因此仅需要对其外部喷涂显像剂即可，但需要注意的是，需要在外部喷涂的量相对非透明物体要多一些，防止扫描仪光线透过外部表面扫描到内部结构，导致扫描数据较差。

图2-3　DPT—5显像剂

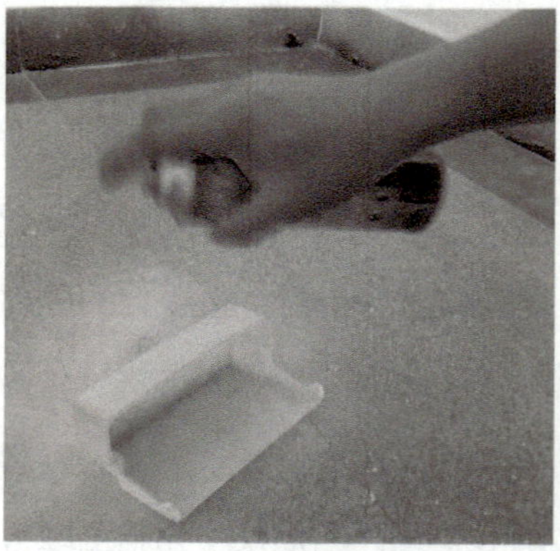

图2-4　喷涂显像剂的方法

喷涂显像剂完成，放置一段时间待其干透。由于该物体的前后两个大面较为平缓，为方便扫描时公共数据的拼接，需要在平缓处粘贴标识点，完成后如图2-5所示。至此，完成了所有扫描前的准备工作，下面就可以启动三维扫描仪进行扫描。

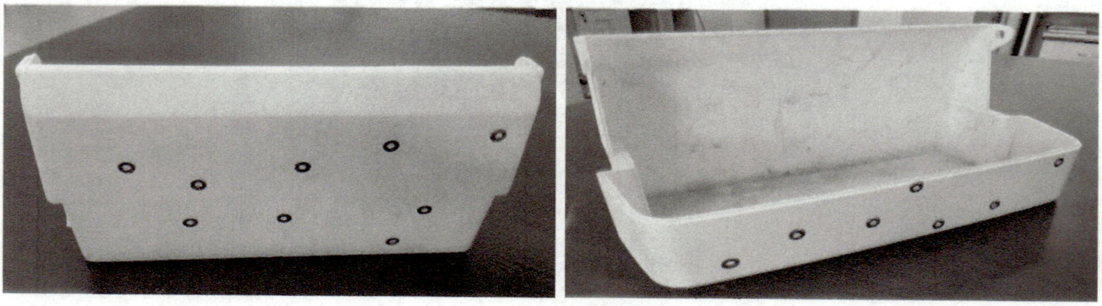

图2-5　完成喷涂和标识点粘贴的效果

任务3　塑料件的扫描与数据处理

一、塑料件的三维扫描

这里使用的扫描软件是配套OKIO—5M设备的扫描软件，以此软件为例向大家介绍扫描过程，其他品牌的三维扫描仪扫描过程也是大同小异，读者也可以跳过此步骤，直接使用书中提供的扫描好的STL文件进行建模。

启动三维扫描仪控制软件，软件界面如图2-6所示。

图2-6　软件界面

通过观察软件界面可以发现此软件具有以下几个特点。

1）界面清新。

2）分区合理，有快捷菜单、工作面板、主窗口、左右相机控制面板等。

3）按钮布置以实际应用过程布置。

4）功能强大。

5）有单独的左右相机控制面板。

此软件简单易上手，使用的主要软件命令按照应用过程主要有如图2-7所示的几个。

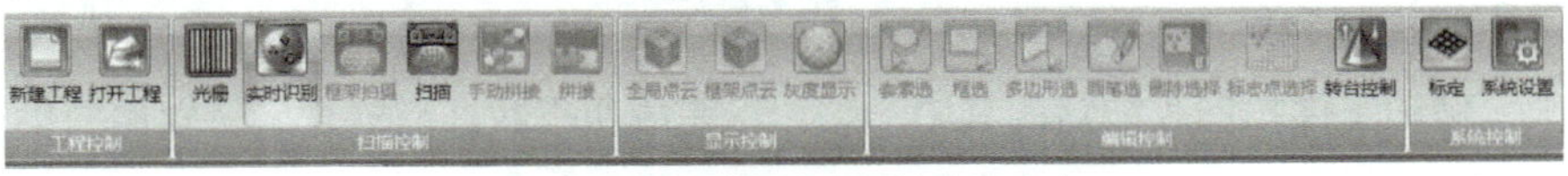

图2-7　扫描过程中用到的主要命令

步骤主要有新建工程、扫描、拼接等，接下来按照此顺序完成冰箱收纳盒的扫描。首先执行“新建工程”命令，新建一个扫描文件，在“新建工程”对话框中输入文件名，如图2-8所示。保存路径自定。建议建立一个专门的文件夹保存相关文件。

图2-8 “新建工程”对话框

移动扫描仪或物体至扫描中心，单击界面左上角的“扫描”按钮，完成后如图2-9所示。图中所示的黑洞是粘贴了标识点的区域，其可以作为数据拼接的重要参考。

完成一幅数据扫描以后，可以移动或转动物体到其他需要扫描的区域。

需要注意的是，该区域一定要包含上一次或前几次扫描的部分标识点，该标识点是扫描拼接的重要标识。

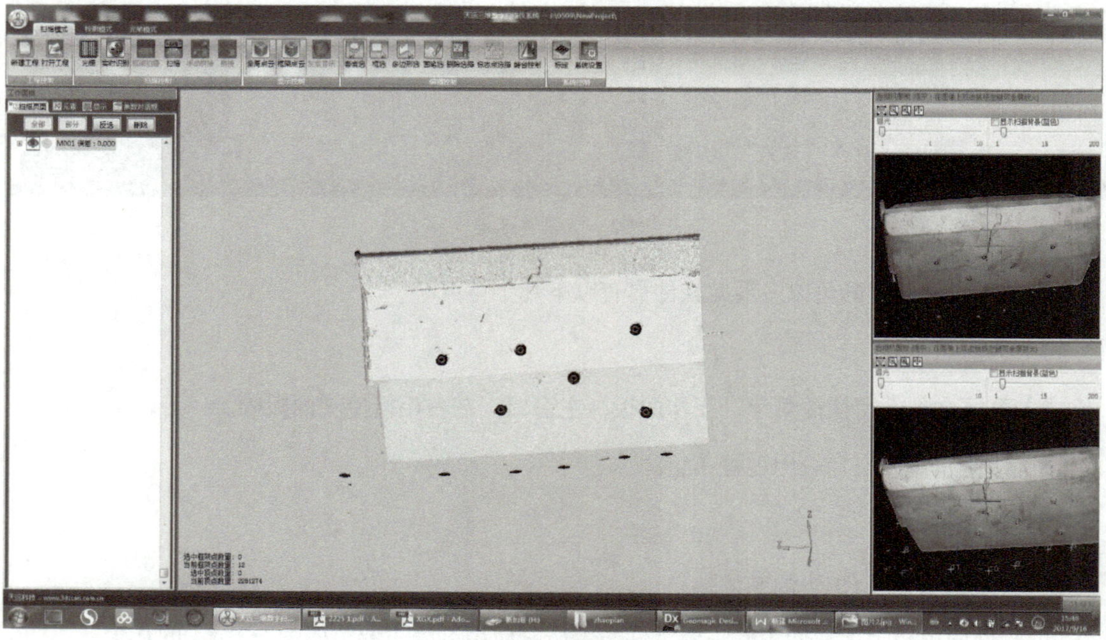

图2-9 完成单幅扫描

接下来，移动工件扫描收纳盒的其中一端，当完成两幅数据扫描之后，软件提供了手动拼接和自动拼接两种方式。图2-10中所示为自动拼接后的效果。

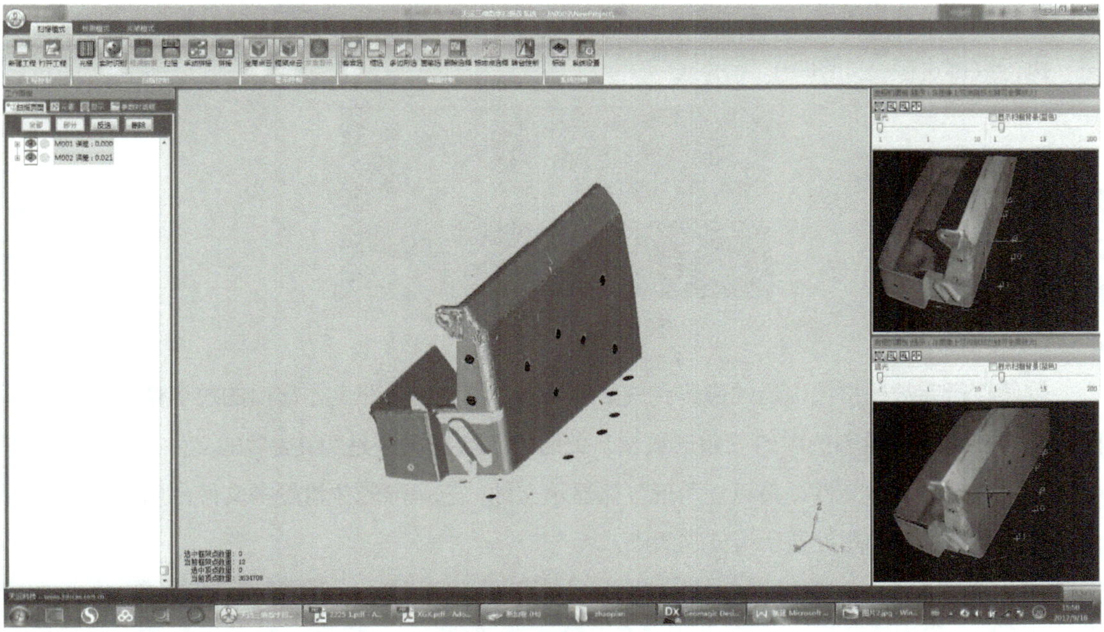

图2-10　自动拼接

手动拼接：在左右两幅图像中分别选择位置大致相同的多个点，软件自动多个点搜索附近区域的特征完成拼接。适用于特征不明显或者包含相近特征的物体。

自动拼接：软件自动搜索附近整个扫描区域的标识点完成拼接。适用于全局特征差别较大的物体。

图2-11所示为手动拼接方式。

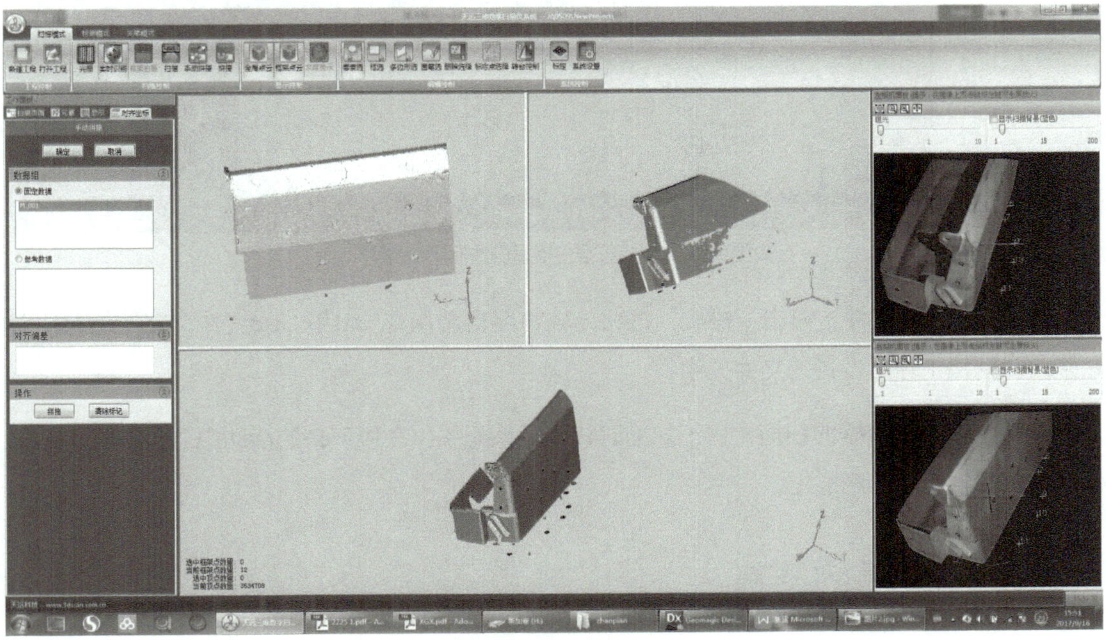

图2-11　手动拼接

可默认选择自动拼接，通过重复上述步骤，进行整体搭建和细节补全。单击“拼接”按钮，执行数据拼接，如图2-12所示。

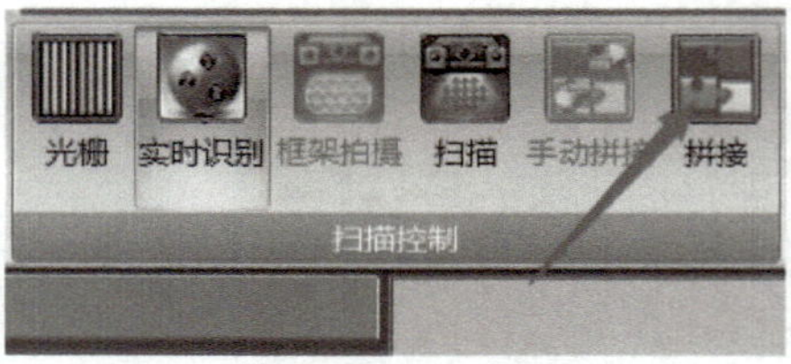

图2-12　数据导出界面

软件执行完数据拼接以后的最终完成效果如图2-13所示。在工作窗口的左下角可以看到当前数据的三角形数量和选中的三角形数量，此时表示数据已经是*.stl类型的文件。因为*.stl文件是一种三角形片体文件，是以三角形片体显示文件，三角形的数量越多文件占用的数据量越大，在扫描数据的尖角处显示得就越清晰。

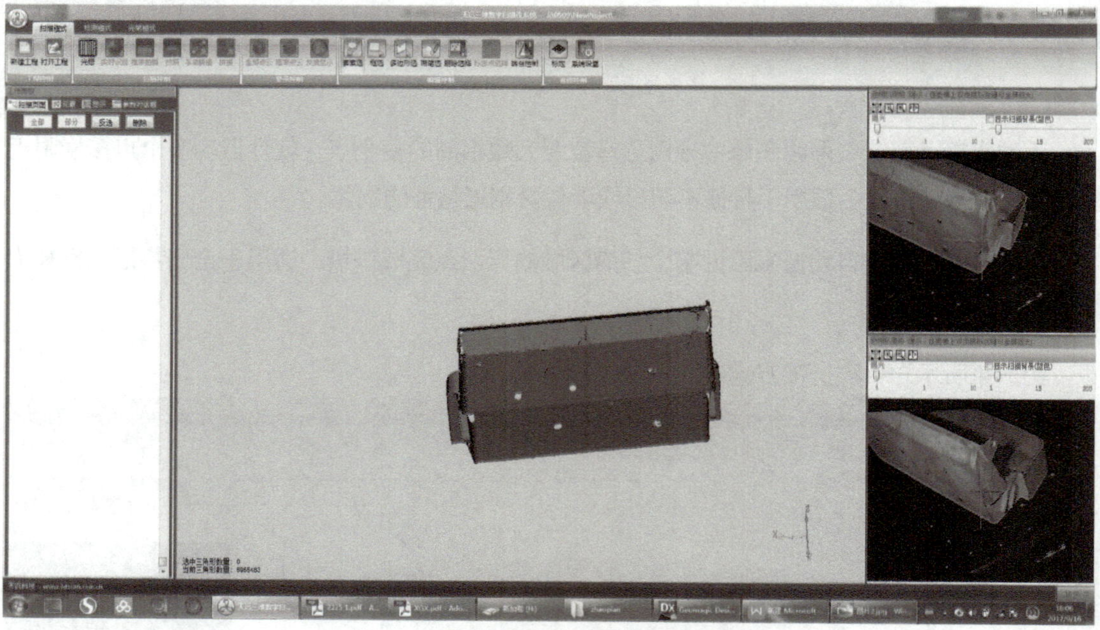

图2-13　完成数据扫描后的数据浏览界面

此数据为*.stl文件，单击“拼接”按钮，软件会自动保存*.stl和*.asc文件，文件保存位置在第一步新建工程所设置的文件夹中。

至此，完成了数据的扫描，由于扫描时和坐标系无关，在接下来的活动中，需要将产品坐标系按照需要建立在产品上。

二、坐标系的调整

这里提供调整坐标系的两种方法供读者选择，一种是在NX 10.0软件中调整，一种是在

GOM Inspect软件中调整。

首先向大家介绍使用GOM Inspect软件调整坐标系的方法。GOM Inspect软件是专门处理扫描数据的软件，在数据的优化、数据选择、对象拟合等各方面都有很大的优势，且此软件简单易上手。其官方提供正版免费的软件供大家使用。

1）首先启动GOM Inspect软件，执行“文件”→“输入”→“文件”命令，在弹出的文件浏览窗口选择已经扫描好的冰箱盒，输入STL文件，单击“确认”按钮，完成冰箱盒的输入，如图2-14所示。在图中可以看出工作区左下角的坐标系和STL文件的坐标系是不一致的，需要调整。否则，在导入三维软件建模时比较困难。

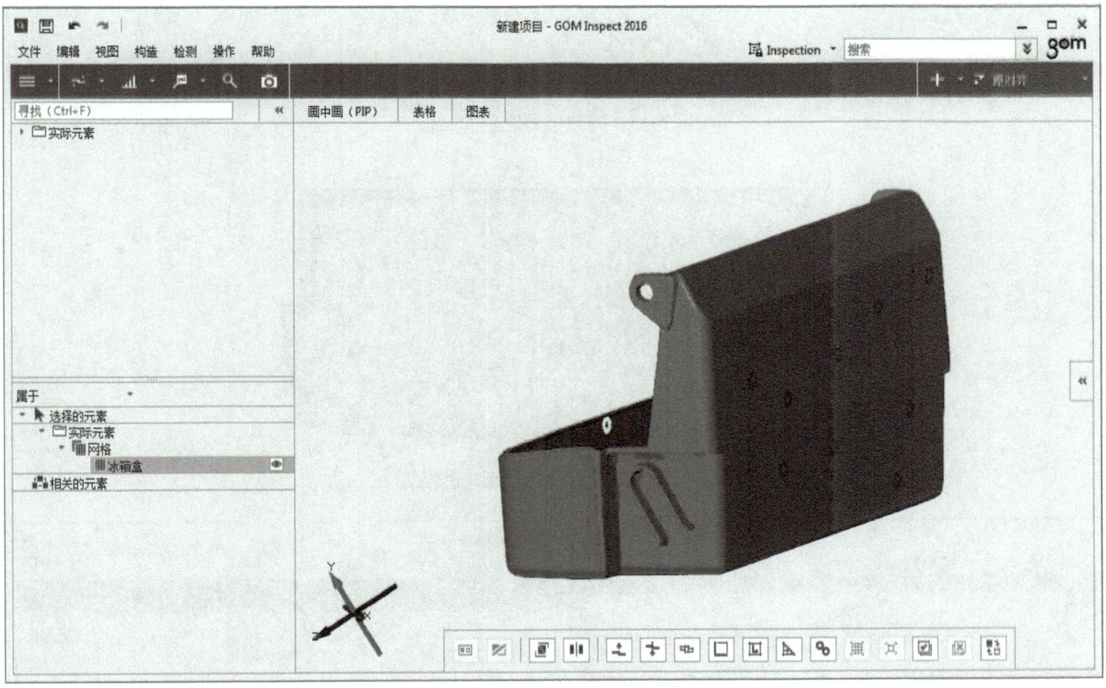

图2-14　输入数据后需要调整坐标的STL文件

2）按住鼠标左键并拖动，可以旋转该文件；向前滚动滚轮是放大，向后是缩小；按住鼠标滚轮拖动是平移文件。综合利用鼠标各个按键的功能调整文件，如图2-15所示。

3）在工作区空白处单击鼠标右键，在弹出的快捷菜单中选择“在曲面选择/取消曲面的选择”命令，或单击工作区下方的“曲面选择”按钮。在冰箱盒底部单击鼠标构造如图2-16所示的区域。

4）执行“构造”→“平面”→“拟合平面”命令，软件根据选择的区域拟合出平面，如图2-17所示。通过该图可以看出拟合的最大偏差等相关信息。

5）单击“创建并关闭”按钮完成平面1的拟合，软件拟合出平面1。

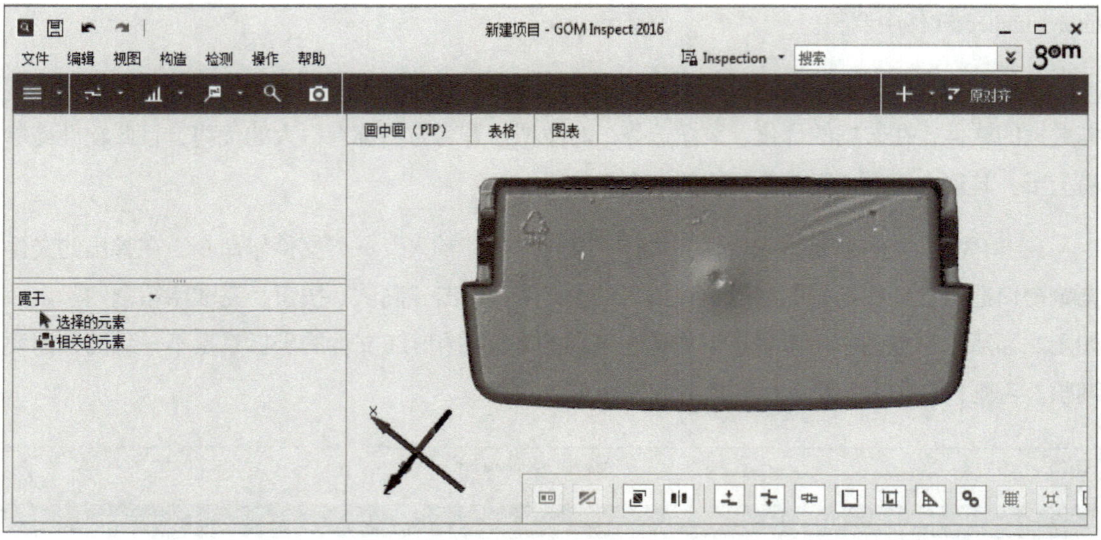

图2-15　调整位置之后的文件

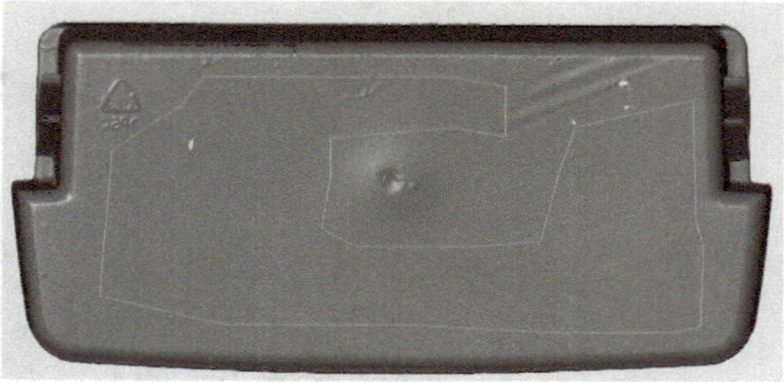

图2-16　曲面选择勾选出来的区域

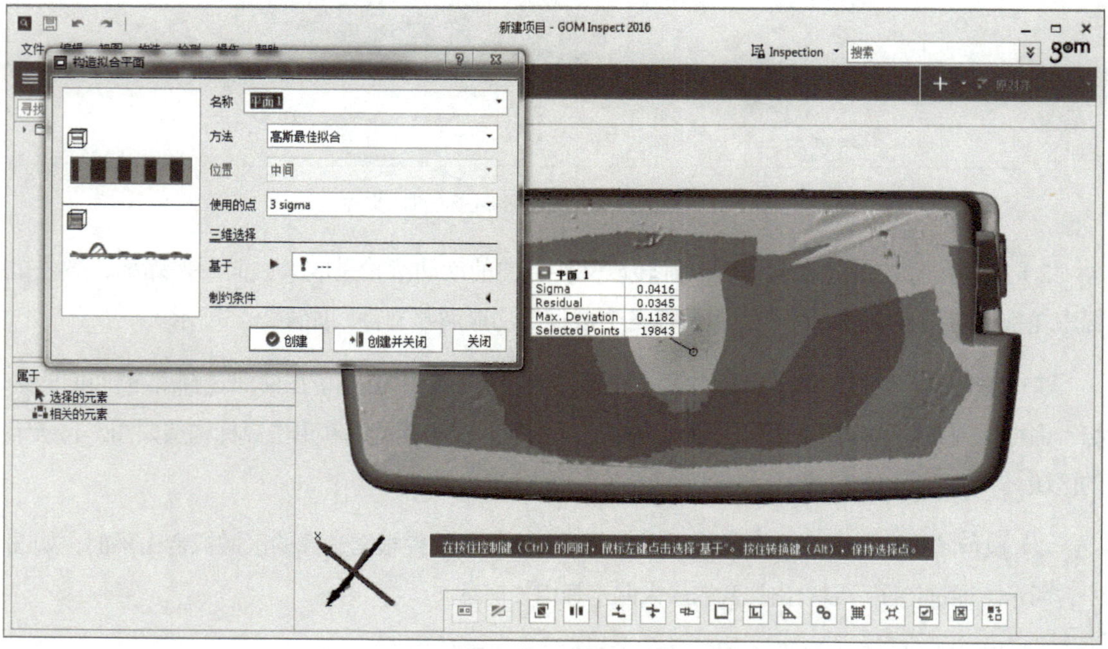

图2-17　“构造拟合平面”平面1

6）重复上述步骤选择如图2-18所示的区域，在选择该区域时应当明白，第1）步创建出来的平面1作为主平面，是构造坐标系的XY平面。此时构造的平面用于确定某一个坐标方向，如X轴或者Y轴方向。无论是主平面还是确定方向的平面，都需要尽量选择比较大而平整的平面。

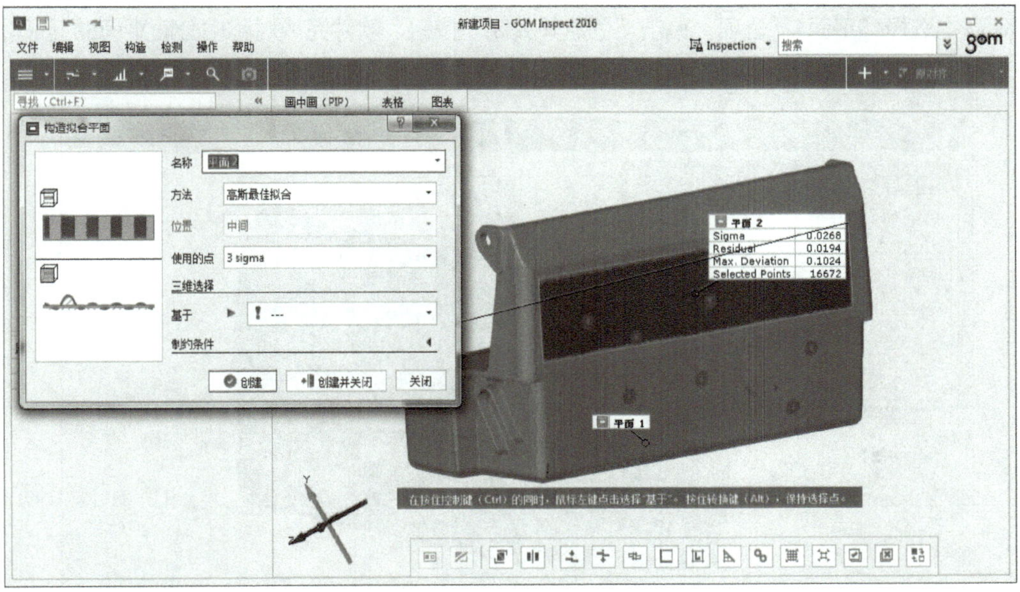

图2-18 “构造拟合平面”平面2

7）单击“创建并关闭”按钮完成平面2的拟合，软件拟合出平面2。

8）重复上述步骤。选择如图2-19所示的区域拟合出平面3，选择如图2-20所示的区域拟合出平面4。完成构造坐标系需要的平面。

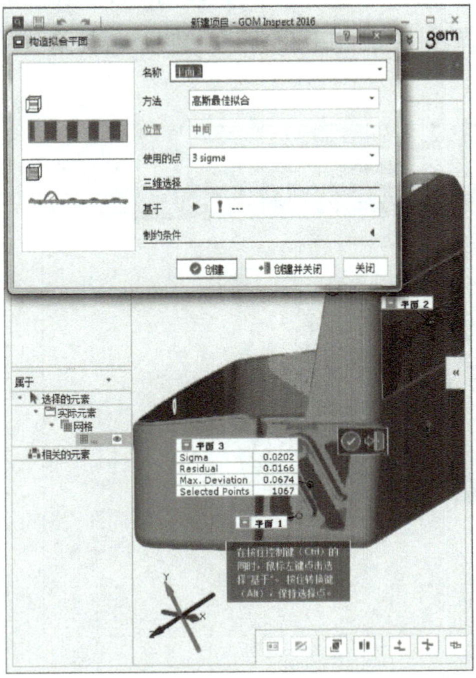

图2-19 “构造拟合平面”平面3

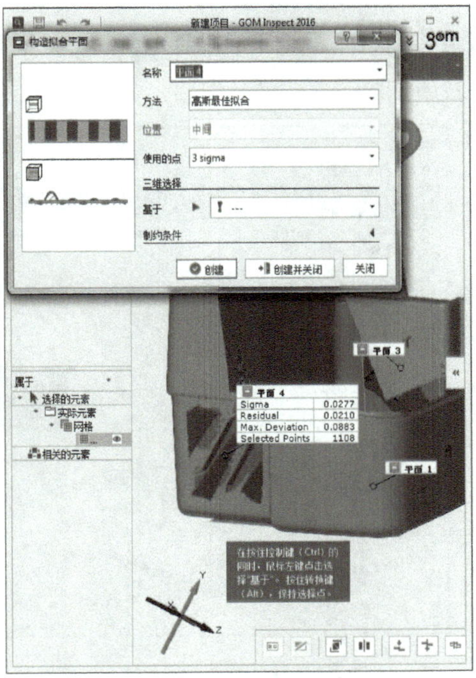

图2-20 “构造拟合平面”平面4

9）使用平面3和平面4构造一个中分面5，借助于此平面5可以将坐标系定在收纳盒的正中间。执行“构造”→“平面”→“对称面”命令，软件弹出如图2-21所示的对话框，在构造对称面对话框中“基础构件”的“平面1”右面的下拉列表中选择“平面3”选项，在“平面2”右面的下拉列表中选择“平面4”选项，单击“创建并关闭”按钮，软件完成对称中分面平面5的创建。

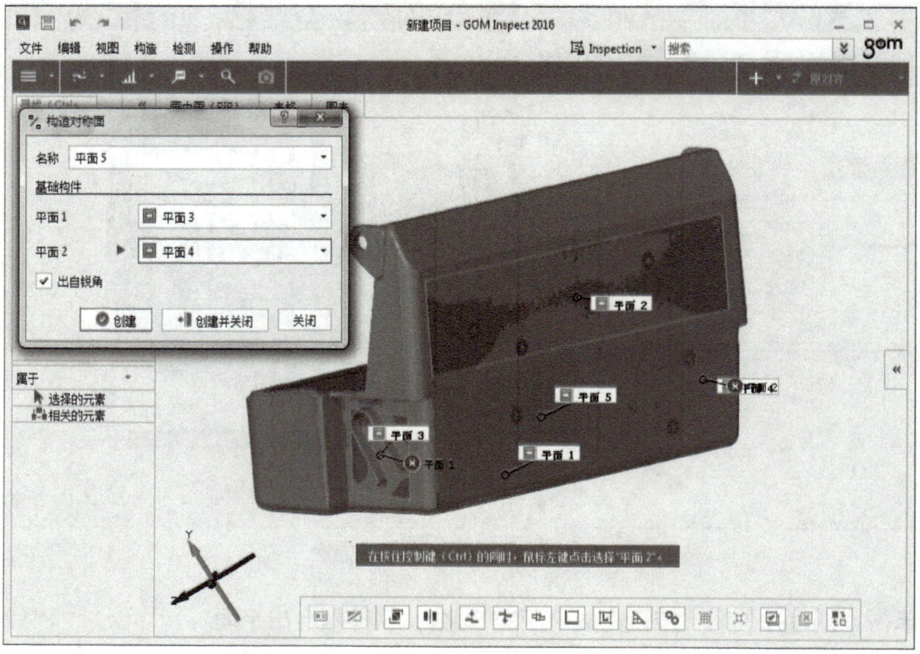

图2-21　“构造对称面”平面5

10）在任务浏览区依次展开“实际元素”→“网格”→“冰箱盒”，单击“冰箱盒”后面的眼睛将其隐藏，展开“拟合元素”→“平面”，单击平面3和平面4后面的眼睛将其隐藏，如图2-22所示。

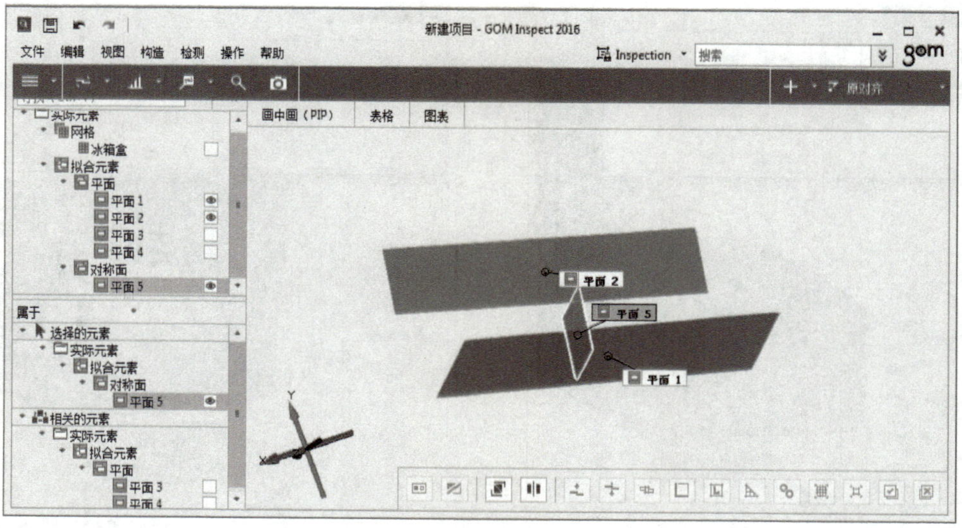

图2-22　隐藏不需要的对象

11）执行“操作”→“对齐”→“初始对齐”→“预对齐”→“3-2-1对齐”命令，打开“3-2-1”对话框，按住<Ctrl>键，在平面1上单击3次，构造Z1、Z2、Z3三个点。其次按住<Ctrl>，在平面2上单击两次，构造Y1、Y2两个点。再次按住<Ctrl>键，在平面5上单击一次，构造X点，如图2-23所示。单击“确认”按钮完成坐标系的调整。

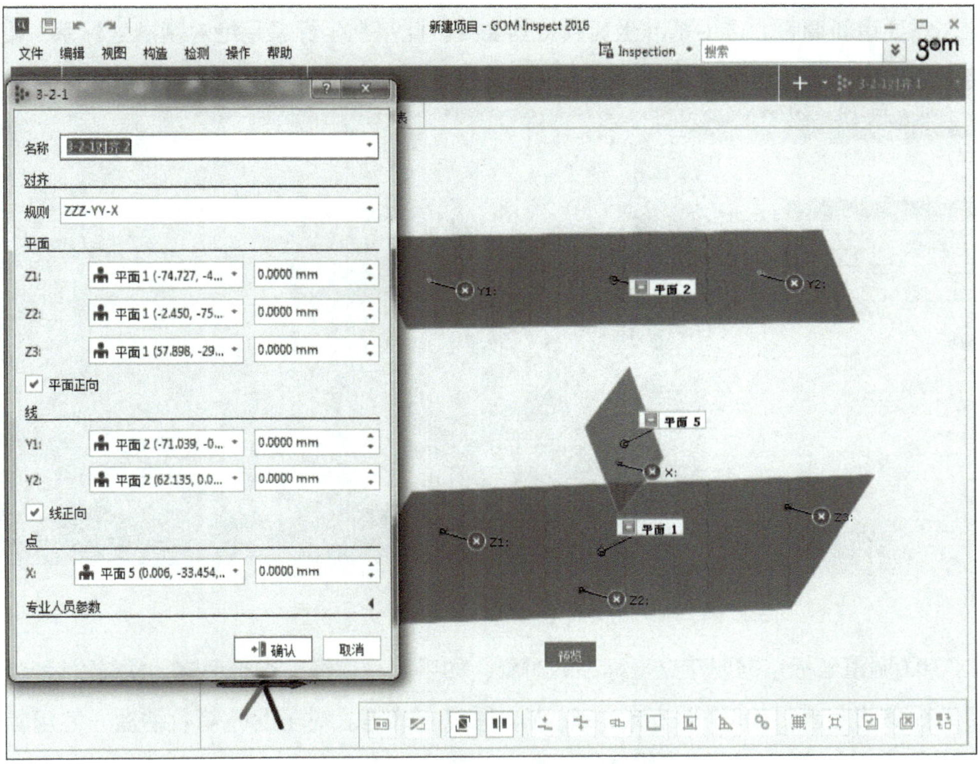

图2-23 “3-2-1”对话框

12）在任务浏览区单击冰箱盒后面的方框将其显示出来，单击平面1、平面2、平面5后面的眼睛将其隐藏。执行“文件”→“输出”→“网格”→“STL”命令打开“输出STL”对话框。单击选择扫描好的收纳盒数据，单击“确认”按钮输出STL文件到选定的文件夹，如图2-24所示。

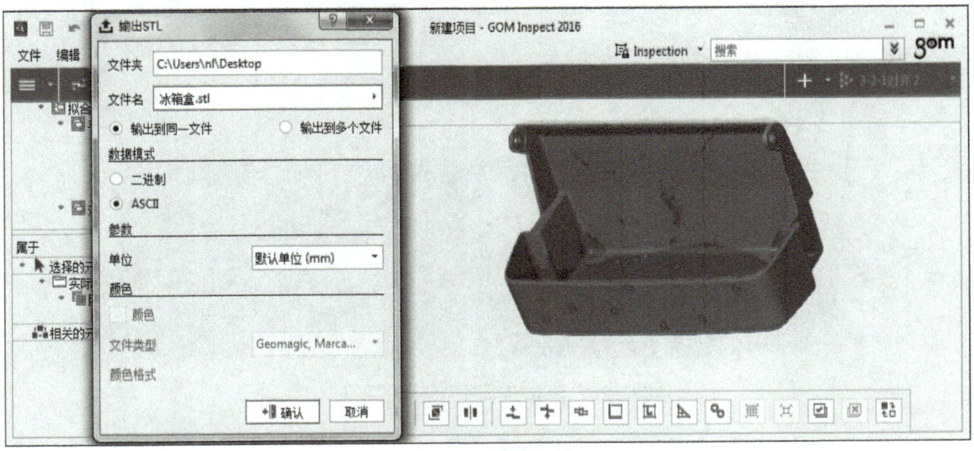

图2-24 输出文件

在NX 10.0中调整坐标系。

1）启动NX 10.0软件，新建一个文件，文件名和保存路径自定。执行“文件”→“导入”→“STL”命令，打开“STL导入”对话框，单击图标，指向冰箱盒STL文件，单击“确定”按钮完成冰箱盒的导入，如图2-25所示。从图中可以看出基准坐标系和STL文件是不相符的，需要重新调整。选中基准坐标系将其隐藏。此基准坐标系是绝对基准坐标系，接下来需要将产品坐标系调整至绝对基准坐标系完成调整。

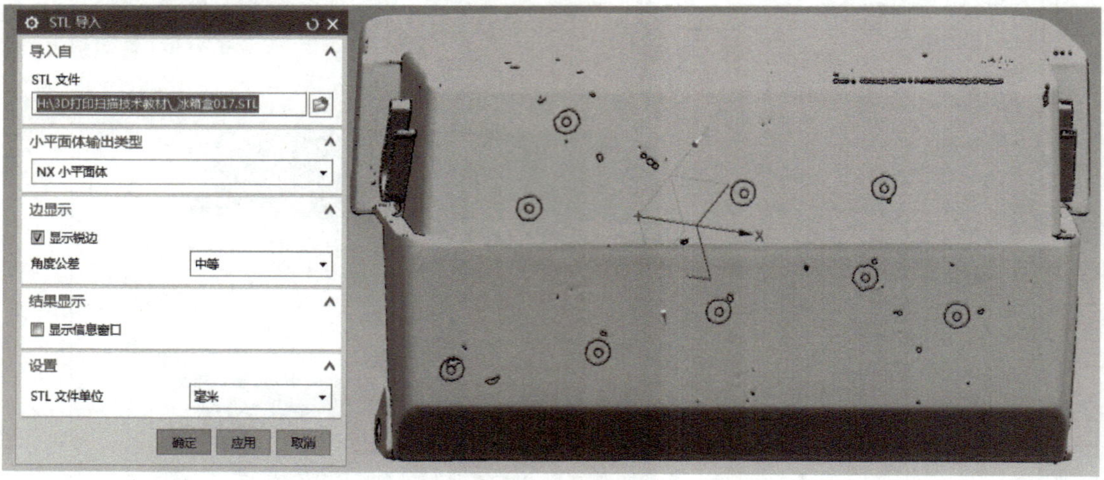

图2-25　导入STL文件

NX 10.0调整坐标系需要建立坐标系的对象，如平面、直线、点等要素，NX软件提供了多种建立坐标系的方式，如3平面方式，X、Y、原点方式等。对于此冰箱收纳盒，使用其底面1、后侧面2、两端3和4的中分面5建立坐标系，如图2-26所示。

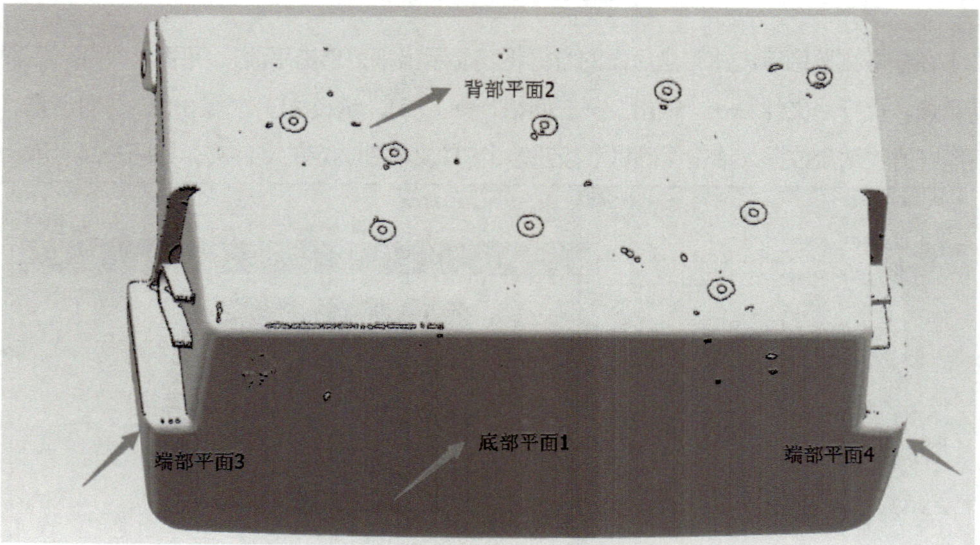

图2-26　建立坐标系拟使用的平面

2）接下来使用小平面体涂色命令选择拟合平面1、2、3、4的区域，然后使用“拟合平面”命令拟合出平面1、2、3、4。执行“编辑”→“小平面体”→“涂色”命令，涂选如图2-27所示的区域，执行“插入”→“曲面”→“拟合曲面”命令，弹出“拟合曲面”对话框。在“目标”选项组中单击 选择颜色编码区域 (0) ，然后在涂选的区域上单击鼠标选中该区域。需要说明的是，涂选的区域不能够断开，必须是连续的区域。单击“确定”按钮，完成平面1的拟合。

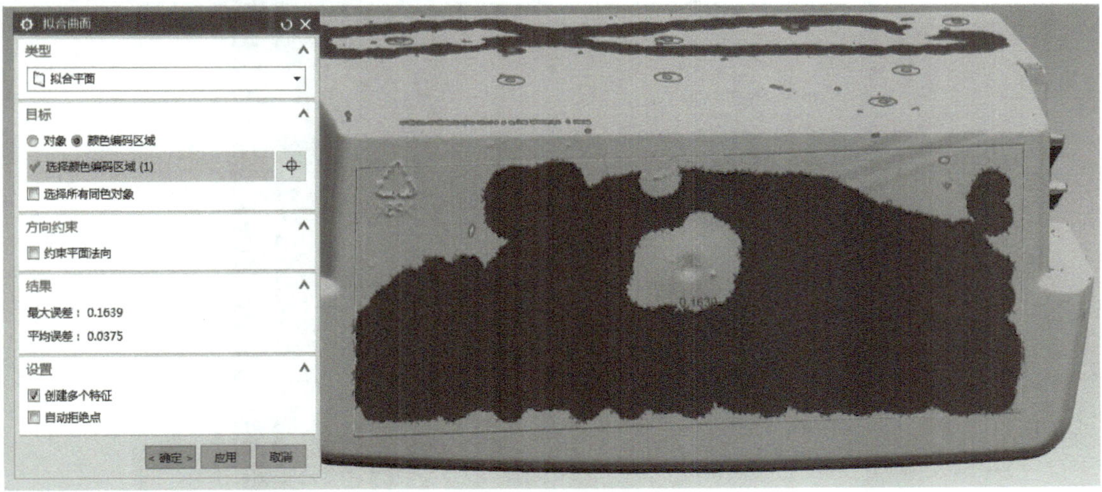

图2-27　拟合平面1

3）重复上述步骤完成平面2的拟合，如图2-28所示。

注意：在拟合的过程中，如果发现某处的偏差太大，则可以取消，然后使用小平面涂色功能，选择涂色对话框中的继承小平面体颜色按钮将该区域涂选成小平面体颜色，取消该区域作为拟合区域。

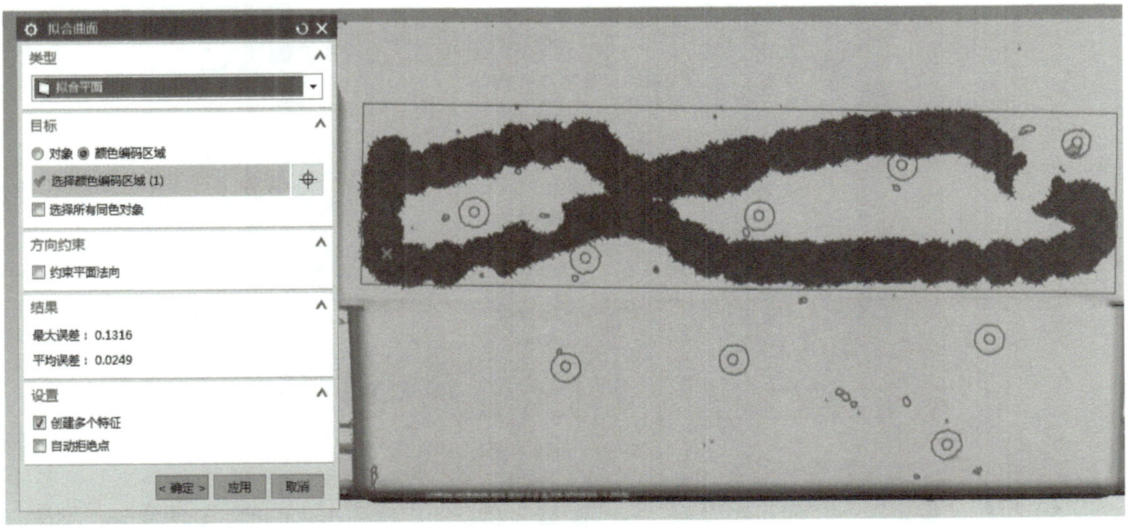

图2-28　拟合平面2

4）重复上述步骤，选择拟合平面3和4的两端面的区域，在选择过程中注意不要选择非平面区域部分，这样会导致拟合结果偏差较大。

5）选择完成后选择相应的区域，重复使用“拟合曲面”命令，完成平面3和平面4的拟合，具体的拟合平面3和平面4的构建如图2-29和图2-30所示。

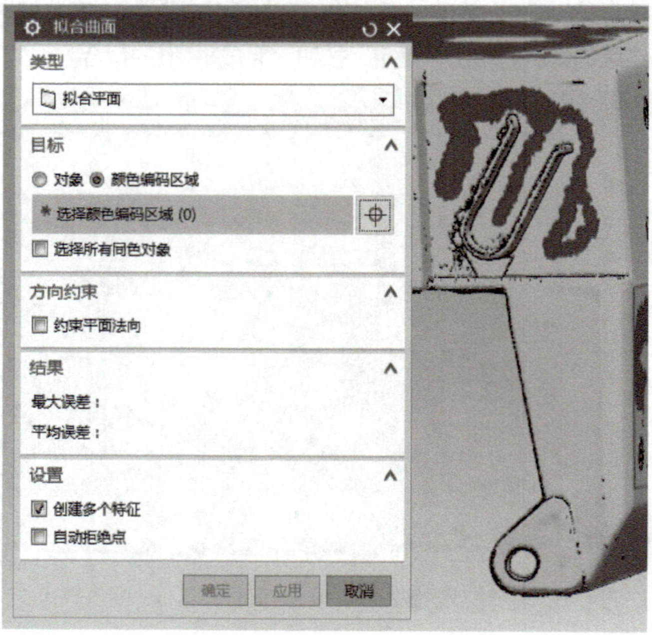

图2-29　拟合平面3

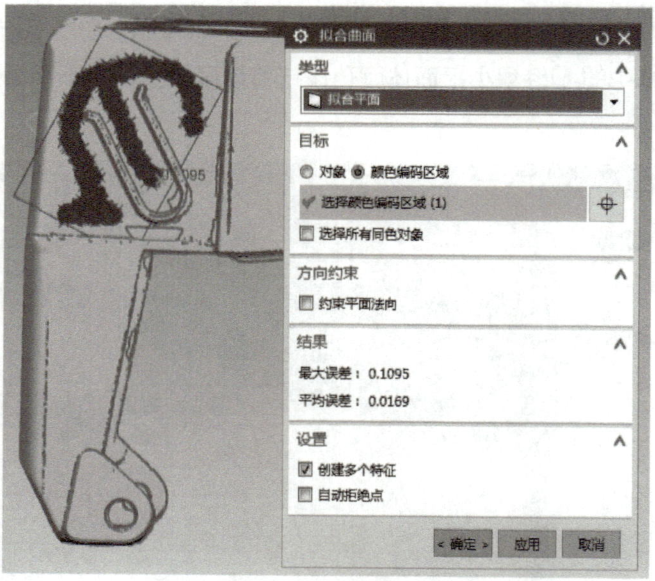

图2-30　拟合平面4

6）执行“编辑”→“显示和隐藏”→“隐藏”命令然后选择小平面体，将其隐藏。执行“插入”→“基准或点”→“基准平面”命令，打开如图2-31所示的对话框，在“类型”下拉列表中选择“二等分”方式，然后选择两端箭头所指的平面作为第一和第二平面。如果没有图2-31中间所示的预览出现，则可以在“平面方位”中单击“备选解”按钮。

至此已经构造完成了构建坐标系所需的3个平面，分别是平面1、平面2和平面5。平面5是一个基准平面。

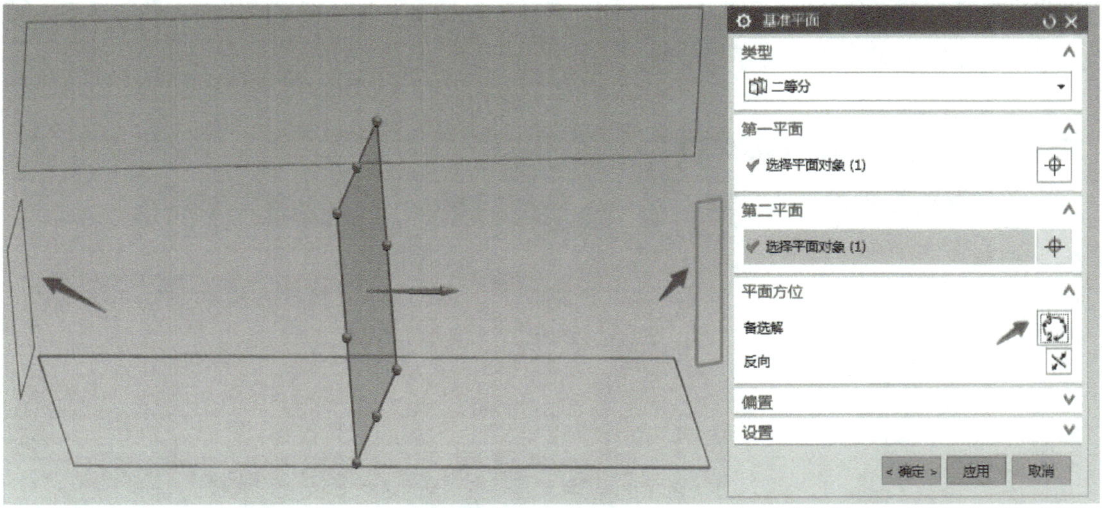

图2-31　二等分构造平面5

坐标系共有6个自由度，3个轴向的移动和3个绕轴的旋转。构建坐标系的方法可以遵循3-2-1的原则，也就是模具加工中基准角的构建方法。

需要注意的是，无论使用何种方式构建坐标系，都是固定6个自由度的过程。

利用拟合平面范围最大的平面1作为主要基准确定两个旋转和一个平移，选择平面2限定一个旋转和一个平移，选择基准平面5限定一个平移，这样利用3个平面就建立了逆向设计所需的坐标系。

7）执行“编辑”→“显示和隐藏”→“全部显示”命令，显示隐藏的水平面件，执行“编辑”→“移动对象”命令，软件弹出“移动对象”对话框，如图2-32所示。根据软件提示，首先选择小平面体作为移动对象，在“变换”栏中“运动”选项的下拉列表里选择“从CSYS到CSYS”的运动方式。

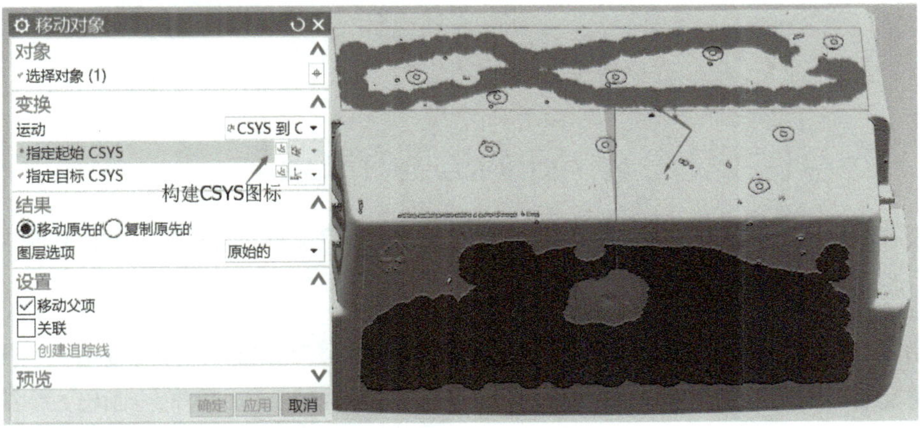

图2-32　“移动对象”对话框

8）单击 指定起始 CSYS 右侧的CSYS按钮，软件弹出构建CSYS对话框，如图2-33所示。在“类型”下拉列表中选择“三平面”构建基准坐标系的方式，依次选择底部拟合平面1作为X向平面，选择背部拟合平面2作为Y向平面，选择中分基准平面5作为Z向平面。然后单击“确定”按钮，完成产品基准坐标系的创建。

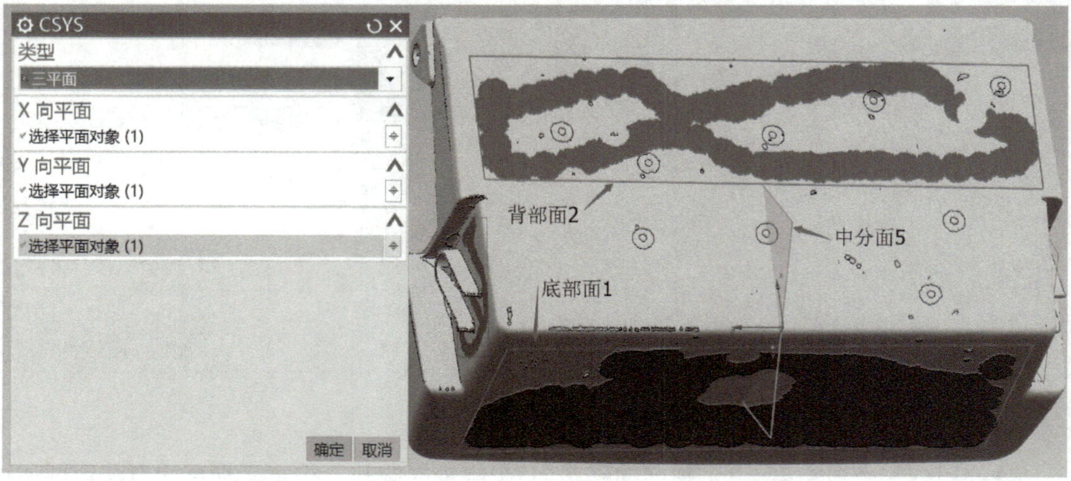

图2-33 “CSYS”对话框

9）单击“确定”按钮以后，软件结束起始CSYS的创建，此时可以在小平面体的中部看到建立好的产品CSYS坐标系。单击“确定”按钮返回到移动对象窗口。

10）接下来单击“指定目标CSYS”按钮后的三角形按钮，选择“绝对CSYS”坐标系，单击“确定”按钮完成移动对象。此时完成了在NX 10.0中坐标系的调整。

任务4 典型塑料件的逆向设计

一、塑料件工艺分析与逆向造型方案设计

冰箱收纳盒的材料使用聚苯乙烯，收缩率较低，且该产品是对称结构，塑件有脱模角度、有侧抽，脱模方向是底部平面的法线方向。

根据以上几点，在逆向设计过程中应当将产品设计成有中心基准面的对称结构，并根据产品实际情况给出脱模角度，主体可以通过拟合平面、截面曲线、拉伸等命令画出大体结构，按照先加后减的方式建立产品模型。最后使用孔、圆角等命令完成细节设计。

二、逆向造型设计

在任务3中，使用两种方法完成了塑件的坐标系调整，读者可以选择使用任何一种。接下来将应用NX 10.0完成塑件逆向造型设计。

1）启动NX 10.0软件，执行“文件”→“导入”→“STL”命令，在弹出的文件浏览窗口中选择已经调整好坐标系的冰箱盒，单击“确认”按钮，完成冰箱盒的输入，如图2-34所示。在图中可以看出产品坐标系和文件的一致性，坐标系调整到位。

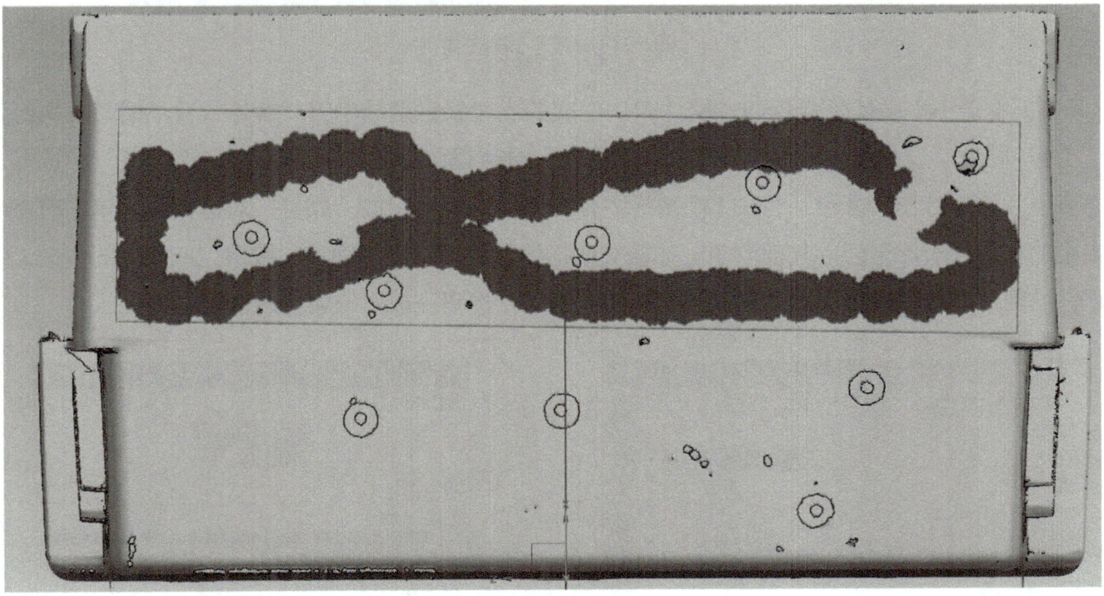

图2-34 完成坐标系调整的小平面体

2）执行“格式”→“移动至图层”命令，软件弹出“类选择”对话框，选择拟合平面1、2、3、4和中分基准面5，然后单击“确定”按钮，软件接着弹出“图层移动”对话框，在目标图层或类别下的输入框中输入目标图层81层，然后单击“确定”按钮，已经选择的平面和基准平面已经移入81层，由于81层默认是关闭的。因此在小平面体上已经看不到这些多余的平面。

需要注意的是，在移动对象时也可以在部件导航器中选择相关对象，然后单击鼠标右键，在弹出的快捷菜单中选择“编辑显示”命令，在弹出的“编辑对象显示”对话框中的图层输入框中输入目标图层，完成对象的移动。读者可以使用以上两种方法管理对象。

3）创建一个基准平面，执行“插入”→“基准”→“点”→“基准平面”命令，软件弹出如图2-35所示的“基准平面”对话框，选择图中箭头所指的YZ平面，软件根据自动判断类型判断出按距离方式创建偏置平面，“距离”输入10mm。单击“确定”按钮完成基准平面的创建。

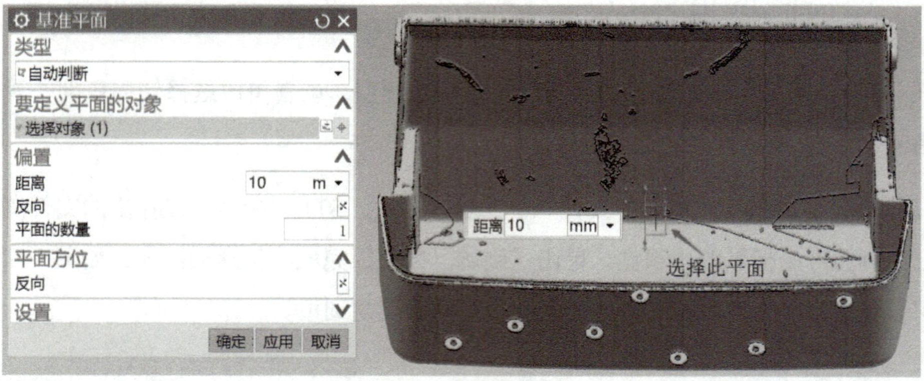

图2-35 基准平面的创建

4）由于小平面体是绿色的，软件默认生成的点对象也是绿色的，会导致看不清楚。执行“首选项”→“对象”命令打开“对象首选项”对话框，如图2-36所示。在“类型”中选择“点”，然后单击“颜色”行的■图标，打开如图2-37所示的“颜色”对话框中，单击收藏夹中的和绿色对比强烈的其他颜色，如箭头所指的蓝色。单击“确定”按钮完成颜色的修改，软件返回“对象首选项”对话框。再次单击“确定”按钮完成对象属性的修改。

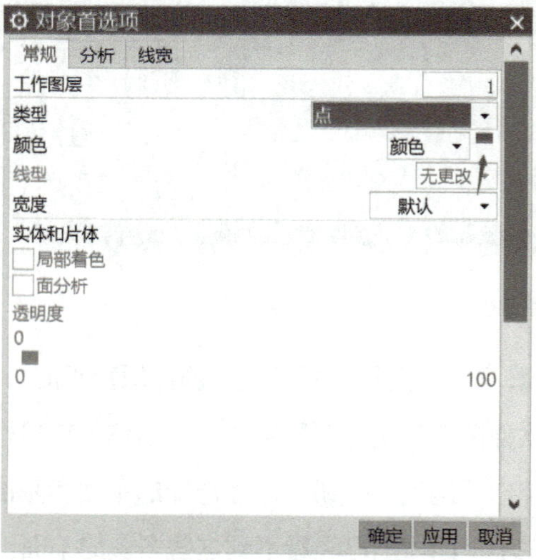

图2-36 “对象首选项”对话框

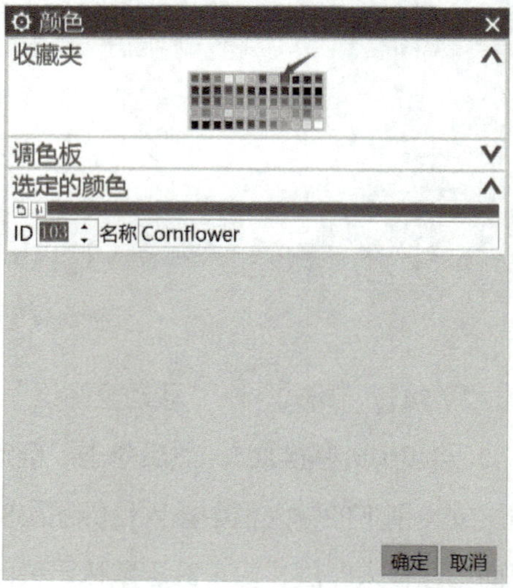

图2-37 “颜色”选择对话框

5）执行“插入”→“派生曲线”→“截面”命令，软件弹出如图2-38所示的“截面曲线”对话框，“采样距离”等设置按图中所示进行选择和输入。

6）单击鼠标选择小平面体，选择要剖切的对象是小平面体，剖切平面是图2-35中创建的基准平面。单击“确定”按钮完成截面点的创建。完成后如图2-38所示。

需要注意的是，采样的距离决定了截面曲线中点的疏密程度，读者可以根据需要自行决定采样距离。

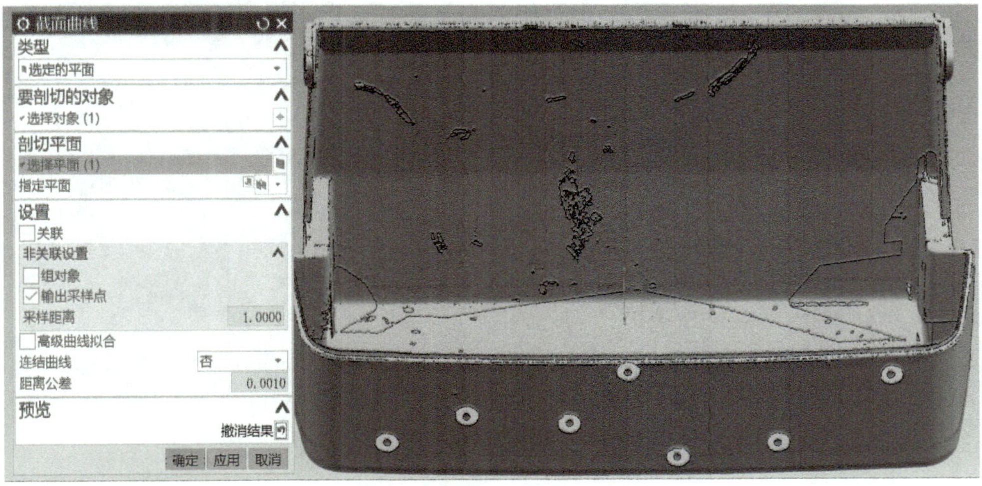

图2-38 “截面曲线”对话框和采样点输出结果

7）按<Ctrl+B>快捷键将小平面体隐藏。执行“插入”→“设计特征”→“拉伸”命令，软件弹出“拉伸”对话框，单击截面下“选择曲线 (0)中的绘制截面图标，进入“创建草图”对话框，如图2-39所示。

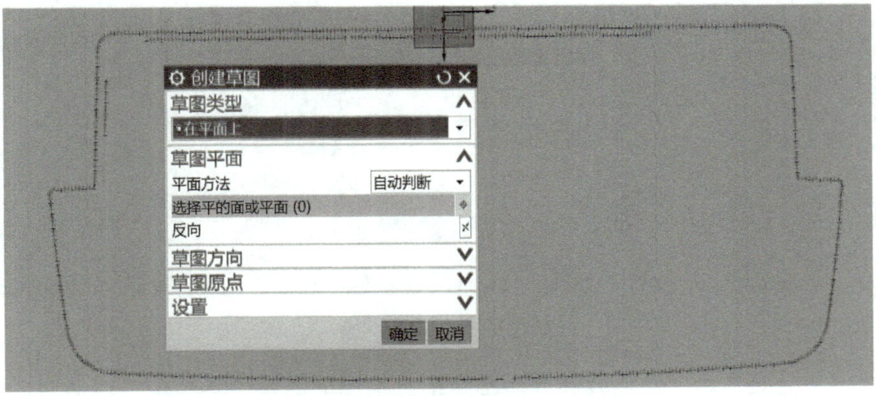

图2-39 “创建草图”对话框

8）“草图类型”选择“在平面上”，“草图平面”选择图2-35中创建的偏置距离为10的基准平面，单击“确定”按钮，软件进入草图环境。需要说明的是，这里包括以后的步骤中都不再一一阐述草图的绘制过程，仅展示绘制好的草图供读者参考。

接下来使用“创建草图”中的相关命令完成草图的绘制，由于冰箱收纳盒是对称结构，而且坐标系已经调整至对称中心，因此，在绘制草图的过程中需要注意草图的对称性，可以利用镜像草图完成部分草图的绘制。

9）为了能够使用图2-38中创建的点，需要执行草图环境下的“插入”→“处方曲线”→“投影曲线”命令，打开图2-40所示的“投影曲线”对话框。选择采样点，单击“确定”按钮，软件将其投影到草图绘制平面上，就可以使用拟合曲线命令了。

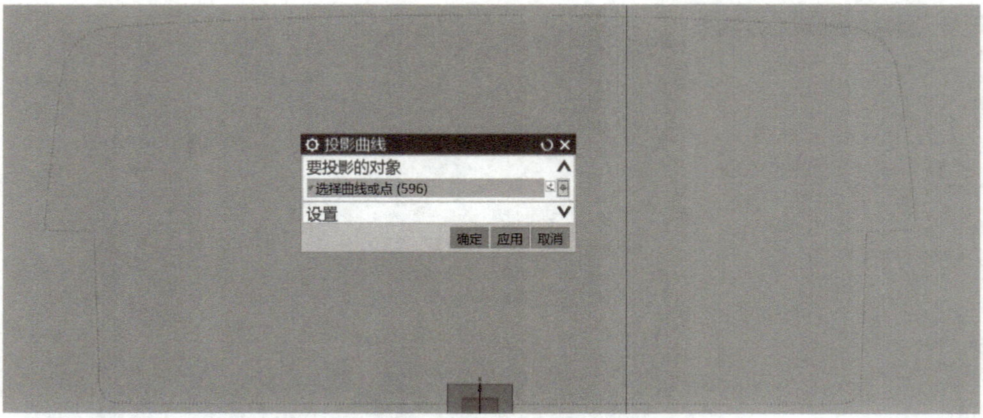

图2-40 “投影曲线”对话框

10）草图环境中的“拟合曲线”命令也是一个快速绘制草图的方法，执行“插入”→“曲线”→“拟合曲线”命令可以充分利用“截面命令”创建的采样点。拟合出的草图如图2-41所示。

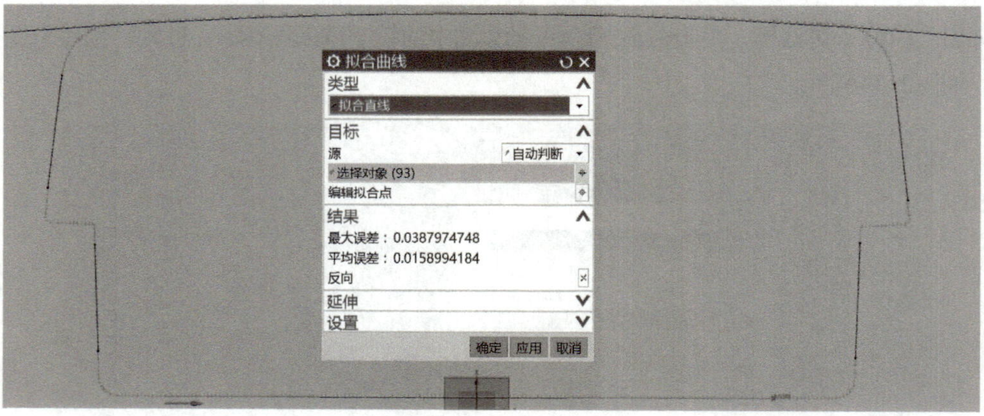

图2-41 拟合出的草图

11）利用“延伸”和“快速修剪”命令将拟合出来的曲线闭合起来，完成后如图2-42所示。单击“完成草图”按钮，退出草图环境进入“拉伸”对话框，输入“开始”值为-10mm，“结束”值为60mm，单击“确定”按钮，完成拉伸体的创建，如图2-43所示。

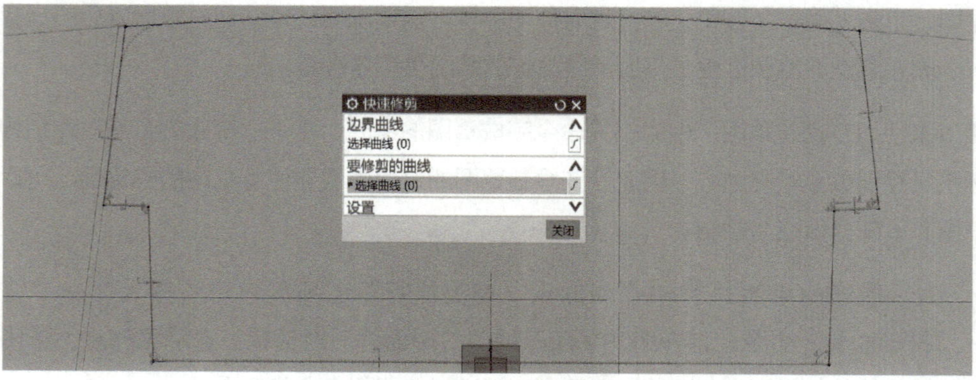

图2-42 封闭后的草图截面

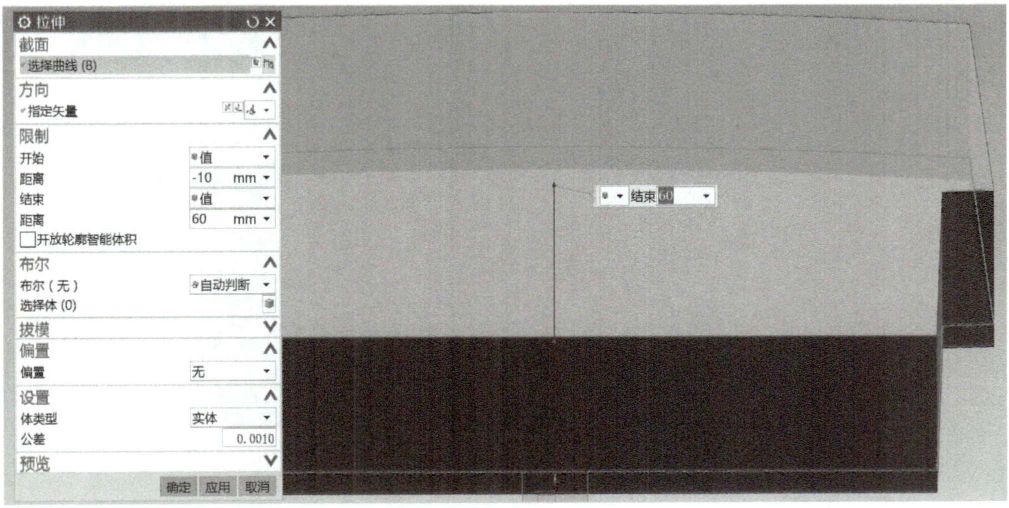

图2-43 拉伸体创建完成

12）接下来对周边生成拔模角，执行“插入”→“细节特征”→“拔模”命令，选择底部平面的法向为开模方向，偏置距离10的基准平面为固定平面，各个面的拔模角度如图2-44所示。

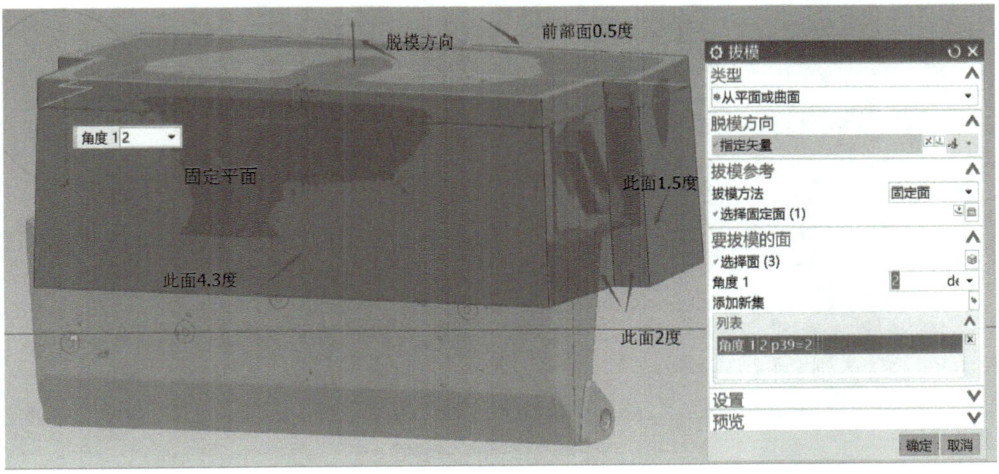

图2-44 开模方向、固定面及各个面脱模角度设置

接下来使用修剪拉伸多余的部分。

13）执行“插入”→“设计特征”→“拉伸”命令，弹出“拉伸”对话框，单击截面下“选择曲线 (0)”中的“绘制截面”按钮，软件进入“创建草图”对话框。

14）在弹出的“创建草图”对话框中，“草图类型”选择“在平面上”，“草图平面”选择基准坐标系的XY平面，单击“确定”按钮，软件进入草图环境。该草图作为拉伸截面，如果是封闭的，则可以使用布尔运算差集修剪掉多余体，如果是非封闭体则使用“修剪体”命令修剪多余体。接下来以小平面体为参考绘制如图2-45所示的草图，其主要尺寸共有图示的3个尺寸。因为该草图截面封闭，因此可以使用布尔运算求差功能直接修剪掉多余部分。

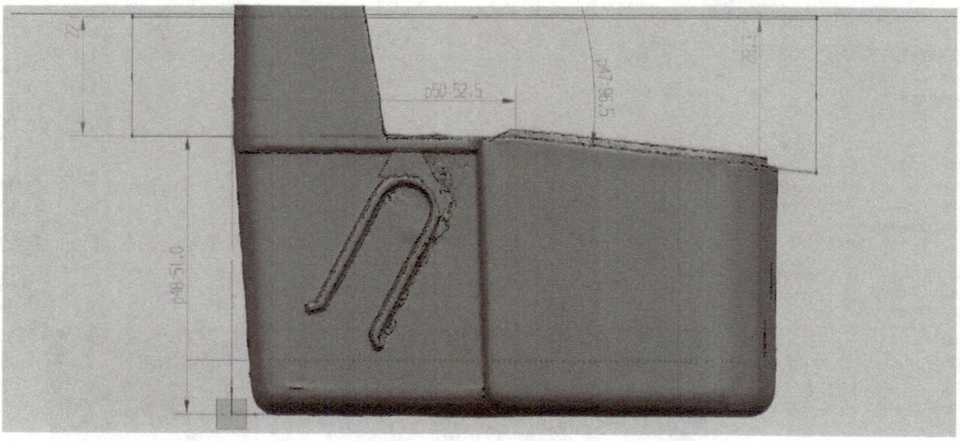

图2-45　修剪多余体草图截面

15）单击“完成草图”按钮，退出草图环境进入“拉伸”对话框，输入“开始”值为-120mm，“结束”值为120mm，单击“确定”按钮，完成拉伸体的创建，“布尔”选择“求差”方式，如图2-46所示。

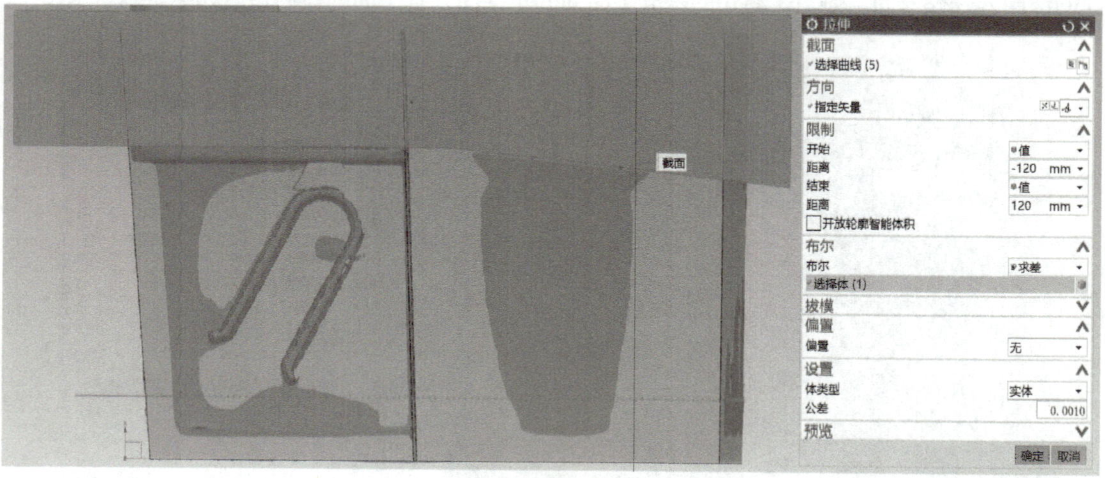

图2-46　“拉伸”对话框

16）执行“插入”→“偏置/缩放”→“抽壳”命令。选择顶部面，“厚度”为2.7mm，输入厚度。单击“确认”按钮完成“抽壳”命令，完成后的效果如图2-47所示。

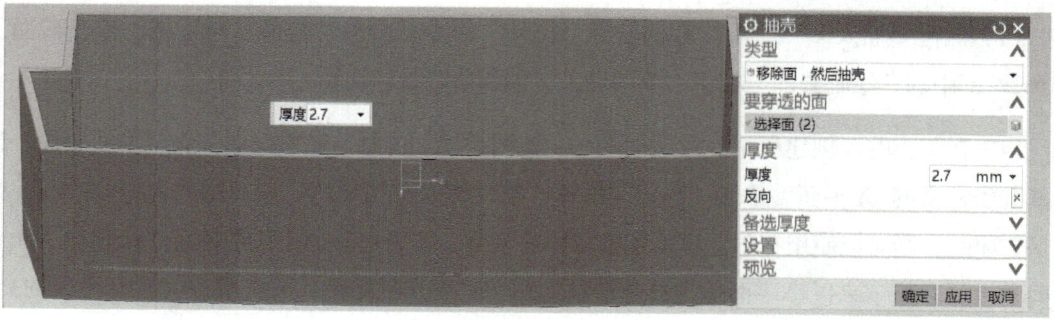

图2-47　抽壳效果

17）按<Ctrl+B>快捷键将拉伸实体隐藏。

18）执行“编辑”→“小平面体”→“涂色”命令，涂选如图2-48所示的区域，然后执行“插入”→“曲面”→“拟合曲面”命令，执行“拟合平面”命令，拟合出如图2-48所示的曲面。

19）重复上述步骤，涂选另一端相同位置的范围并拟合出曲面，此两个曲面将作为接下来拉伸中起始和结束的限制平面。

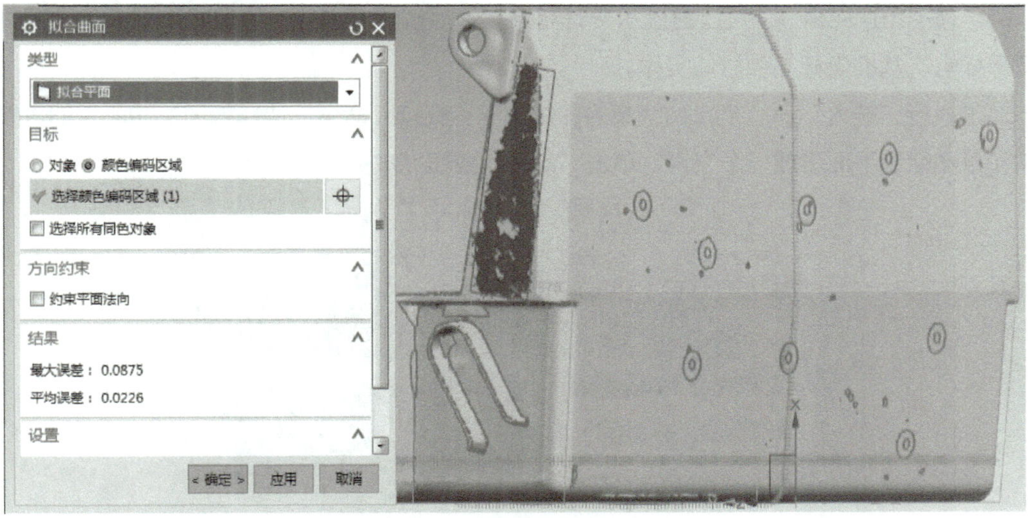

图2-48　小平面体两端涂色拟合曲面

20）执行“插入”→“派生曲线”→“截面”命令，软件弹出如图2-49所示的截面曲线窗口，“采样距离”等设置按图中所示选择和输入。单击“确定”按钮选择小平面体，选择要剖切的对象是小平面体，剖切平面是XY平面。单击“确定”按钮完成截面点的创建。创建的点是深蓝色的点，在箭头所指的位置。

图2-49　小平面体中部的截面曲线效果

21）执行“插入”→“设计特征”→“拉伸”命令，软件弹出“拉伸”对话框，单击截

面下 选择曲线 (0)中的“绘制截面”按钮，软件进入“创建草图”对话框，在对话框中“草图类型”选择“在平面上”，“草图平面”选择基准坐标系的XY平面，单击“确定”按钮，软件进入草图环境。

22）执行“插入”→“处方曲线”→“投影曲线”命令，选择图2-49生成的采样点，单击“确定”按钮，将其投影到草图绘制平面上。

23）按<Ctrl+Shift+U>快捷键显示所有对象，然后按<Ctrl+B>快捷键将小平面体隐藏，仅保留采样点、基准坐标系和拉伸实体。

24）执行“插入”→“来自曲线集的曲线”→“交点”命令，选择如图2-50所示的直线，其将和草图绘制平面形成一个交点。单击“确定”按钮完成交点的创建。

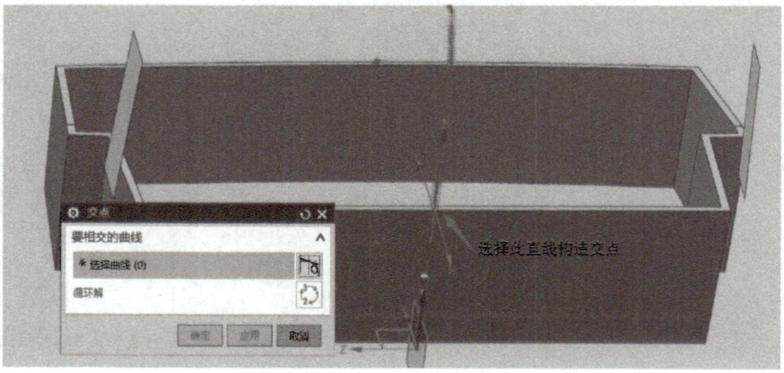

图2-50　构造交点选择的直线

25）以此交点为起点位置的草图截面如图2-51所示。图中第一条曲线自己绘制，其他直线可以使用拟合直线的方式绘制。单击“确定”按钮完成草图，进入“拉伸”界面，参数如图2-52所示。

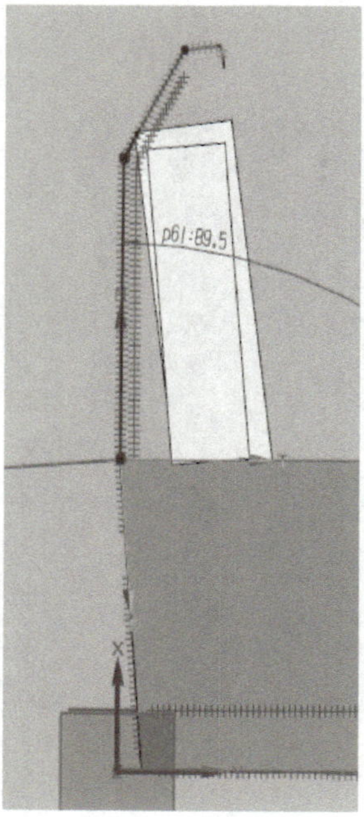

图2-51　草图截面

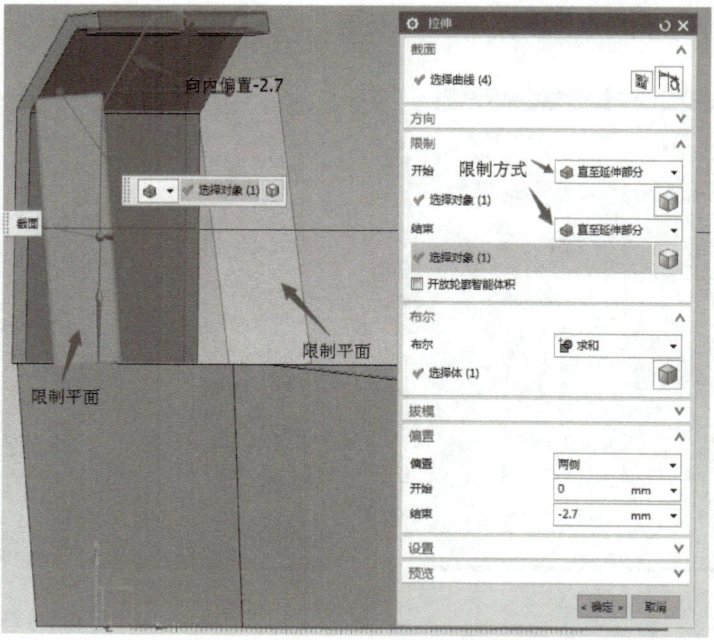

图2-52　“拉伸”限制和“偏置”设置

26）执行“插入”→“基准”→“点”→“基准平面”命令，选择拟合曲面，利用自动判断的方式生成基准平面，“距离”输入0.3。单击“确定”按钮完成基准平面的创建。

27）执行“插入”→“派生曲线”→“截面”命令，打开如图2-53所示的截面曲线窗口，采样距离等设置按图中所示进行选择和输入。单击“确定”按钮选择小平面体，选择要剖切的对象是小平面体，剖切平面是上一步骤中生成的基准平面。单击“确定”按钮完成截面点的创建。创建的点是深蓝色的点，在箭头所指的位置。按<Ctrl+B>快捷键将小平面体隐藏。

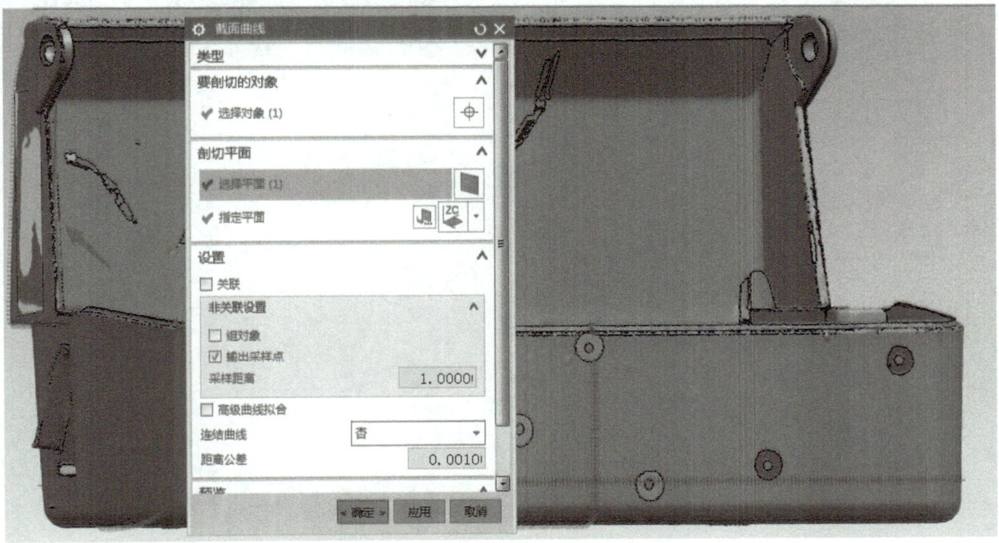

图2-53　构造的截面曲线位置

28）执行“插入”→“设计特征”→“拉伸”命令，弹出“拉伸”对话框，单击截面下“选择曲线 (0)”中的“绘制截面”按钮，进入“创建草图”对话框，“草图类型”选择“在平面上”，“草图平面”选择顶部拉伸体的端面，单击“确定”按钮，进入草图环境。绘制如图2-54所示的草图截面，注意线与点的贴合。拉伸方向为Z方向，完成后拉伸截面起始值为0、终止值为2.3。

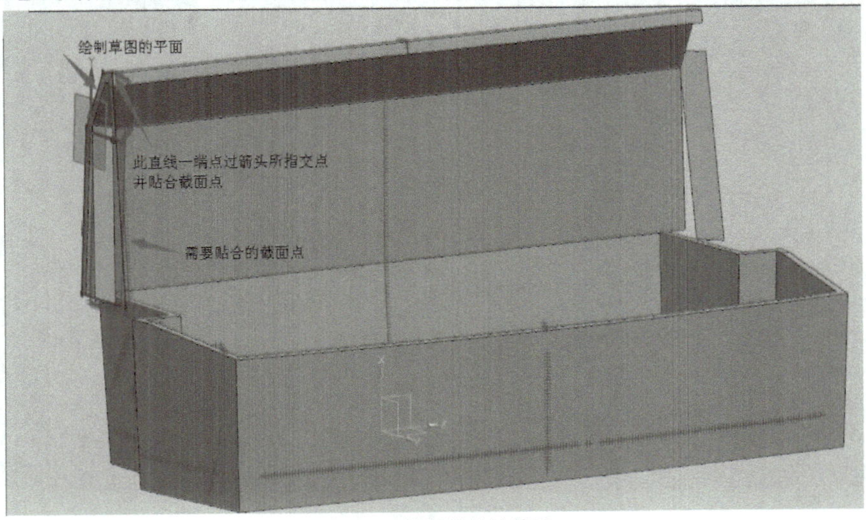

图2-54　绘制的拉伸截面

29）重复上述步骤完成另一端拉伸体的创建。执行“格式”→“移动至图层”命令，在弹出的“类选择”对话框中选择类型过滤器，然后按住<Ctrl>键选择“按类型选择”窗口中的点和片体，单击“确定”按钮，返回“类选择”对话框，单击“全选”按钮，完成所有点和片体的选择，单击“确定”按钮，返回“移动对象”对话框。输入目标层256层，单击“确定”按钮完成对象移动，且256层默认关闭，因此点和片体被隐藏起来。完成后的效果如图2-55所示。

图2-55　完成拉伸和对象隐藏后的效果

30）执行“插入”→“同步建模”→“替换面”命令，弹出“替换面”对话框，选择上述两步完成的4个底面作为要替换的面，替换面为1个，如图2-56所示。

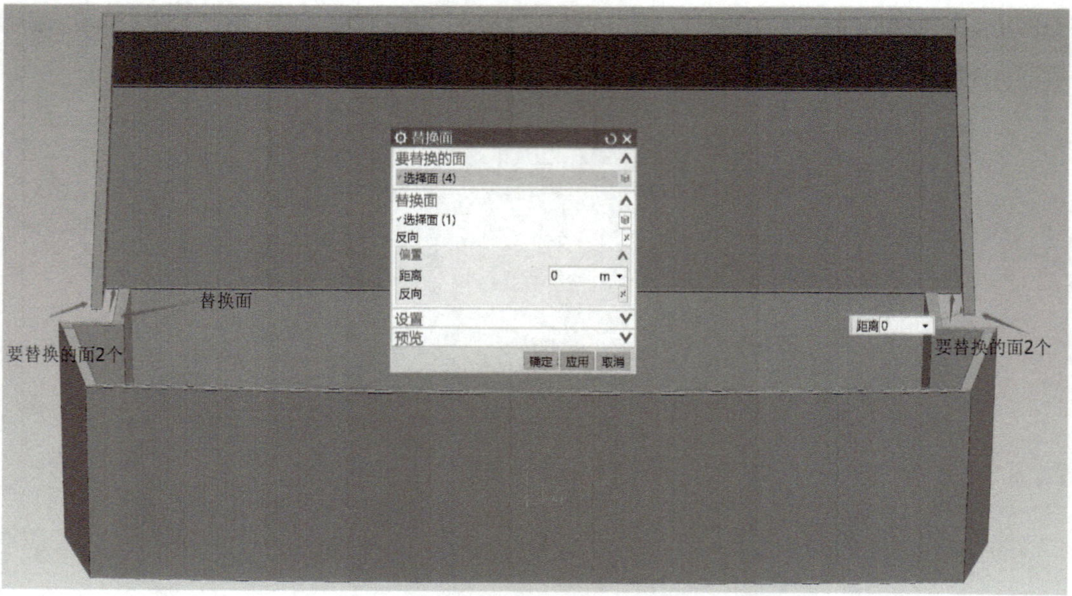

图2-56　“替换面”对话框

31）重复上一步操作，选择要替换的面和替换面，如图2-57所示。单击“确定”按钮完成替换面。

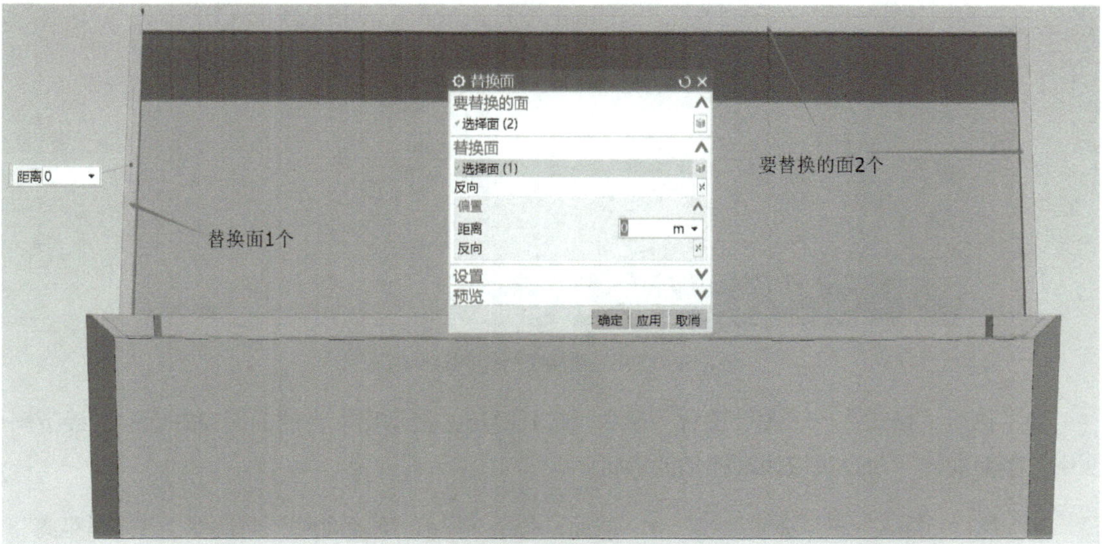

图2-57　前部“替换面”对话框

32）执行“插入”→“设计特征”→“拉伸”命令，弹出“拉伸”对话框，单击截面下选择曲线 (0)行，选择如图2-58所示的截面线，“开始”值为0，“结束”约束为最左侧面的延伸，其他设置如图2-58中的对话框所示。

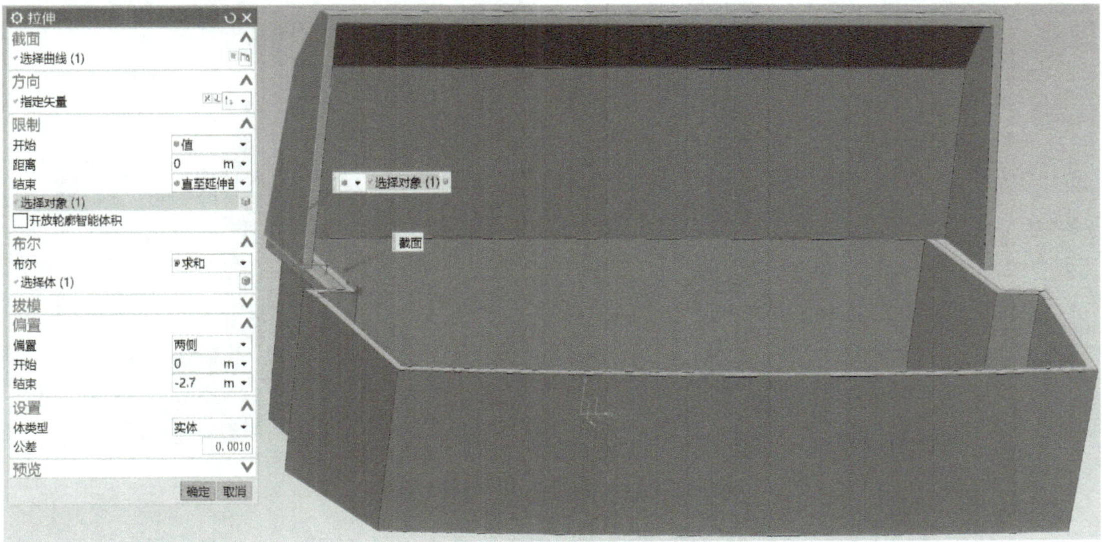

图2-58　“拉伸”对话框及拉伸对象和结束限制对象选择

33）重复上述步骤，完成另外一端相同位置的拉伸，完成后旋转至收纳盒后部会发现，两端存在微小的缺口，对于此类小问题，同步建模的相关命令可以快速处理此类问题，如替换面、移动面、调整面的大小等相关命令，合理利用参数化建模命令和同步建模命令可以大大提升建模的效率。读者可以自行摸索练习，总结出适合自己的方法。

34）执行“插入”→“同步建模”→“替换面”命令，选择如图2-59所示的要替换的面和替换面，完成修改后如图2-59所示。

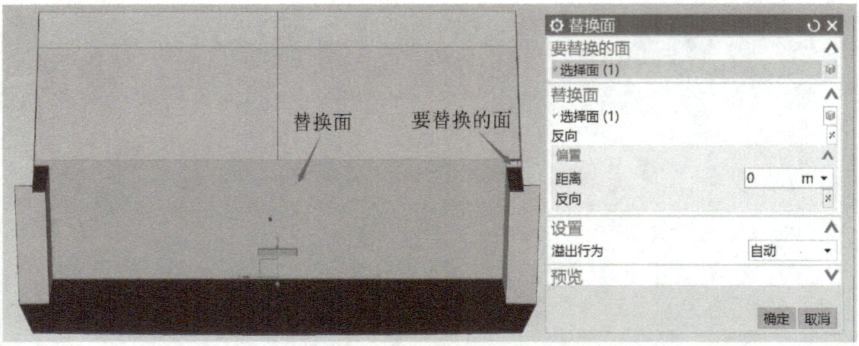

图2-59　使用“替换面”命令替换缺口

35）执行“格式”→“图层设置”命令，打开81层，显示出拟合的曲面3和曲面4，接下来使用“截面曲线”命令截取两端挂扣的形状。

36）执行“插入”→“派生曲线”→“截面”命令，弹出“截面曲线”对话框，“采样距离”等设置按图中所示进行选择和输入。单击“确定”按钮选择小平面体，要剖切的对象是小平面体，“剖切平面”选择“指定平面”指定平面，单击“指定平面”行最后的三角形，在下拉列表中选择“自动判断”方式建立剖切面，如图2-60所示。软件弹出偏移距离窗口，输入偏移距离为3mm。单击“确定”按钮完成截面点的创建。

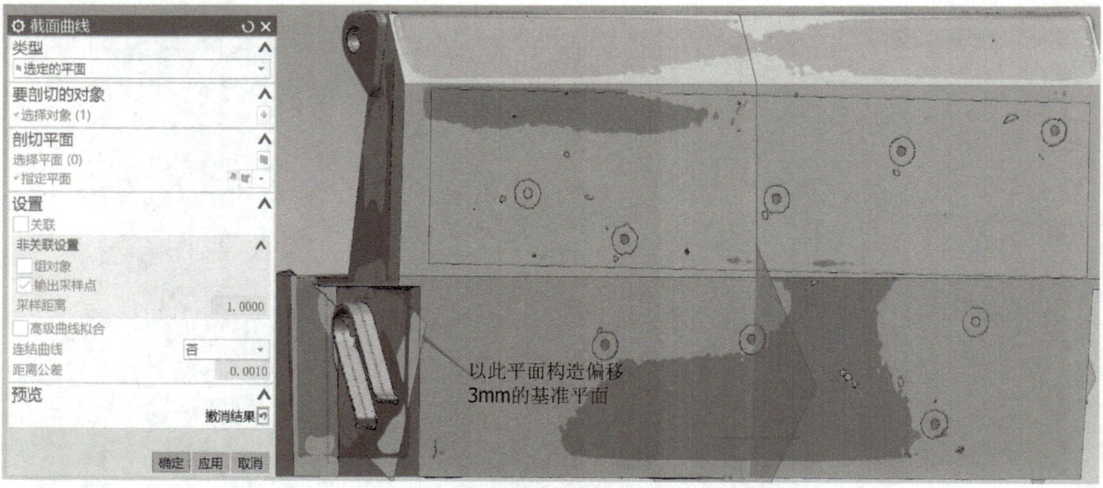

图2-60　挂扣“截面曲线”创建对话框

37）执行“插入”→“基准/点”→“基准平面”命令，选择图2-60中箭头所指的拟合曲面，以偏移距离方式，偏置3mm创建基准平面作为挂扣草图绘制的平面。

38）按<Ctrl+B>快捷键，将小平面体隐藏。执行“格式”→“图层设置”命令，关闭81层，该图层所有对象不可见。

39）执行“插入”→“设计特征”→“拉伸”命令，弹出“拉伸”对话框，单击截面下

选择曲线 (0)中的“绘制截面”按钮，进入“创建草图”对话框，在对话框“草图类型”选择“在平面上”，“草图平面”选择偏置3mm构建的基准平面，单击“确定”按钮，进入草图环境。绘制如图2-61所示的草图截面，注意线与点的贴合。

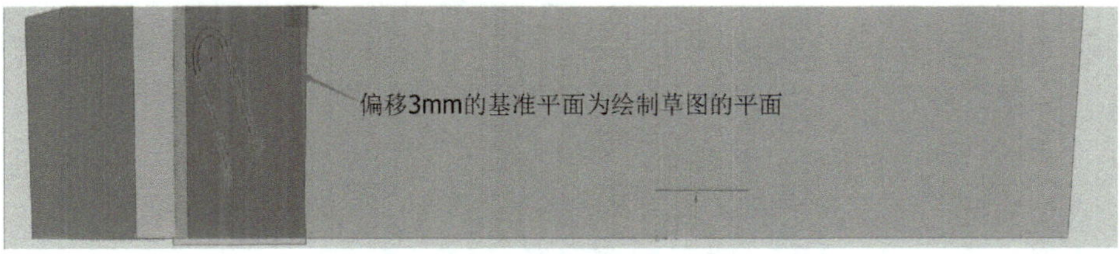

图2-61　绘制完成的挂扣截面草图

40）退出草图环境，软件进入“拉伸”对话框，拉伸界面的各项设计值如图2-62所示，注意由于侧抽开模方向是Z方向，所以拉伸方向是Z方向。起始“距离”是-2.7mm，“结束”限制是“直至下一个”。单击“确定”按钮完成拉伸。

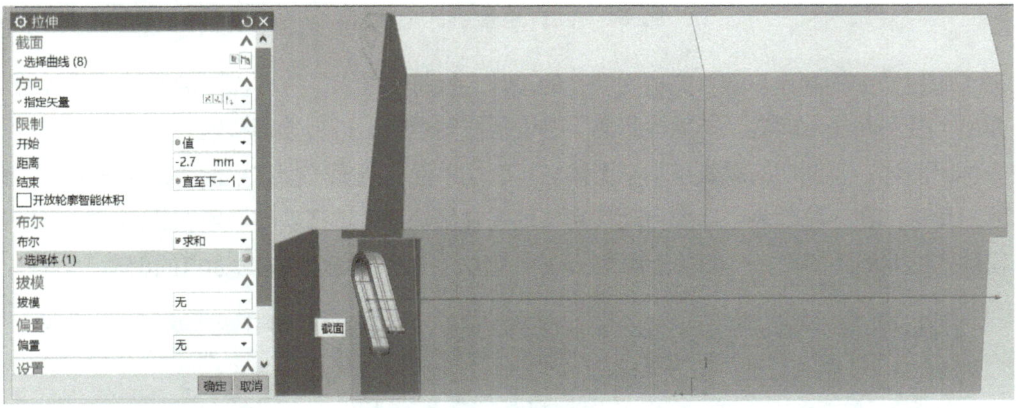

图2-62　挂扣“拉伸”对话框

41）接下来对挂扣生成脱模角度，执行“插入”→“细节特征”→“拔模”命令，弹出“拔模”对话框，“脱模方向”选择Z方向，固定平面选择偏置3mm的基准平面，脱模角度5°。要拔模的面选择挂扣的侧面，单击“确定”按钮完成脱模角度的创建，如图2-63所示。

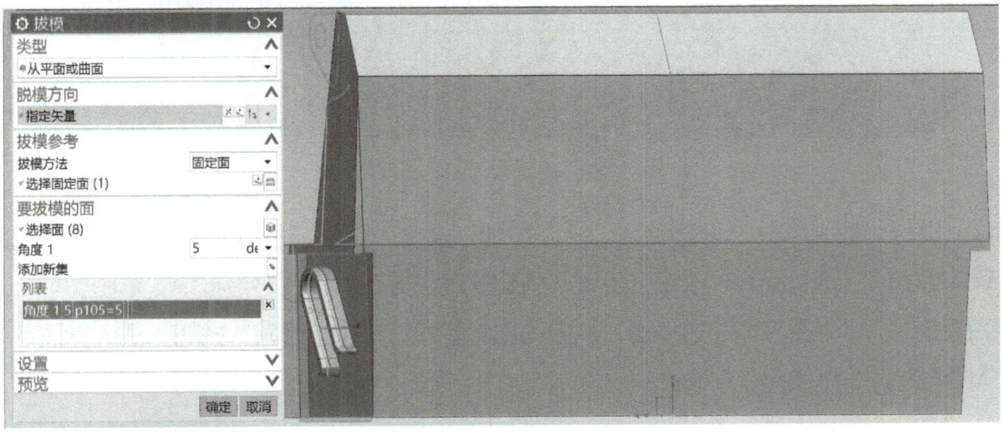

图2-63　挂扣“拔模”对话框

42）执行“插入”→“关联复制”→“镜像特征”命令，弹出“镜像特征”对话框，在部件导航器中选择上两步完成的拉伸和拔模角特征，镜像平面选择XY基准平面，单击“确定”按钮完成特征镜像，如图2-64所示。

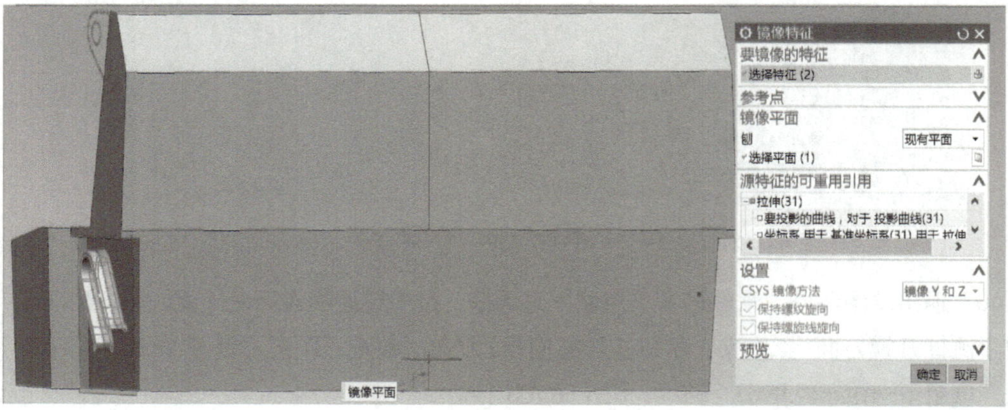

图2-64　挂扣“镜像特征”对话框

43）重复挂扣的制作步骤，完成安装孔的设计。执行“插入”→“派生曲线”→“截面”命令，弹出“截面曲线”窗口，“采样距离”等设置按图中所示进行选择和输入。单击“确定”按钮选择小平面体，要剖切的对象是小平面体，“剖切平面”选择“指定平面”，单击指定平面行最后的三角形，在下拉列表中选择自动判断方式建立剖切面，选择安装孔所在的面，如图2-65所示。软件弹出偏移距离窗口，偏移距离为0mm。单击“确定”按钮完成截面点的创建。

图2-65　安装孔“截面曲线”生成对话框

44）执行“插入”→“设计特征”→“拉伸”命令，弹出“拉伸”对话框，单击截面下*选择曲线 (0)中的“绘制截面”按钮，进入“创建草图”对话框，在对话框中“草图类型”选择“在平面上”，“草图平面”选择图2-64中的剖切平面，单击“确定”按钮，进入草图环境。绘制草图截面，注意线与点的贴合。

需要注意的是从小平面体上安装孔上的分型线可以看出，安装孔在制造时也是使用侧抽，脱模方向是Z方向。将在完成拉伸后生成脱模角度。

45）完成草图，进入“拉伸”对话框，设置如图2-66所示，单击“确定”按钮完成拉伸。

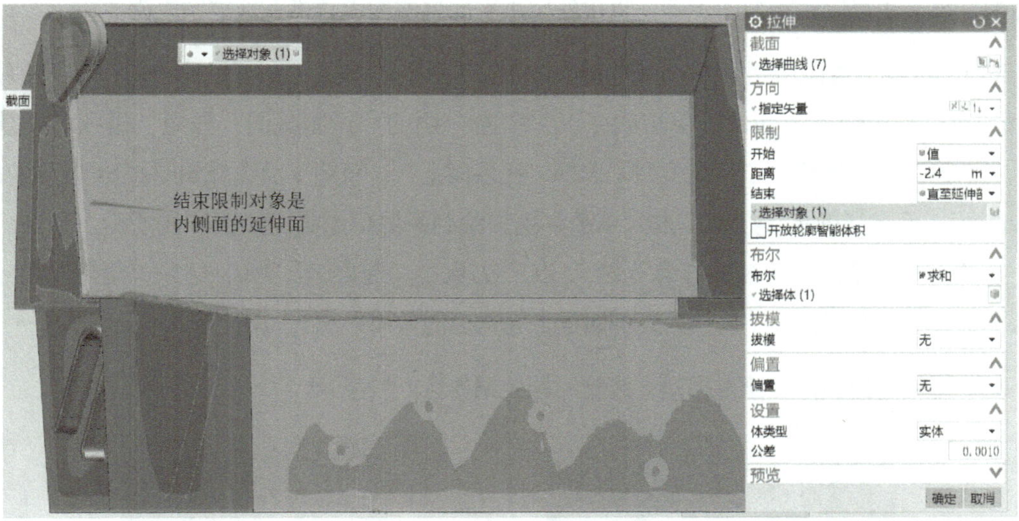

图2-66　安装孔“拉伸”对话框

46）拉伸完成后需要完成安装孔外侧的脱模角度，首先需要将安装孔部位的外侧面进行曲面分割，执行“插入”→“基准/点”→“基准平面”命令，选择如图2-67所示的平面，生成偏移距离为0的基准平面。

47）执行“插入”→“修剪”→“分割面”命令，要分割的面是安装孔外侧面，分割对象是基准平面，单击“确定”按钮完成面的分割，如图2-67所示。

48）执行“插入”→“细节特征”→“拔模”命令，“类型”选择“从边”，选择“脱模方向”是“-ZC”，“固定边”选择分割面后得到的边，单击“确定”按钮完成拔模，如图2-68所示。

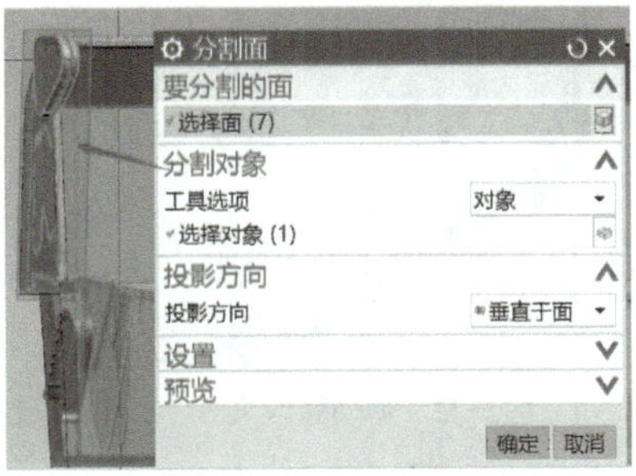

图2-67　“分割面”对话框

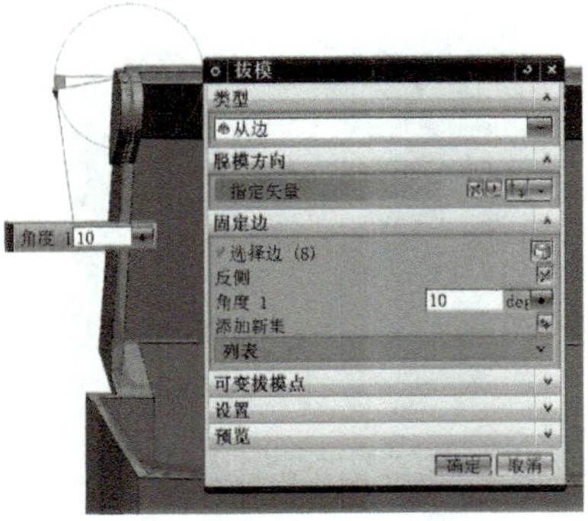

图2-68　边“拔模”对话框

49）执行“编辑”→“小平面体”→“涂色”命令，选择如图2-69所示的区域，然后使用该区域拟合平面。执行“插入”→“曲面”→“拟合曲面”命令，弹出“拟合曲面”对话框，选择涂选区域，拟合曲面，如图2-69所示。

读者可以使用截面命令生成截面曲线或点，然后精确绘制草图；如果从产品功能分析，不太重要，那么也可以省略截面步骤，直接使用小平面体做参考直接完成草图绘制。

50）接下来绘制安装孔内侧面需要减去的部分，执行“插入”→“设计特征”→“拉伸”命令，弹出“拉伸”对话框，单击截面下 选择曲线 (0) 中的“绘制截面”按钮，进入“创建草图”对话框，在对话框中“草图类型”选择“在平面上”，草图平面选择如图2-70所示的安装孔内侧面，单击“确定”按钮，进入草图环境。绘制好的草图截面如图2-70所示。单击“完成”按钮，拉伸草图，“拉伸方向”为“-ZC”方向，“起始值”为0，结束“限制”为“直至延伸部分”，选择拟合平面作为延伸对象。完成后的效果如图2-71所示。

51）使用替换面命令修复拐角，修复后的效果如图2-72所示。

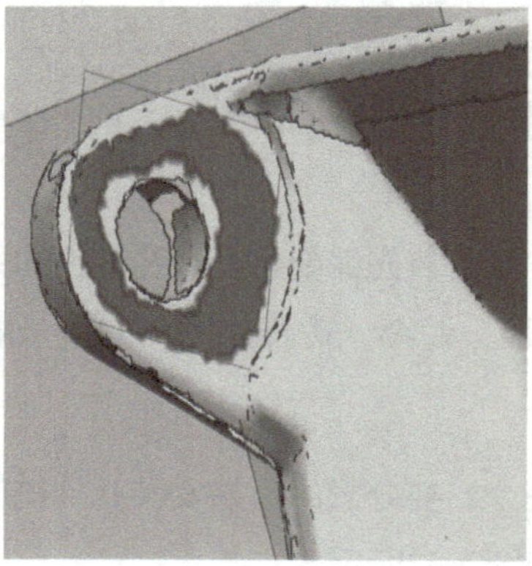

图2-69　拟合曲面区域

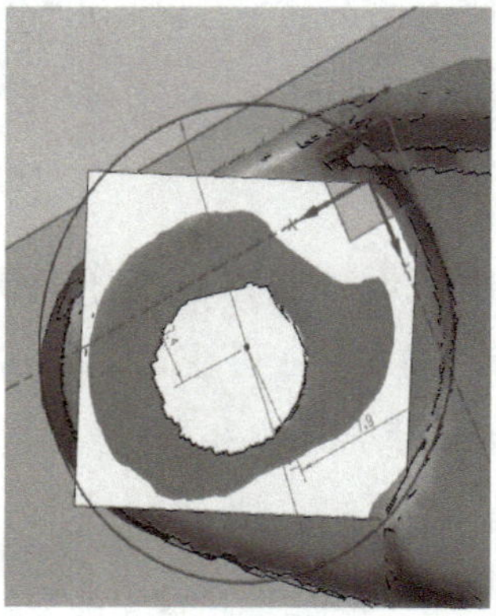

图2-70　草图截面

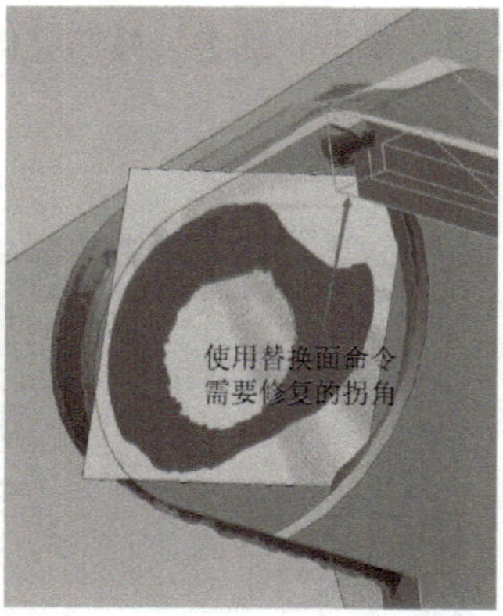

图2-71　拉伸结果

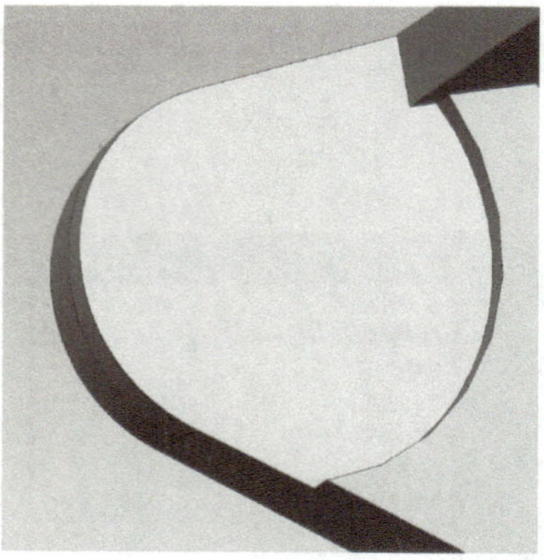

图2-72　替换面效果

52）按<Ctrl+B>快捷键，隐藏实体和基准坐标系，按<Ctrl+Shift+B>快捷键颠倒显示和隐藏，此时工作区只显示实体和基准坐标系。

53）此时如果要将此安装孔复制到另一侧，则会比较困难，可以使用基准XY平面将整个实体修剪掉一半，然后镜像体得到另外一半。修剪完成的效果如图2-73所示。

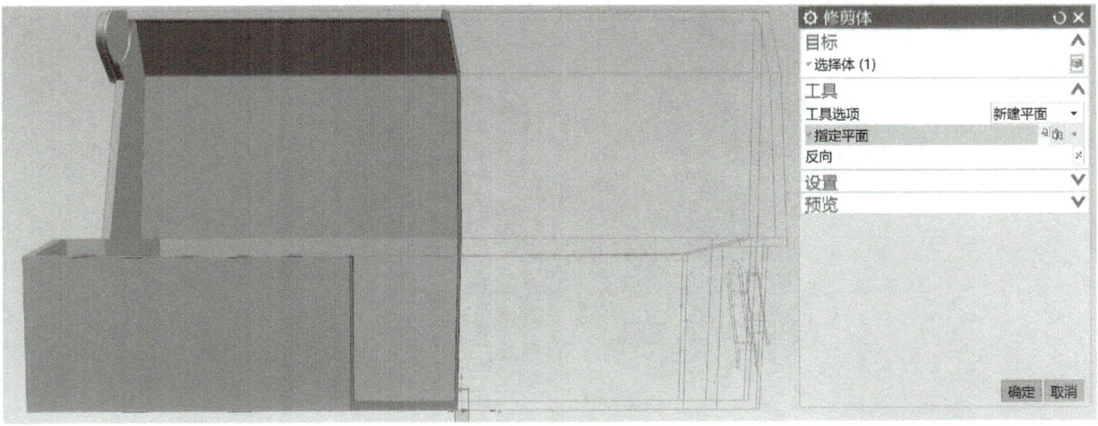

图2-73 “修剪体”对话框

54）接下来读者可以根据小平面体完成倒圆角操作，完成后的效果如图2-74所示。

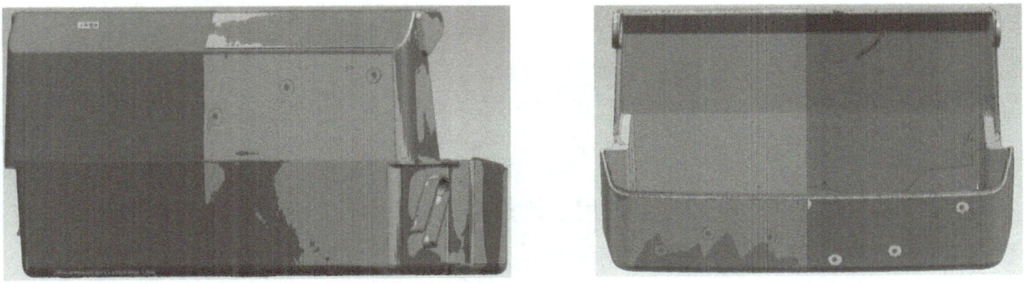

图2-74 完成圆角的效果图

55）完成安装孔的开孔和配合止口的拉伸设计工作，完成后，使用“镜像几何体”命令完成整个收纳盒的创建，执行“插入”→“关联复制”→“镜像几何体”命令，如图2-75所示。

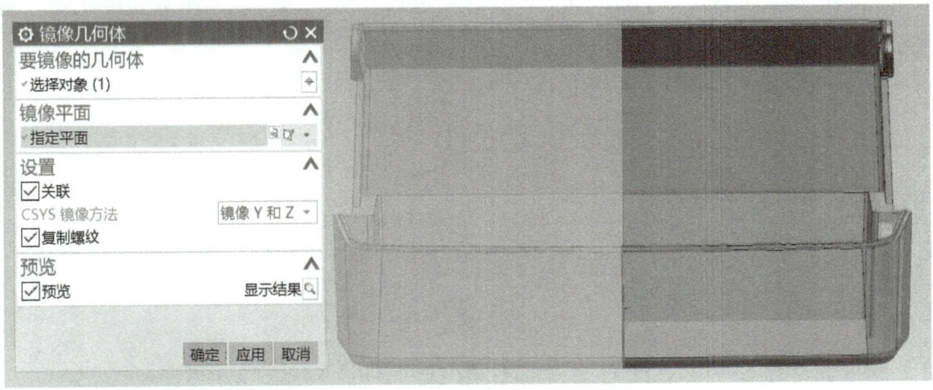

图2-75 镜像几何体

56）完成后使用布尔运算求和命令将其合并为一个整体。

可以参考上述步骤，使用提供的STL数据完成设计。至此完成了冰箱收纳盒的逆向设计，

图2-76所示是只显示设计好的文件和扫描文档的效果。

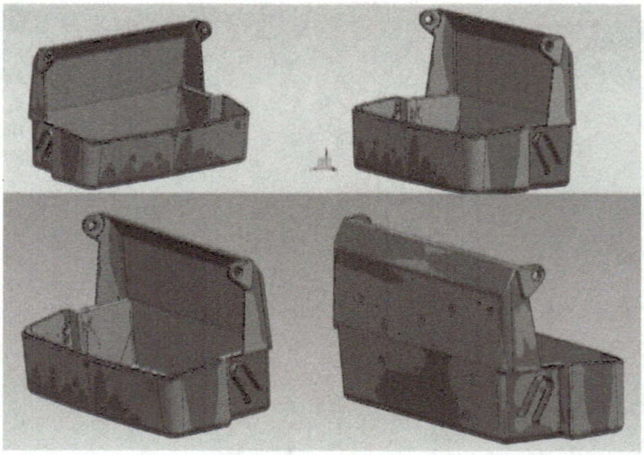

图2-76　完成后的对比效果

项目小结

通过本项目的学习，可以了解使用三维扫描仪对塑料件扫描之前常用的表面处理方法、扫描的过程、数据的处理与输出等相关知识；了解了使用GOM Inspect软件进行坐标系调整和NX 10.0调整坐标系的相同和不同之处；了解使用NX 10.0进行逆向设计的一般过程和常用的命令。

另外此项目相对简单，仅以此项目介绍逆向设计的流程。如果是具有复杂曲面的塑料件的逆向设计，则需要具有很好的曲面建模基础方可完成，当然NX软件也不一定是逆向设计唯一的选择。

思考与练习

1）两种软件调整坐标系的方法有何不同之处？你比较喜欢使用哪一种？

2）对于塑料件的逆向设计，你认为最重要的步骤是什么？

3）使用NX 10.0软件进行逆向设计常用的命令有哪些？和你使用的其他版本软件有何不同之处？

项目3

冲压件的三维扫描与逆向设计

本项目以一种冲压零件为例，通过冲压件扫描工具的选择，冲压件的表面处理，冲压件的扫描、数据处理和典型冲压件的逆向设计等典型步骤完成该项目的设计，为其他类似冲压件的扫描和逆向设计提供参考和借鉴。

- ❐ 任务1　冲压件扫描工具的选择。
- ❐ 任务2　冲压件的表面处理。
- ❐ 任务3　冲压件的扫描与数据处理。
- ❐ 任务4　典型冲压件的逆向设计。

在冲压件逆向设计中，由于冲压产品材料和处理工艺的多样性，冲压件的种类较多。本项目选取了一种比较简单的热轧钢板冲压件。该工件表面是热轧钢板原色，颜色比较亮。因此需要进行表面处理方可扫描。

在逆向设计过程中应当充分考虑冲压件的材料、冲压的工艺特性，该项目冲压件有冲裁、弯曲、翻边等工艺。在逆向设计过程中要充分考虑冲裁面是否平整，弯曲、翻边是否有回弹等冲压工艺缺陷。如果有，那么在冲压件逆向设计时如何解决该问题。

本项目针对该冲压件的尺寸、材料和表面特性，选择合适的扫描工具和表面处理方法，正确进行扫描数据的处理，为完成逆向设计提供参考，最终使用三维软件设计出了符合冲压模具制造的产品三维模型。

任务1　冲压件扫描工具的选择

一、认识本项目的冲压件

冲压是靠压力机和模具对板材、带材、管材和型材等施加外力，使之产生塑性变形或分离，从而获得所需形状和尺寸的工件（冲压件）的成形加工方法。冲压和锻造同属塑性加工（或称压力加工），合称锻压。冲压的坯料主要是热轧和冷轧的钢板和钢带。全世界的钢材中，有60%～70%是板材，其中大部分经过冲压制成成品。汽车的车身、底盘、油箱、散热器片，锅炉的汽包，容器的壳体，电机、电器的铁芯硅钢片等都是冲压加工的。仪器仪表、家用电器、自行车、办公机械、生活器皿等产品中，也有大量冲压件。

冲压加工是借助于常规或专用冲压设备的动力，使板料在模具里直接受到变形力并进行变形，从而获得一定形状，尺寸和性能的产品零件的生产技术。板料、模具和设备是冲压加工的三要素。按冲压加工温度分为热冲压和冷冲压。前者适合变形抗力高、塑性较差的板料加工；后者则在室温下进行，是薄板常用的冲压方法。它是金属塑性加工（或压力加工）的主要方法之一，也隶属于材料成型工程技术。

冲压所使用的模具称为冲压模具，简称冲模。冲模是将材料（金属或非金属）批量加工成所需冲件的专用工具。冲模在冲压中至关重要，没有符合要求的冲模，批量冲压生产就难以进行；没有先进的冲模，先进的冲压工艺就无法实现。冲压工艺与模具、冲压设备和冲压材料构成冲压加工的三要素，只有它们相互结合才能得出冲压件。

冲压件与铸件、锻件相比，具有薄、匀、轻、强的特点。冲压可制出其他方法难以制造的带有加强筋、肋、起伏或翻边的工件，以提高其刚性。由于采用精密模具，工件精度可达微米级，且重复精度高、规格一致，可以冲压出孔窝、凸台等。冷冲压件一般不再经切削加工，或仅需要少量的切削加工。热冲压件精度和表面状态低于冷冲压件，但仍优于铸件、锻件，切削加工量少。

冲压是高效的生产方法，采用复合模，尤其是多工位级进模，可在一台压力机（单工位或多工位的）上完成多道冲压工序，实现由带料开卷、矫平、冲裁到成形、精整的全自动生产。生产效率高，劳动条件好，生产成本低，一般每分钟可生产数百件。与机械加工及塑性加工的其他方法相比，冲压加工无论在技术方面还是经济方面都具有许多独特的优点。主要表现如下。

1）冲压加工的生产效率高，且操作方便，易于实现机械化与自动化。这是因为冲压是依靠冲模和冲压设备来完成加工，普通压力机的行程次数为每分钟几十次，高速压力机每分钟可达数百次甚至千次以上，而且每次冲压行程就可能得到一个冲件。

2）冲压时由于模具保证了冲压件的尺寸与形状精度，且一般不破坏冲压件的表面质量，而模具的寿命一般较长，所以冲压的质量稳定，互换性好，具有“一模一样”的特征。

3）冲压可加工出尺寸范围较大、形状较复杂的零件，如小到钟表的秒表，大到汽车纵梁、覆盖件等，加上冲压时材料的冷变形硬化效应，冲压的强度和刚度均较高。

4）冲压一般没有切屑碎料生成，材料的消耗较少，而且不需其他加热设备，因而是一种省料、节能的加工方法，冲压件的成本较低。

由于冲压具有如此的优越性，在宇航、航空、军工、机械、农机、电子、信息、铁道、邮电、交通、化工、医疗器具、日用电器及轻工等部门里都有冲压加工。不但整个产业界都用到它，而且每个人都直接与冲压产品发生联系。像飞机、火车、汽车、拖拉机上就有许多大、中、小型冲压件。小轿车的车身，车架及车圈等零部件都是冲压加工出来的。据有关调查统计，自行车、缝纫机、手表里有80%是冲压件；电视机、收录机、摄像机里有90%是冲压件；还有食品金属罐壳、钢精锅炉、搪瓷盆碗及不锈钢餐具，全都是使用模具的冲压加工产品；就连计算机的硬件中也缺少不了冲压件。

当然，冲压也存在缺点，比如模具问题，冲压加工所使用的模具一般具有专用性，有时一个复杂零件需要数套模具才能加工成形，且模具制造的精度高，技术要求高，是技术密集型产品。所以，只有在冲压件大批量生产的情况下，冲压加工的优点才能充分体现，从而获得较好的经济效益。另外还有安全问题，主要表现在冲压加工时产生的噪音和振动两种公害，而且操作过程中安全事故时有发生。不过，这些问题并不完全是由于冲压加工工艺及模具本身带来的，而主要是由于传统的冲压设备及落后的手工操作造成的。随着科学技术的进步，特别是计算机技术的发展，随着机电一体化技术和机器人技术的进步，这些问题一定会得到解决。

冲压主要是按工艺分类，可分为分离工序和成形工序两大类。分离工序也称冲裁，其目的是使冲压件沿一定轮廓线从板料上分离，同时保证分离断面的质量要求。成形工序的目的是使板料在不破坏的条件下发生塑性变形，制成所需形状和尺寸的工件。在实际生产中，常常是多种工序综合应用于一个工件。冲裁、弯曲、剪切、拉伸、胀形、旋压、矫正是几种主要的冲压工艺。本项目产品如图3-1所示。

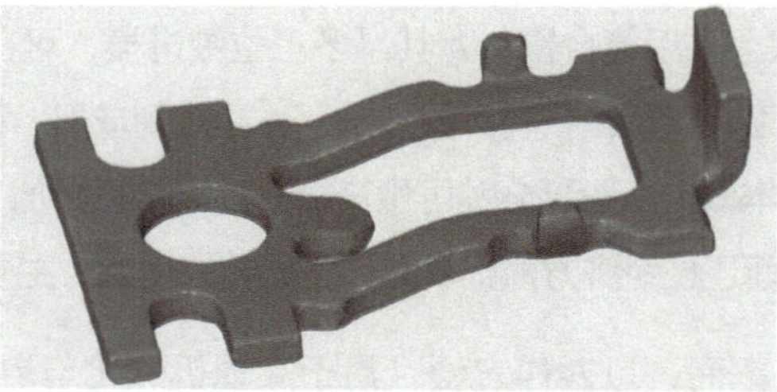

图3-1　项目选用的冲压件

二、测量工具选择

对于此类冲裁产品，由于其有弯曲和翻边，从该冲压件冲裁面的质量分析，其产品要求并不高，但产品中有些角度和半径等尺寸是传统测量工具不易测量出来的，因此建议选用三维扫描仪作为测量工具，获得其全部外部数据，为产品逆向设计提供全部的数据支撑。

该产品尺寸约70mm×30mm×30mm，产品厚度约2mm，且局部有较小特征，不宜选用镜头过大的三维扫描仪，单幅扫描尺寸在100mm×100mm左右、分辨率在200万左右较为适宜。

综合以上考量，针对本产品建议使用分辨率在500万左右，单幅拍照尺寸在100mm×100mm以下的扫描仪较为合适。国产扫描仪中先临三维科技股份有限公司的产品是最佳选择，该公司OKIO—5M三维扫描仪软件在易操作性、朔源性、数据处理的快速等方面优先于其他产品。作者使用OKIO—5M三维扫描仪作为测量工具对该产品进行测量。该产品如图3-2所示。它的单幅扫描尺寸为100mm×100mm。

图3-2　OKIO—5M三维扫描仪

该产品使用蓝色光源作为主要光源，受环境光的影响较小，具有快速、非接触、精确的测量特点，适合冲压件的扫描测量。

任务2 冲压件的表面处理

由于该冲压件是热轧钢板冲压而成的，且已经使用了一段时间，有些地方比较光滑，有些地方已经磨损，有些地方锈迹斑斑，还有些地方已经变形。

因此在扫描之前，要清除锈斑，擦拭干净，然后对其表面喷涂DPT—5白色显像剂，如图3-3所示。

图3-3 DPT—5显像剂

DPT—5显像剂在使用之前要充分摇匀。由于该冲压件比较小、产品比较薄，在喷涂时需要注意，不可直接对着该工件近距离喷涂。

应当在距离物体上方30～50cm的地方喷出，粉末在重力的作用下自然、均匀地落在物体表面。由于该工件不透明，只要显像剂有薄薄一层即可。

喷涂显像剂完成，放置一段时间等待其干透。由于该物体特征明显，且尺寸在单幅扫描尺寸以下，因此不需要粘贴标识点。在完成了所有扫描前的准备工作后，就可以启动三维扫描仪进行扫描了。

任务3 冲压件的扫描与数据处理

一、冲压件的三维扫描

这里，作者使用的扫描软件是配套OKIO—5M设备的扫描软件，以此软件为例向大家介绍扫描过程，其他品牌的三维扫描仪扫描过程也是大同小异，读者也可以跳过此步骤，直接使用书中提供的扫描好的STL文件进行建模。

启动三维扫描仪控制软件以后，界面如图3-4所示。

图3-4　软件界面

此软件简单易操作，主要使用的软件命令按照应用过程如图3-5所示。

图3-5　扫描过程中用到的主要命令

主要有新建工程、扫描、拼接等，接下来按照此顺序完成冲压件的扫描。首先选择“新建工程”命令，新建一个扫描文件，在弹出的对话框中输入文件名。保存路径自定义，建议建立一个专门的文件夹。

在此需要说明的是，在执行拟合和导出数据时，会出现几个名称相同、文件名不同的文件，因此建议放在一个文件夹中，便于管理。

移动三维扫描仪或物体至扫描中心，单击界面左上角的“扫描”按钮，完成第一幅数据扫描以后，180°旋转产品，单击界面左上角的“扫描”按钮测量第二幅数据。

需要注意的是，完成一幅数据扫描以后，可以移动或转动物体到其他需要扫描的区域，该区域一定要包含部分上一次或前几次扫描的重合标识点，该重合标识点是扫描拼接的重要标识。

当完成两幅数据扫描之后，软件提供了手动拼接和自动拼接两种方式。图3-6所示为自动拼接后的效果。

手动拼接，在左右两幅图像中分别选择位置大致相同的多个点，软件自动多个点搜索附近区域的特征完成拼接。适用于特征不明显或者包含相近特征的物体。

自动拼接，软件自动搜索附近整个扫描区域的标识点完成拼接。适用于全局特征差别较大的物体。

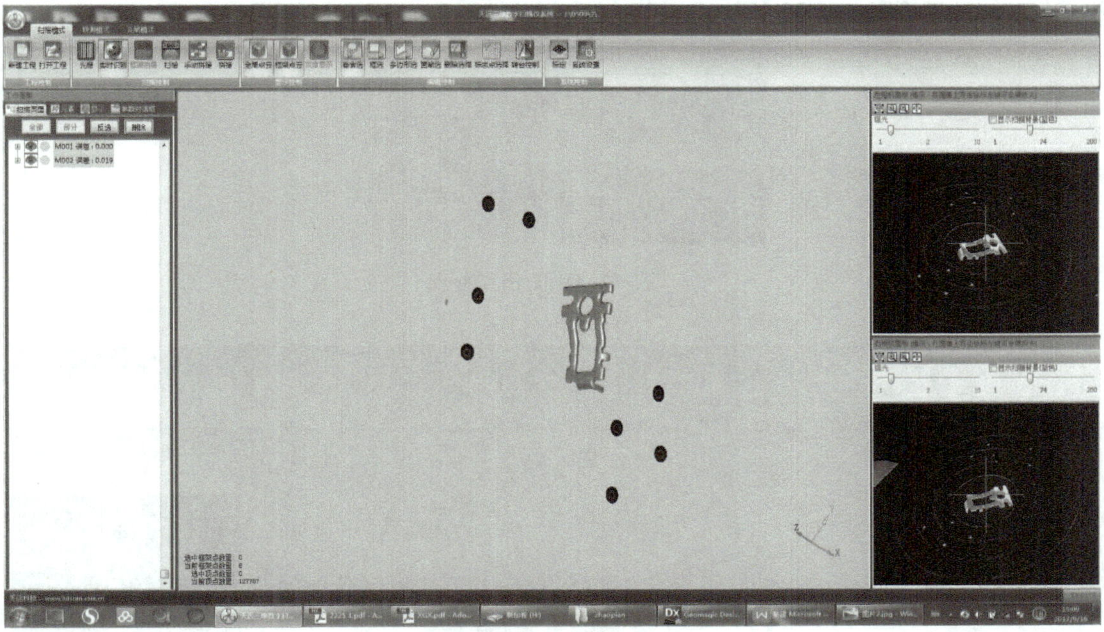

图3-6　自动拼接效果

图3-7所示为手动拼接方式。

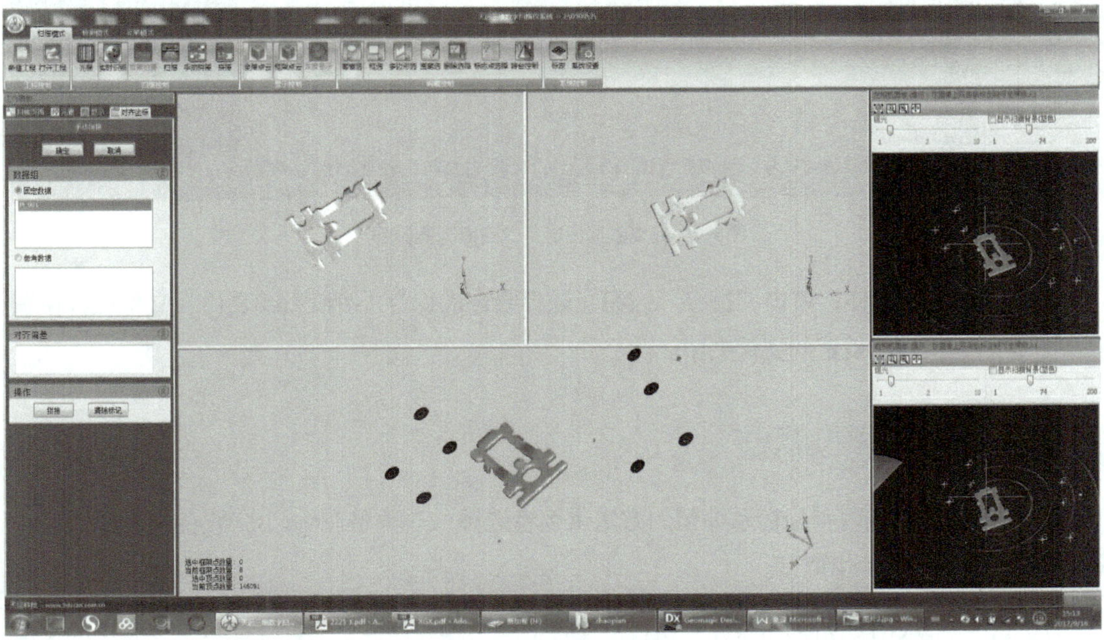

图3-7　手动拼接效果

完成第二幅数据测量之后，将产品翻转，扫描第三幅数据，仍用手动拼接方式根据图3-7所示选择位置大致相同的多个点将产品拼接起来。

通过重复上述步骤，经过整体搭建和细节补全，单击图3-8中箭头所示的“拼接”按钮，软件将执行数据拼接。最终完成后软件界面如图3-9所示。

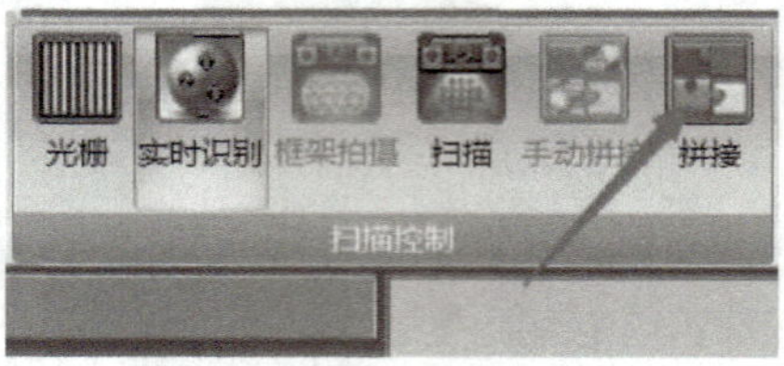

图3-8　数据导出界面

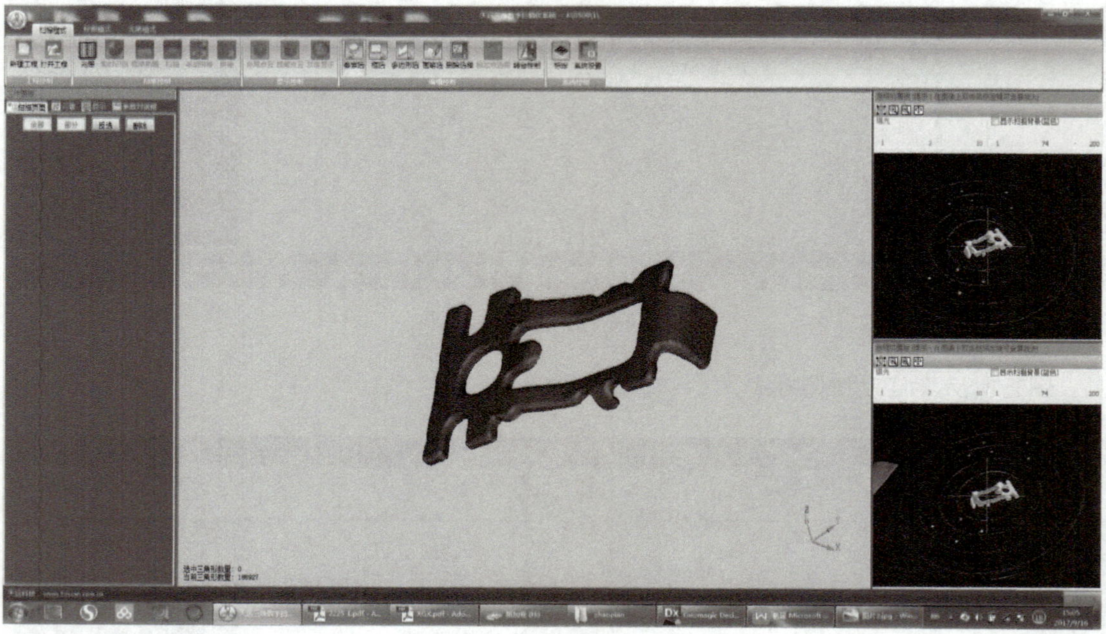

图3-9　完成数据扫描后的数据浏览界面

此数据为*.stl文件，单击“拼接”按钮，软件会自动保存*.stl和*.asc文件，文件保存位置在第一步新建工程所设置的文件夹中。

二、坐标系的调整

在此例中，提供两种坐标系调整的方法供读者选择，一种是在NX 10.0软件中调整，一种是在GOM Inspect软件中调整。

1）首先启动GOM Inspect软件，执行“文件”→“输入”→“文件”命令，在弹出的文件浏览窗口中选择已经扫描好的冲压件文件，单击“确认”按钮，完成冲压件的输入，如图3-10所示。

2）在工作区空白处单击鼠标右键，在弹出的快捷菜单中选择第一个 在曲面选择/取消曲面的选择　Ctrl+空格，或者单击工作区下方的“曲面选择”按钮。在冲压件的底步单击鼠标选择如图3-11所示的区域。然后单击鼠标右键完成选择，执行“构造”→“平面”→“拟合平面”命令，软件根据选择的区域拟合出平面1，如图3-12所示。通过图3-12可以看出拟合的最大偏差等相关信息。单击“创建并关闭”按钮完成平面1的拟合，软件拟合出平面1。

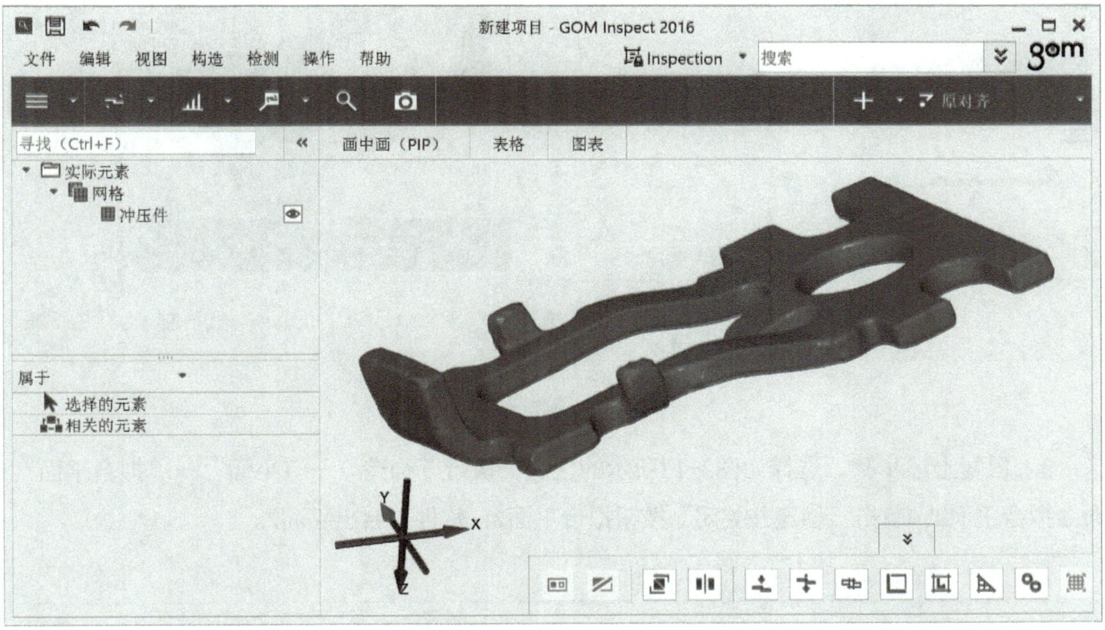

图3-10　输入数据后需要调整坐标的冲压件文件

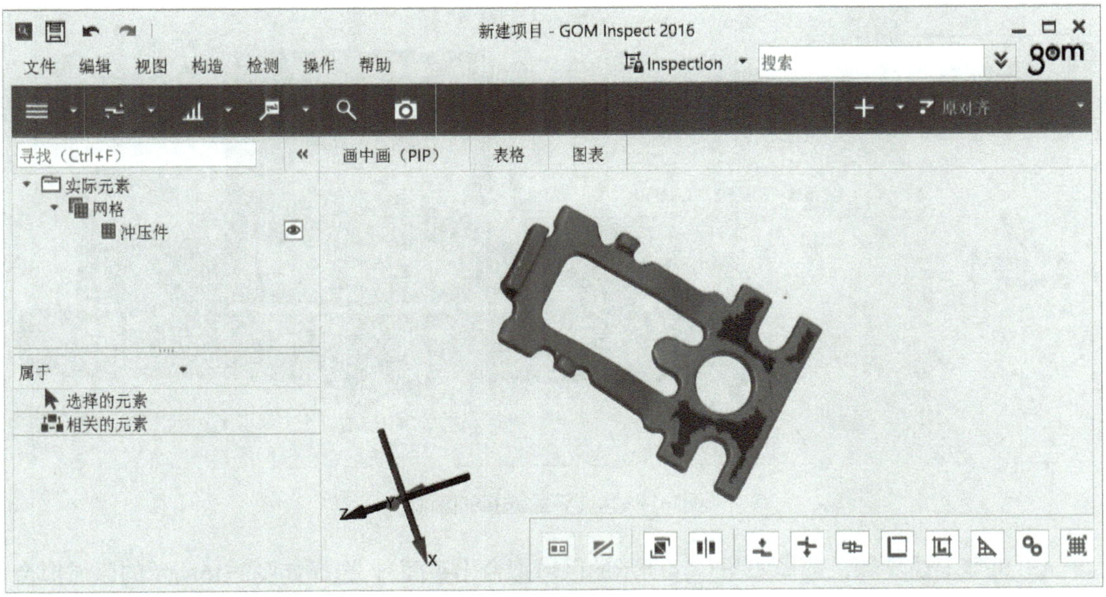

图3-11　拟合平面1需要选择的区域

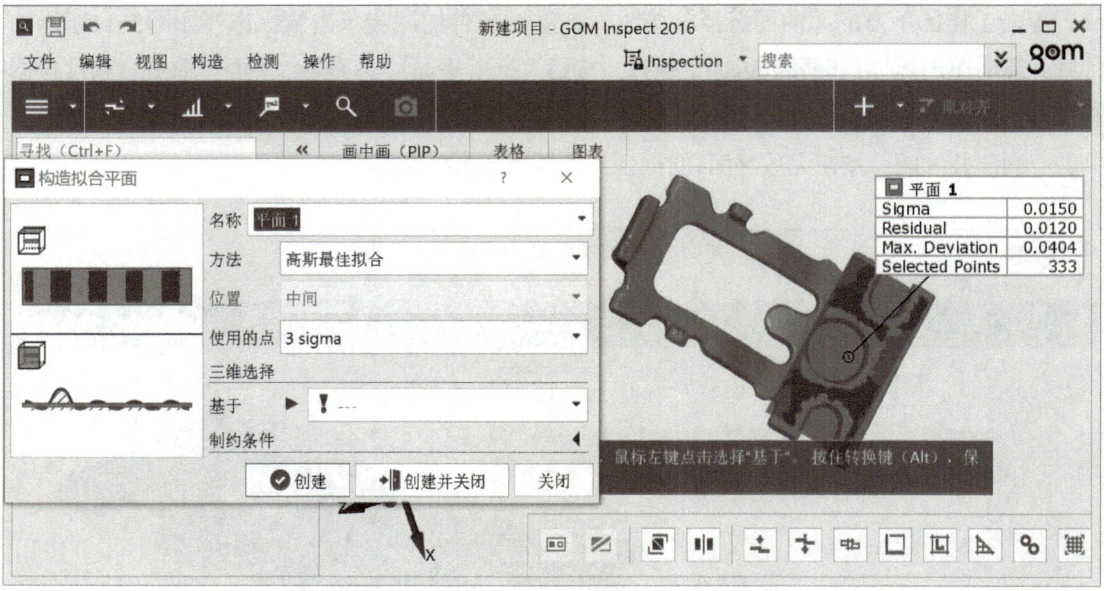

图3-12 拟合平面1

3）重复上述步骤，选择如图3-13所示的区域，执行"构造"→"平面"→"拟合平面"命令拟合平面2，单击"创建并关闭"按钮拟合平面2，软件拟合出平面2。

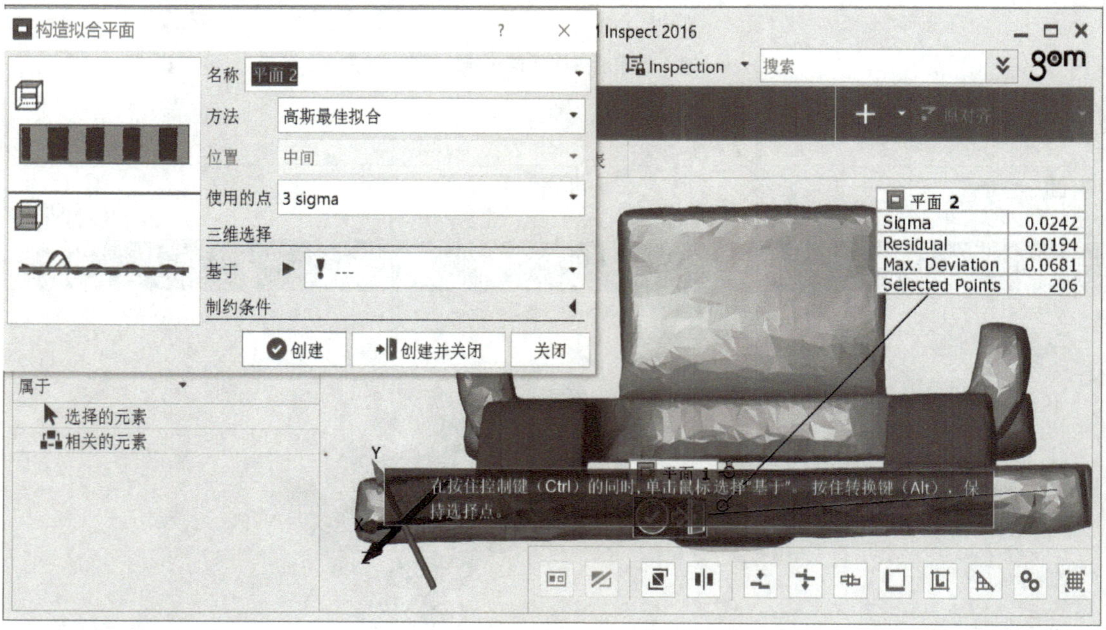

图3-13 构造平面2选择的区域

4）重复上述步骤，选择如图3-14所示的区域拟合出平面3，选择如图3-15所示的区域拟合出平面4。

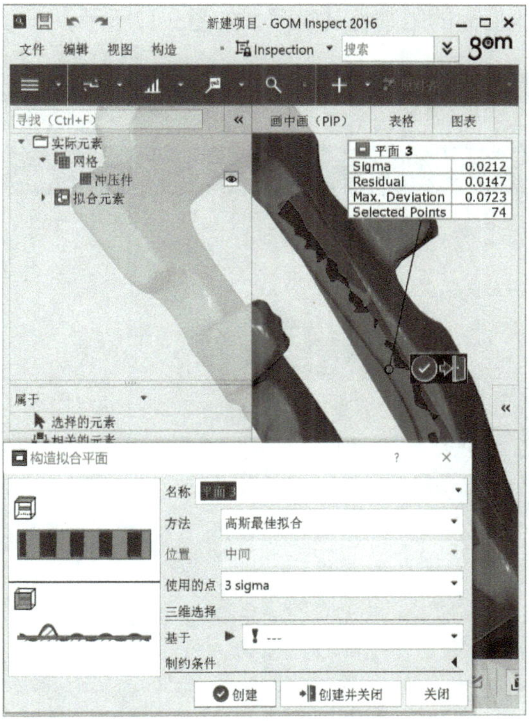

图3-14 构造平面3选择的区域

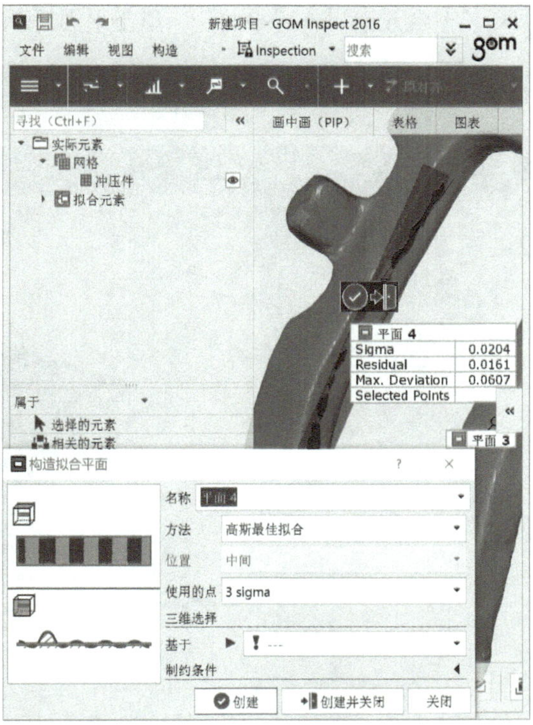

图3-15 构造平面4选择的区域

5）执行“构造”→“平面”→“对称面”命令，软件弹出如图3-16所示的对话框，在“构造对称面”对话框中基础构建的平面1右面下拉列表中选择平面3，在平面2右面下拉列表中选择平面4，单击“创建并关闭”按钮，系统完成对称中分面平面5的创建。

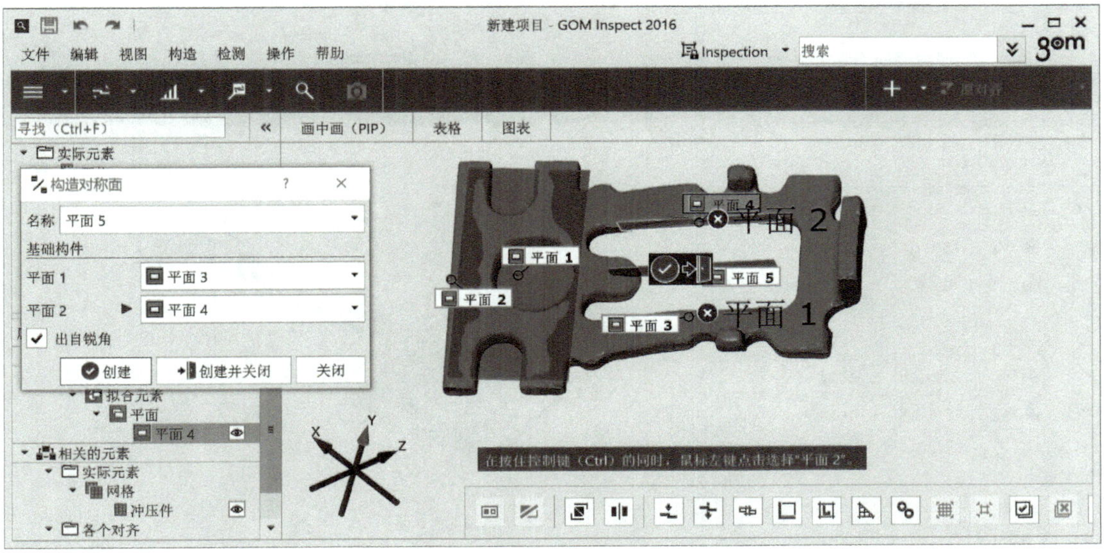

图3-16 构造对称平面5

6）在任务浏览区依次展开实际元素→网格→冲压件，单击冲压件后面的眼睛将其隐藏，展开“拟合元素”→“平面”，单击平面3和平面4后面的眼睛将其隐藏，如图3-17所示。

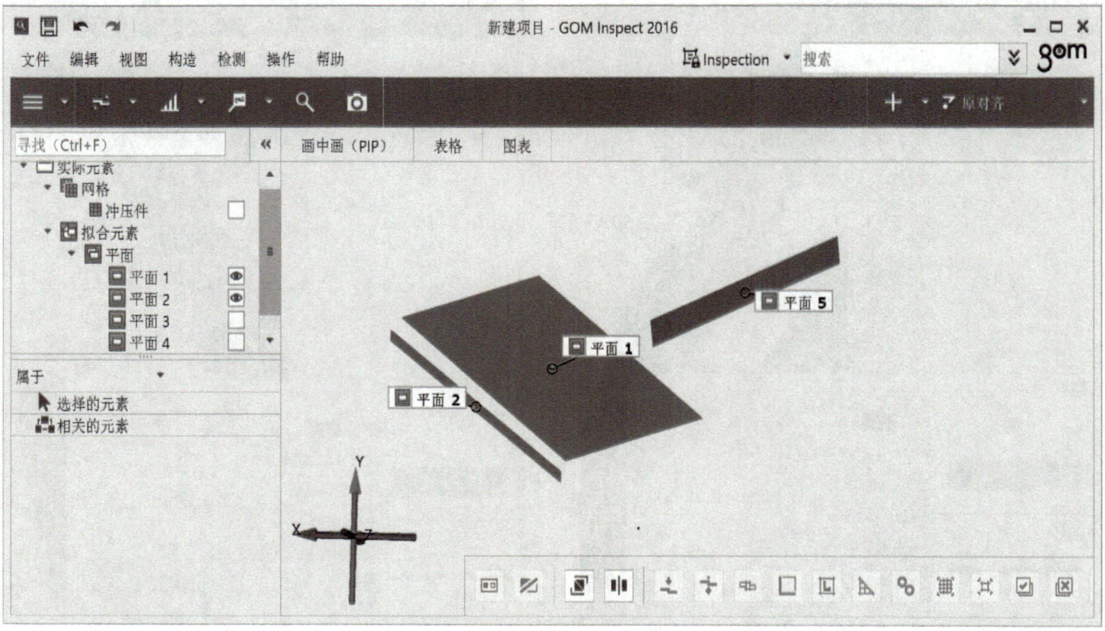

图3-17　隐藏冲压件和平面3及平面4的界面

7）执行“操作”→“对齐”→“初始对齐”→“3-2-1对齐”命令，打开“3-2-1”对齐对话框，按住<Ctrl>键，在平面1上单击3次，构造Z1、Z2、Z3 3个点。再次按住<Ctrl>键，在平面5上单击两次，构造Y1、Y2两个点。然后按住<Ctrl>键，在平面2上单击一次，构造X点，如图3-18所示。

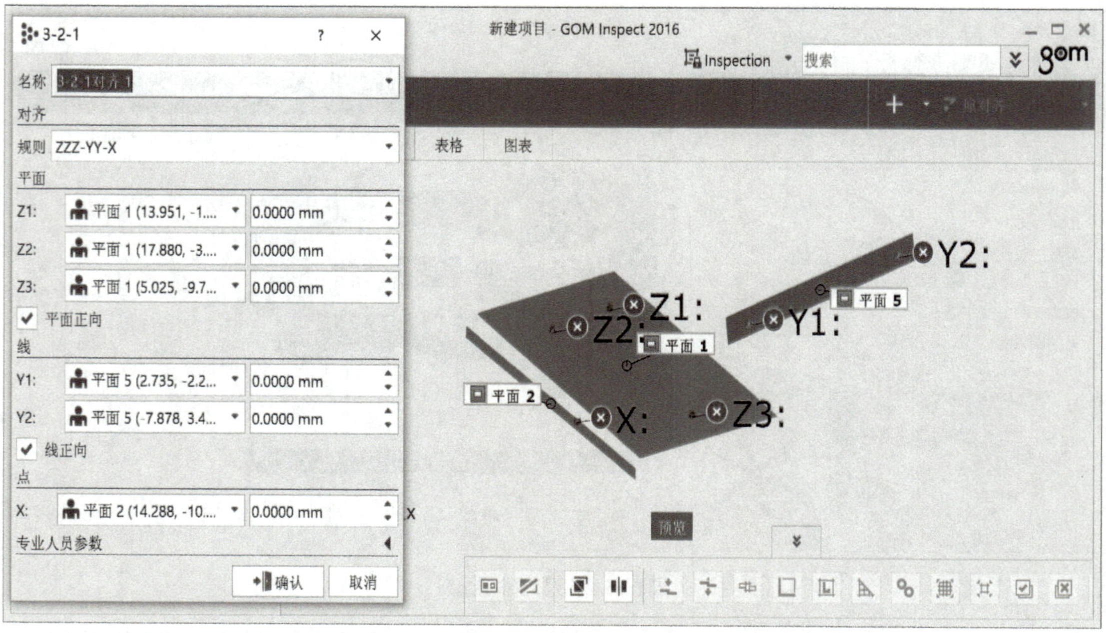

图3-18　“3-2-1”对齐对话框

8）单击“确认”按钮完成坐标系的调整。

9）在任务浏览区单击冲压件后面的方框将其打开，显示出冲压件，单击平面1、平面2、平面5后面的眼睛将其隐藏。

10）执行“文件”→“输出”→“网格”→“STL”命令，打开“输出STL”对话框。单击选择调整好坐标系的冲压件数据，单击“确认”按钮，软件输出STL文件到选定的文件夹，如图3-19所示。

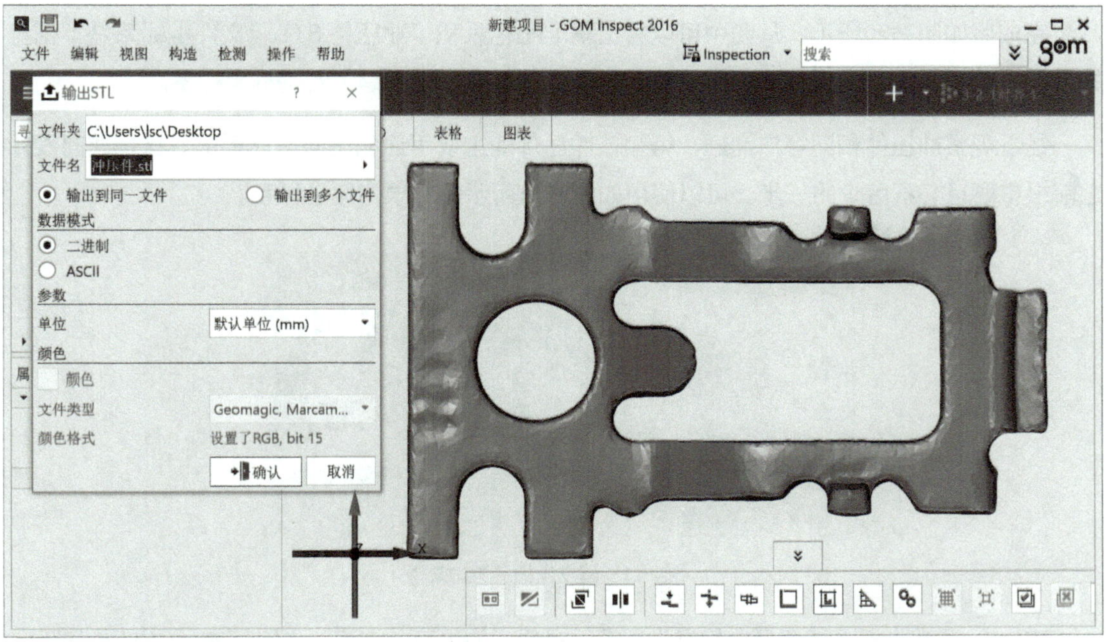

图3-19　输出文件

在NX 10.0中调整坐标系。

首先需要明确的是，坐标系共有6个自由度，3个轴向的移动和3个绕轴的旋转。无论何种方式构建坐标系，都是固定6个自由度的过程。最常使用的3个平面构建坐标系的方法就是遵循3-2-1的原则固定6个自由度。也就是模具加工中的基准角的构建方法。

例如，项目3中利用GOM Inspect使用3个平面构建坐标系，其主要过程是使用拟合平面范围最大的平面1作为主要基准，确定两个旋转和一个平移，选择平面5限定一个旋转和一个平移，选择平面2限定一个平移，这样利用3个平面就建立了所需的坐标系。然后将此坐标系调整到和绝对坐标系一致，完成坐标系的调整。

1）启动NX 10.0软件，新建一个文件，文件名和保存路径自定义，执行“文件”→“导入”→“STL”命令，弹出“STL导入”对话框，单击图标，浏览冲压件，如图3-20所示。单击“确定”按钮完成冲压件的导入。

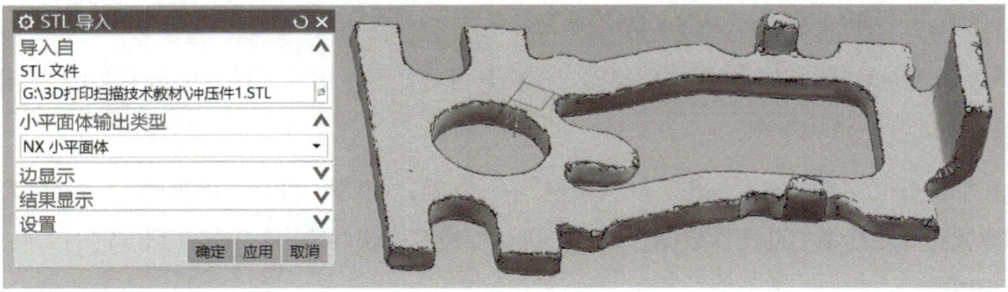

图3-20　导入冲压件

完成后如图3-20所示，从图中可以看出基准坐标系和“冲压件.STL”文件坐标系是不相符的，需要重新调整。选中基准坐标系将其隐藏。此基准坐标系是绝对基准坐标系。

经过观察冲压件和同客户沟通，得知该冲压件的主要用途和逆向设计要求。这是逆向设计之前很重要且必不可少的一步。可以使用如图3-21所示的对象构建坐标系。

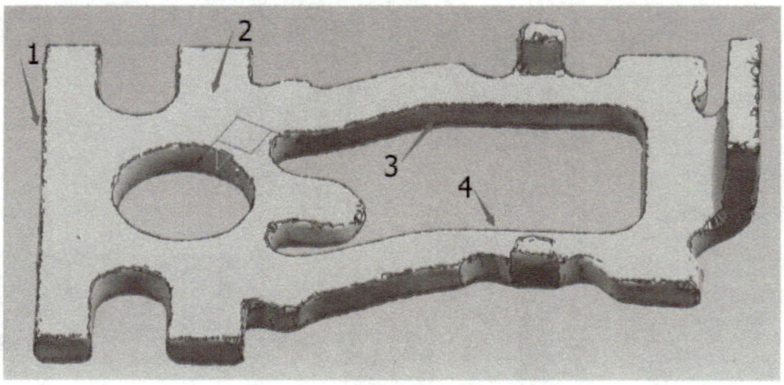

图3-21　建立坐标系的对象

NX 10.0调整坐标系需要具有建立坐标系的对象，如平面、直线、点等要素，NX软件提供了多种建立坐标系的方式，接下来使用3个相互垂直的平面方式将坐标系调整至绝对基准坐标系。

2）首先使用小平面体涂色命令涂选拟合平面1、2、3、4的区域。然后执行“拟合平面”命令拟合出平面1、2、3、4。执行“编辑”→“小平面体”→“涂色”命令，涂选如图3-22所示的4个区域。涂选完成的效果如图3-22所示。

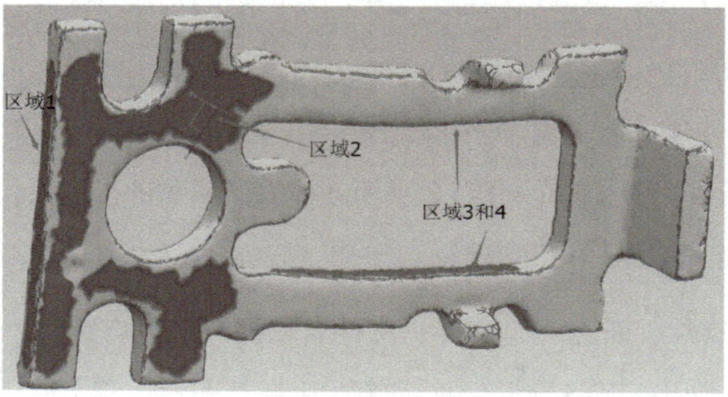

图3-22　涂选完成的效果

3）执行“插入”→“曲面”→“拟合曲面”命令，弹出如图3-23所示的“拟合曲面”对话框。“目标”选项选择“颜色编码区域”，单击 * 选择颜色编码区域 (0) 按钮，然后在涂选的区域上单击选中该区域，单击“应用”按钮，完成平面1的拟合。重复选择其他3个区域，完成4个平面的拟合。最终效果如图3-23所示。

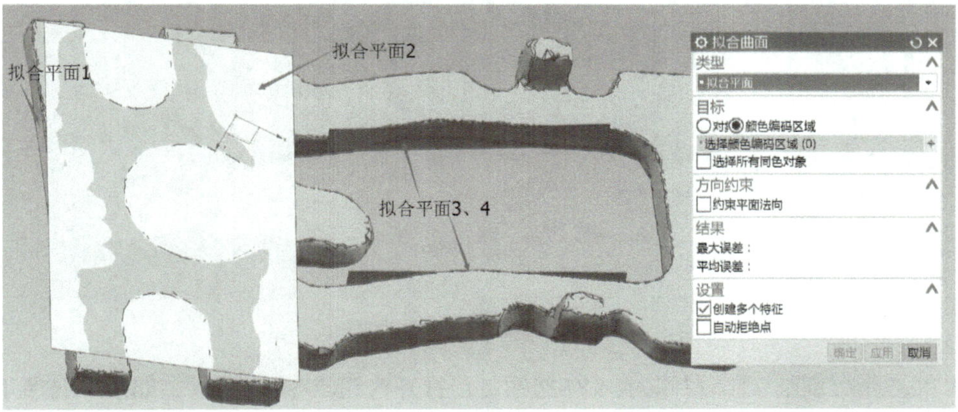

图3-23　完成拟合平面1、2、3、4的效果

注意：在拟合的过程中，如果发现某处的偏差太大，则可以取消，然后使用小平面涂色功能，选择“涂色”对话框中的“继承小平面体颜色”按钮将该区域涂选成小平面体的颜色，取消该区域作为拟合区域。

4）执行“编辑”→“显示和隐藏”→“隐藏”命令，然后选择小平面体将其隐藏。执行“插入”→“基准/点”→“基准平面”命令，软件弹出如图3-24所示的对话框，在“类型”下拉列表中选择“二等分”方式，然后选择两端箭头所指的平面作为第一和第二平面。如果没有如图3-24中间所示的预览出现，则可以在“平面方位”选项中单击“备选解”按钮，生成基准平面5，结果如图3-24所示。

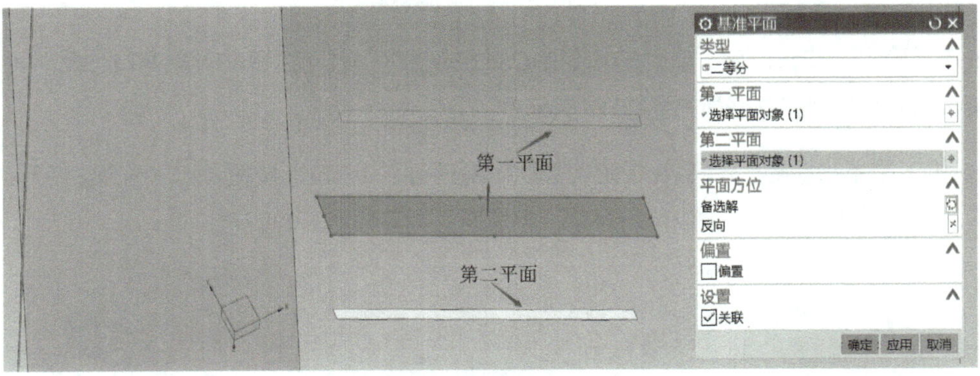

图3-24　二等分构造基准平面5

至此已经构造完成了构建坐标系所需的3个平面，分别是平面1、平面2和平面5。平面5是一个基准平面。

5）接下来使用“移动对象”命令调整坐标系，执行“编辑”→“移动对象”命令，打开“移动对象”对话框，如图3-25所示。根据提示，首先选择小平面体作为移动对象，在变换栏中“运动”下拉列表里选择“CSYS到CSYS”的运动方式。

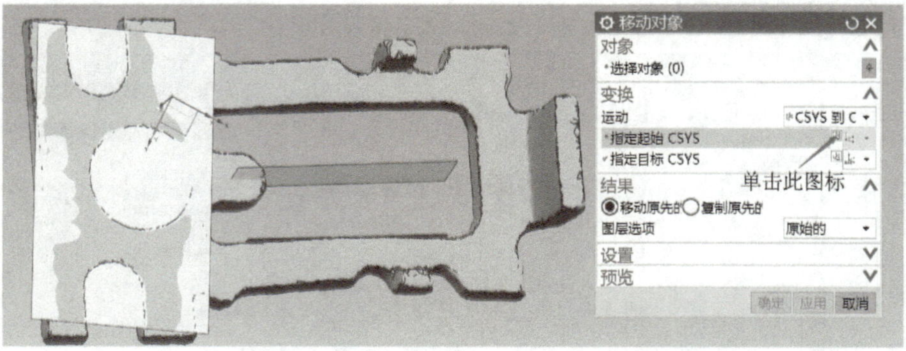

图3-25 “移动对象”对话框

6）单击指定起始 CSYS右侧的CSYS按钮，打开构建CSYS对话框，如图3-26所示。在“类型”下拉列表中，选择“三平面”构建基准坐标系的方式，按图3-26所示依次选择X向平面、Y向平面和Z向平面。单击“确定”按钮，完成产品基准坐标系的创建。

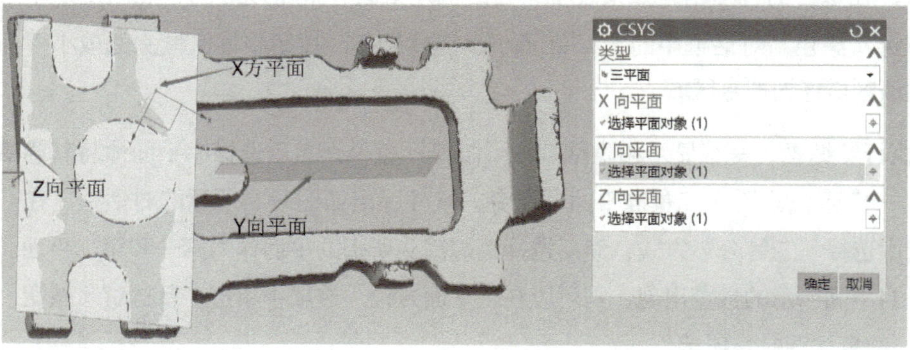

图3-26 三平面构建坐标系

单击“确定”按钮以后，软件结束起始CSYS的创建，返回到移动对象窗口，此时可以在小平面体的左侧看到建立好的产品CSYS坐标系。

7）接下来单击指定目标 CSYS 指定目标CSYS按钮后的三角形按钮，选择绝对CSYS坐标系。单击“确定”按钮完成移动对象，完成后的效果如图3-27所示。

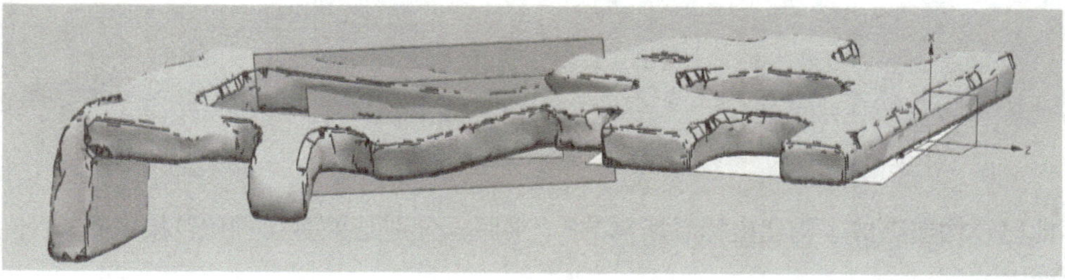

图3-27 完成调整后的效果

8）选择平面1、2、3、4和基准平面5，将其删除，至此完成了坐标系的调整。

任务4 典型冲压件的逆向设计

一、冲压件工艺分析与逆向造型方案设计

该冲压件的材料是热轧钢板，产品是对称产品，产品侧面冲压质量较差，参差不齐。但有些重要位置面的冲压质量较好。整个产品有冲裁，有弯曲，有翻边，还有拉伸变形的部位。

根据以上几点，在逆向设计过程中应当将该冲压件设计成关于ZX基准面的对称结构，并根据冲压产品的冲裁刃口确定产品的成型尺寸，主体可以通过拉伸偏置等方式保证产品的壁厚相同。可以使用“截面曲线”和“投影曲线”命令获得产品尺寸，然后依此绘制草图，获得产品的截面尺寸。按照先加后减的方式建立产品模型。最后使用孔、圆角等命令完成细节设计。

二、逆向造型设计

1）启动NX 10.0软件，执行“文件”→“导入”→“STL”命令，在弹出的文件浏览窗口选择已经调整好坐标系的“冲压件.stl”文件，单击“确定”按钮完成冲压件的输入。

2）执行“插入”→“派生曲线”→“截面”命令，打开截面曲线窗口，“采样距离”等设置按图3-28中所示进行选择和输入。“要剖切的对象”选择小平面体，“剖切平面”是ZX基准平面，单击“确定”按钮完成截面点的创建。完成后如图3-28左侧所示。

图3-28 “截面曲线”对话框和采样点输出结果

3）重复上述步骤，选择的剖切对象是小平面体，剖切平面选择指定平面后的“创建平面”按钮，选择自动判断方式创建平面，单击ZX平面，打开“偏置距离”对话框，输入偏置距离为-7mm，软件使用偏置后生成的基准平面生成截面曲线。

4）按<Ctrl+B>组合键选择小平面体将其隐藏。

5）执行“插入”→“派生曲线”→“投影”命令，打开“投影曲线”对话框，如图3-29所示。选择偏置距离-7mm生成的截面曲线点，将其投影到ZX平面。“投影方向”下的“方向”选项选择“沿矢量”，“指定矢量”选项选择YC方向，“设置”选项中取消关联。单击“确定”按钮完成投影。

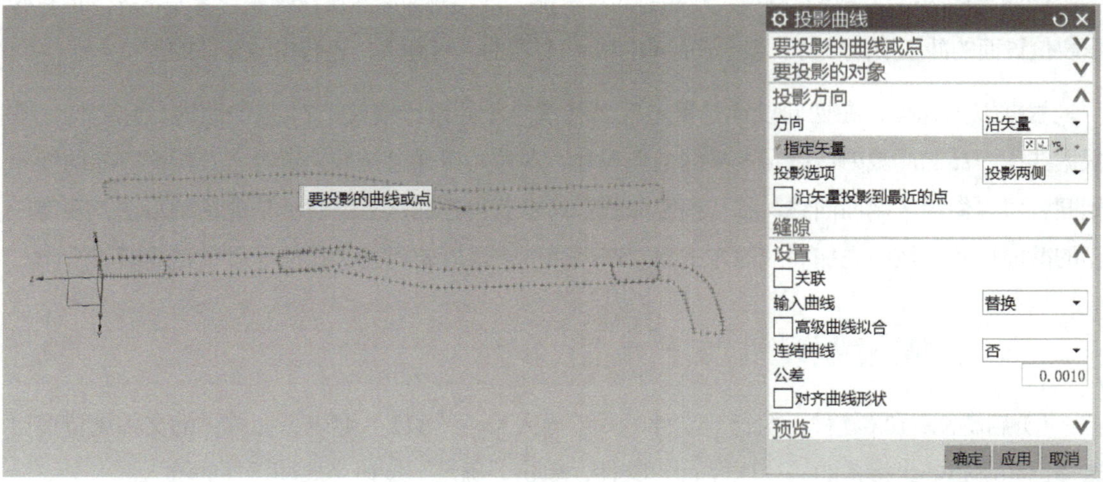

图3-29 “投影曲线”对话框

6）执行“插入”→“设计特征”→“拉伸”命令，打开“拉伸”对话框，单击截面下选择曲线 (0)中的绘制截面图标，进入“草图绘制”对话框。在弹出的“创建草图”对话框中，“草图类型”选择“在平面上”，“草图平面”选择基准坐标系的ZX平面，单击“确定”按钮，软件进入草图环境。以点为参考绘制如图3-30所示的草图。注意绘制的草图要贴点。

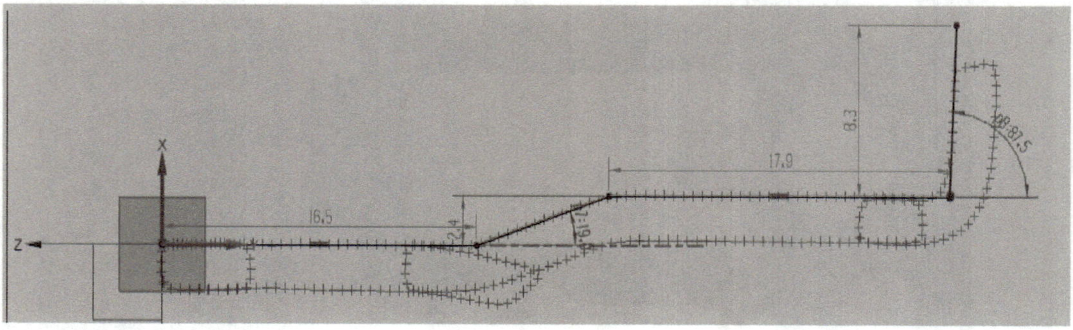

图3-30 绘制的草图截面

7）单击“完成草图”按钮，进入“拉伸”对话框，在“结束”选项中选择“对称值”

拉伸，输入距离为13.6mm，“偏置”方式选择“两侧”拉伸，从绘制的草图截面向外偏置2.2mm，单击“确定”按钮。完成后的效果如图3-31所示。

图3-31 “拉伸”设置对话框

8）执行“格式”→“移动至图层”命令，打开“类选择”对话框，单击“过滤器”下的“类型过滤器”按钮，在弹出的“按类型选择”对话框中选择“点”，然后单击“确定”按钮，返回“类选择”对话框，单击“全选”，选中所有点，单击“确定”按钮，进入“图层移动”对话框，输入目标图层41层，41层默认关闭，因此所有点被隐藏。依次弹出的对话框如图3-32所示。

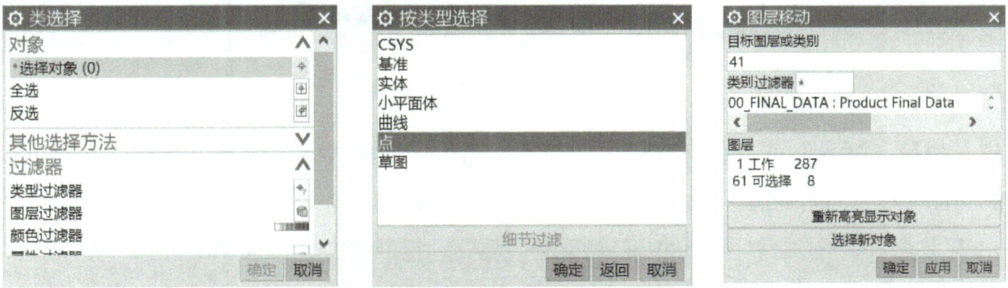

图3-32 依次弹出的对话框

9）按<Ctrl+Shift+U>组合键，显示所有对象，按<Ctrl+B>组合键，选择拉伸体，将其隐藏。

10）执行“插入”→“设计特征”→“拉伸”命令，打开“拉伸”对话框，单击截面下“选择曲线 (0)”中的绘制截面图标，进入“草图绘制”对话框。在弹出的“创建草图”对话框中，“草图类型”选择“在平面上”，“草图平面”选择基准坐标系的ZY平面，单击“确定”按钮，软件进入草图环境。以小平面体边界为参考绘制如图3-33所示的草图。由于该冲压件是对称件，可以绘制一侧的草图，然后使用镜像命令得到另一侧的数据。

11）完成草图，退出草图环境，进入拉伸设置，选择布尔运算求差，单击“确定”按钮完成拉伸求差。

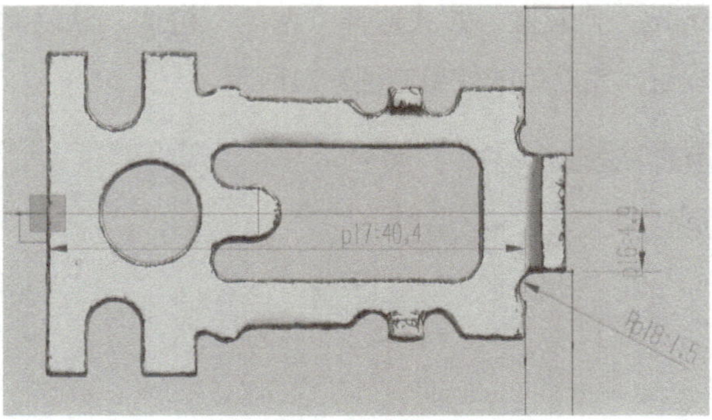

图3-33　绘制的草图截面

12）完成圆角设计，内侧0.5mm，外侧2.7mm，重复上述步骤完成坐标原点附近孔和半个跑道圆的拉伸草图绘制，布尔求差。单击“确定”按钮完成拉伸操作。由于该冲压件左右对称，使用“修剪体”命令，使用ZX平面将其一半修剪掉，单击“确定”按钮完成后的尺寸效果如图3-34所示。

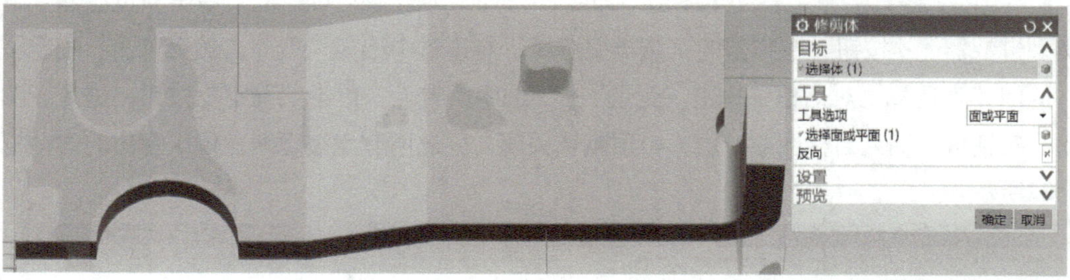

图3-34　完成圆角和修剪体的效果

13）执行“插入”→“任务环境中的草图”命令，选择YZ平面，绘制如图3-35所示的草图。注意图中的尺寸和约束关系。完成草图，退出草图环境。

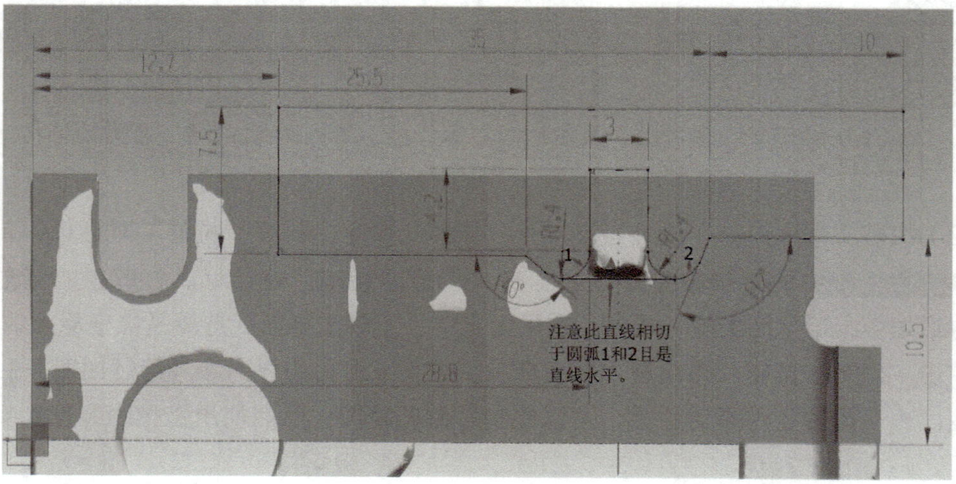

图3-35　绘制完成的草图截面

14）拉伸图3-36中所示的和圆弧1、2相切的直线，设置适当的起始值和结束值，“偏置方式”选择“偏置两侧”，“开始”为0，“结束”为-8mm，布尔运算求差。完成后的效果如图3-36所示。

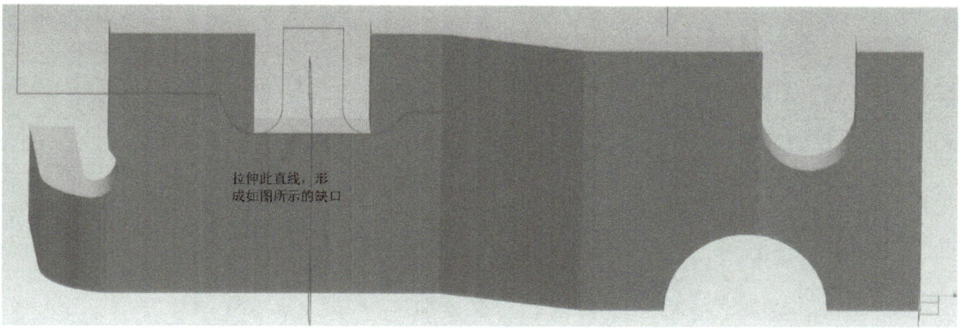

图3-36 拉伸直线形成缺口

15）执行“插入”→“基准/点”→“基准平面”命令，选择XY平面，选择偏置距离方式生成基准平面，偏置距离为-30.3mm，生成新的基准平面。

16）执行“插入”→“派生曲线”→“截面”命令，打开“截面曲线”对话框，采样距离等设置按图3-28所示进行选择和输入。选择要剖切的对象为小平面体、剖切平面为XY偏置-30.3mm的基准平面，单击“确定”按钮完成截面点的创建。

17）执行“插入”→“设计特征”→“拉伸”命令，打开“拉伸”对话框，单击截面下 *选择曲线 (0)中的绘制截面图标，进入草图绘制对话框。在弹出的“创建草图”对话框中，“草图类型”选择“在平面上”，“草图平面”选择XY偏置-30.3mm的基准平面，单击“确定”按钮，进入草图环境中。

18）在草图环境中，执行“插入”→“处方曲线”→“相交曲线”命令，选择平面1生成相交直线1，选择平面2生成相交直线2，以采样点为参考绘制其他对象，直线1的起点是相交直线1的端点，圆弧1的起点是相交直线2的起点，绘制如图3-37所示的草图。

19）单击“完成草图”按钮 完成草图，退出草图环境进入“拉伸”对话框，输入“开始”值为-2.9mm，“结束”值为2.9mm，单击“确定”按钮，完成拉伸体的创建，如图3-38所示。

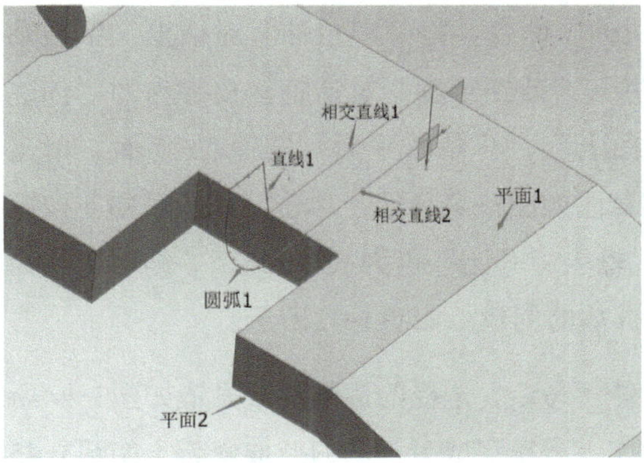

图3-37 绘制的草图截面

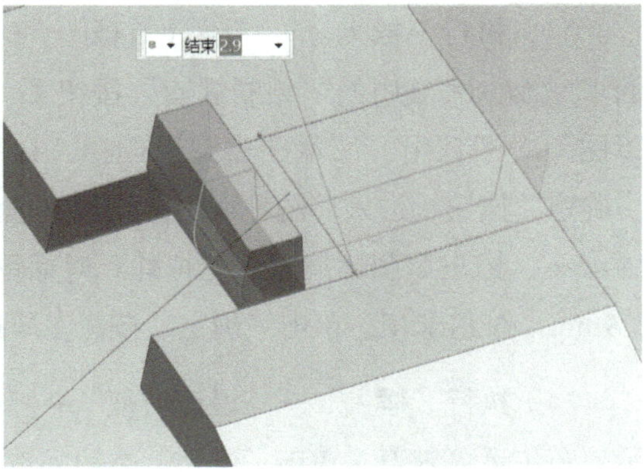

图3-38 创建拉伸体

20）执行“插入”→“设计特征”→“拉伸”命令，选择图3-35中绘制的草图，“开始”和“结束”距离设置如图3-39所示，选择布尔运算求差，单击“确定”按钮完成拉伸。

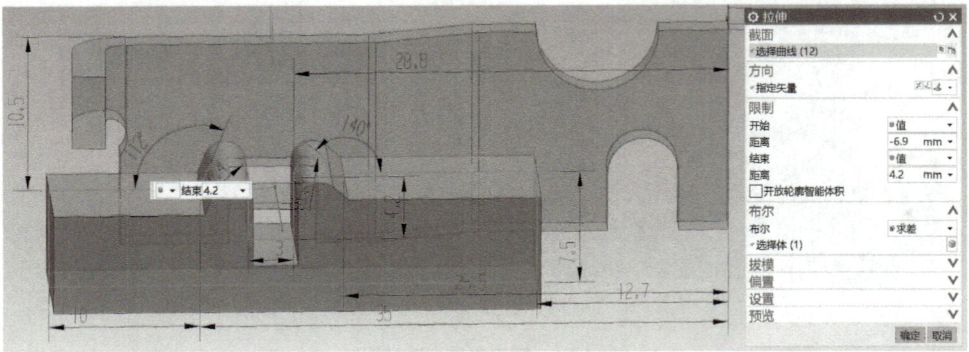

图3-39 拉伸设置和布尔求差界面

21）使用“倒圆角”命令，选择如图3-40所示的两条边，倒圆角值以小平面体为参考，输入圆角尺寸为0.7，单击“确定”按钮，完成后的效果如图3-40所示。

22）使用“倒圆角”命令，选择的圆角边和倒圆角数值如图3-41所示，单击“确定”按钮，完成倒圆角。

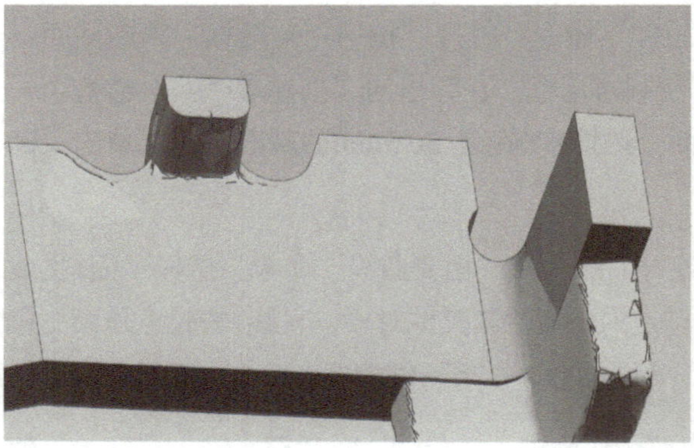

图3-40 圆角效果图

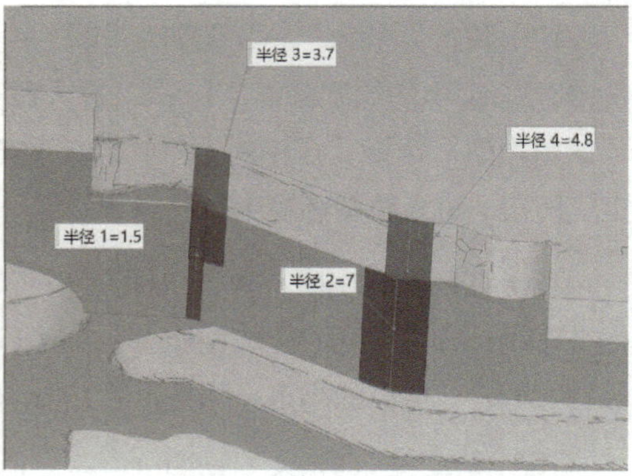

图3-41 圆角参数图

23）执行“插入”→“设计特征”→“拉伸”命令，打开“拉伸”对话框，单击截面下选择曲线 (0)中的“绘制截面”按钮，进入“草图绘制”对话框。在弹出的“创建草图”对话框中，“草图类型”选择“在平面上”，“草图平面”选择ZY平面，单击“确定”按钮，进入草图环境中。绘制完成的草图如图3-42所示。单击“完成草图”按钮 完成草图，退出草图环境进入“拉伸”对话框，输入“开始”值为-2.9mm，“结束”值为2.9mm，布尔求和，单击“确定”按钮完成拉伸体的创建，如图3-43所示。

24）执行“插入”→“设计特征”→“拉伸”命令，选择的边的参数设置如图3-44所示。布尔运算求差，单击“确定”按钮完成操作，重复完成另一侧的拉伸修剪，如图3-45所示。

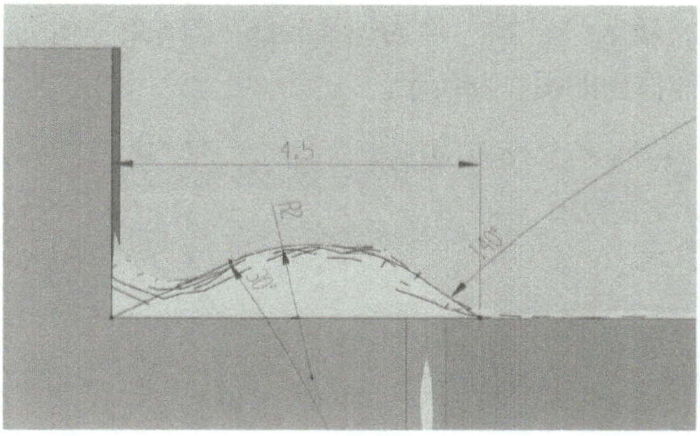

图3-42 绘制的草图截面

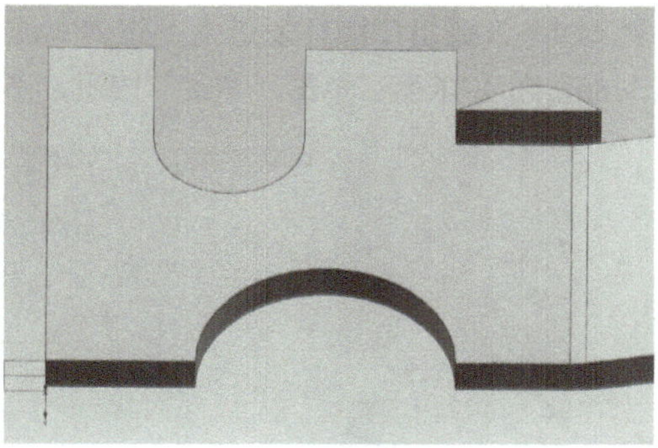

图3-43 完成拉伸效果图

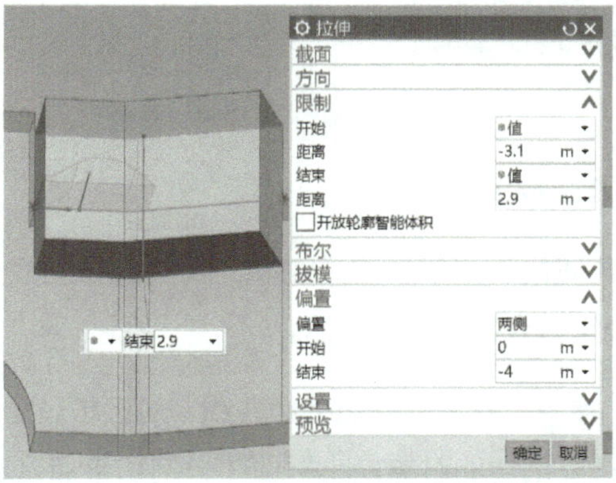

图3-44 拉伸上侧面修剪

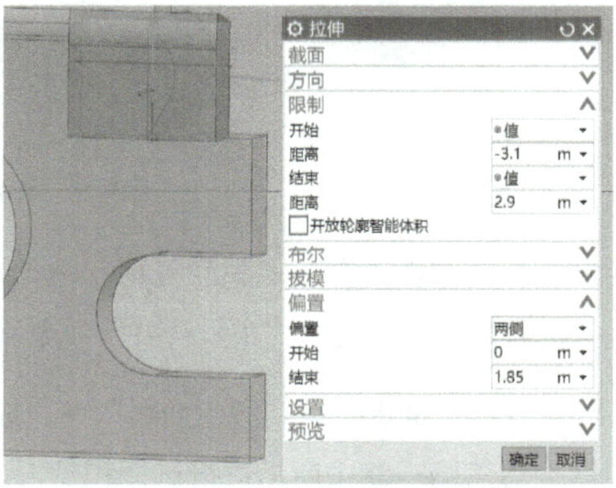

图3-45 拉伸下侧面修剪

25）完成拉伸修剪后的效果如图3-46所示，参照小平面体，使用“倒圆角”命令完成适当的圆角，完成后的效果如图3-47所示。

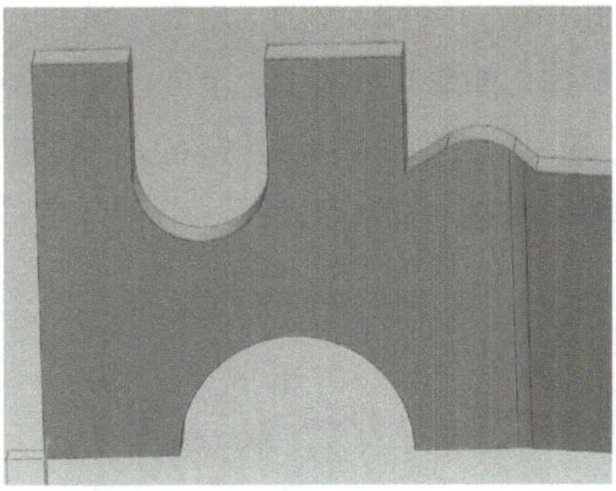

图3-46 修剪完成后的效果

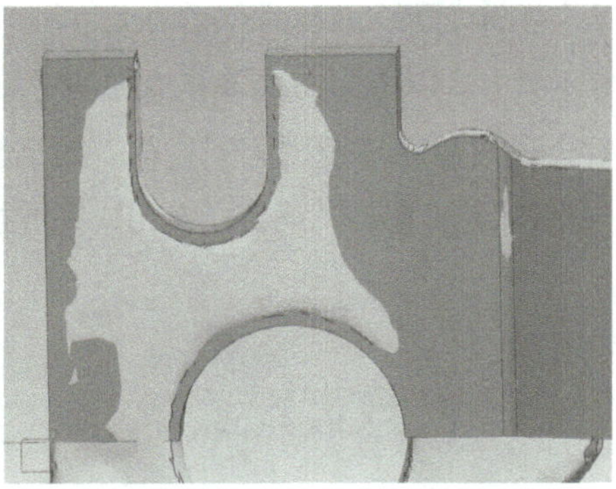

图3-47 倒圆角效果

26）执行“插入”→“设计特征”→“拉伸”命令，打开“拉伸”对话框，单击截面下*选择曲线 (0)中的“绘制截面”按钮，进入“创建草图”对话框。在“创建草图”对话框中，“草图类型”选择“在平面上”，“草图平面”选择ZY平面，单击“确定”按钮，进入草图环境中。以小平面体为参考绘制草图尺寸，如图3-48所示。单击“完成草图”按钮完成草图，退出草图环境进入“拉伸”对话框，输入“开始”值为-3.1mm，“结束”值为2.9mm，布尔求差，单击“确定”按钮，完成拉伸体，如图3-48所示。

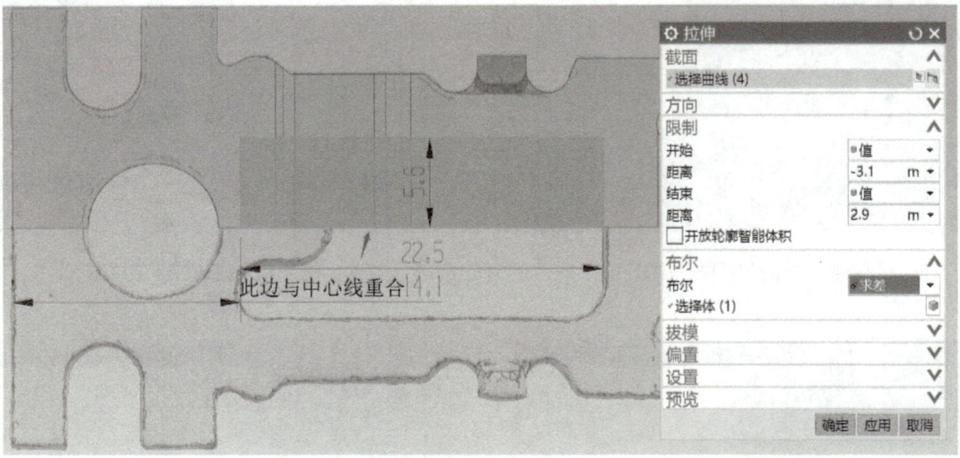

图3-48　草图尺寸及拉伸设置

27）执行“插入”→“关联复制”→“镜像几何体”命令，选择实体，以ZX平面为镜像平面完成实体镜像。使用“布尔合并”命令将两个实体合并为一个实体。

28）执行“插入”→“派生曲线”→“截面”命令，打开“弹出截面曲线”对话框，采样距离等设置按图3-28中所示进行选择和输入。选择要剖切的对象是小平面体，剖切平面是ZX基准平面，单击“确定”按钮完成截面点的创建。

29）执行“插入”→“设计特征”→“拉伸”命令，打开“拉伸”对话框，单击截面下选择曲线 (0)中的“绘制截面”按钮，进入“草图绘制”对话框。在弹出的“创建草图”对话框中，“草图类型”选择“在平面上”，“草图平面”选择ZX平面，单击“确定”按钮，进入草图环境中。以截面曲线采样点为参考绘制草图，如图3-49所示。单击“完成草图”按钮完成草图，退出草图环境进入“拉伸”对话框，输入“开始”值为-2.3mm，“结束”值为2.3mm，布尔求和，单击“确定”按钮，完成拉伸体，如图3-50所示。

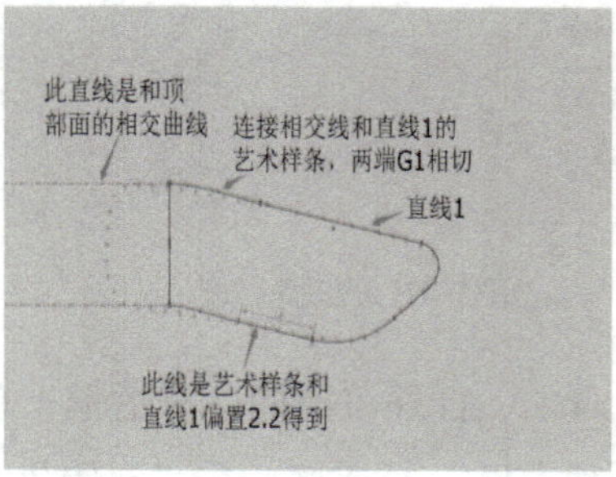

图3-49　草图截面

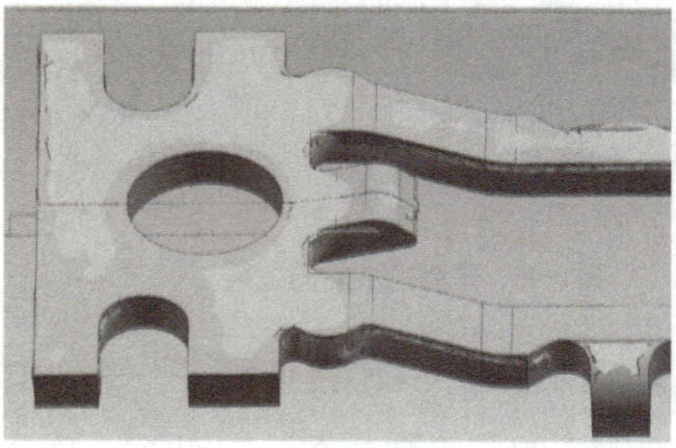

图3-50　完成拉伸的效果

30）执行“插入”→“设计特征”→“拉伸”命令，打开“拉伸”对话框，单击截面下

*选择曲线 (0)中的“绘制截面”按钮，进入“草图绘制”对话框。在弹出的“创建草图”对话框中，“草图类型”选择在平面上，“草图平面”选择ZY平面，单击“确定”按钮，进入草图环境中。以小平面体为参考绘制草图，如图3-51所示。单击“完成草图”按钮完成草图，退出草图环境进入“拉伸”对话框，输入“开始”值为-5mm，“结束”值为5mm，布尔求差，单击“确定”按钮，完成拉伸体，如图3-52所示。

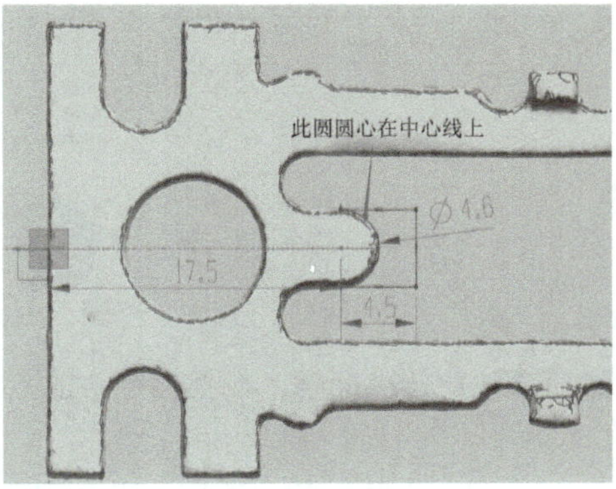

图3-51　拉伸草图截面

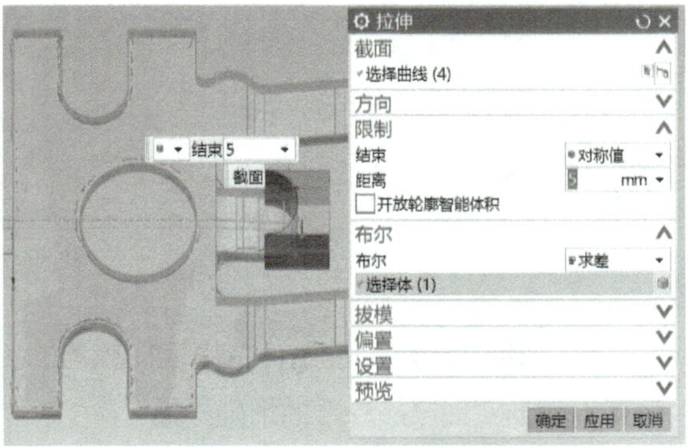

图3-52　完成拉伸的效果

31）最后使用“倒圆角”命令完成圆角设计，倒圆角半径为1.65mm，最终效果如图3-53所示。

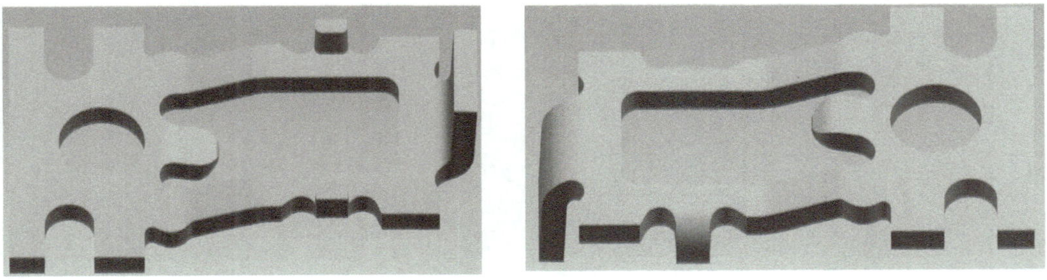

图3-53　最终完成的效果

项目小结

此项目选取了一个比较简单的冲压件作为例子，该工件虽然简单，但是包含了冲裁、弯曲和翻边等冲压工艺，是一个比较有代表性的工件。

通过该冲压件扫描前的处理、数据扫描、数据输出、两种软件中坐标系的调整、

NX 10.0软件中逆向设计的学习，了解冲压件逆向设计的一般过程，逆向设计中应当注意的问题。

依托此项目可以了解到冲压件逆向设计中应当综合利用冲压工艺的相关知识，指导逆向设计，正确分析产品各部分的成型方式，规避产品缺陷对逆向设计造成的困扰，从而快速、高质量地完成逆向设计。

思考与练习

1）扫描比较小的冲压件或者壁比较薄的工件时应该注意什么问题，如扫描镜头的选择？如何实现产品外形的精确扫描？

2）冲压件常见的工艺缺陷有哪些，如何在逆向设计中避免这些缺陷？

3）在冲压件逆向设计时，如何确定逆向设计中的尺寸应以凸模还是凹模作为参考？

项目4

铸造件的三维扫描与逆向设计

本项目以发动机用压铸零件为典型案例，通过扫描工具的选择，铸造件的表面处理，铸造件的扫描、数据处理和逆向设计等典型步骤完成设计，为其他铸造件的扫描和逆向设计提供参考和借鉴。

- 任务1　铸造件扫描工具的选择。
- 任务2　铸造件的表面处理。
- 任务3　铸造件的扫描与数据处理。
- 任务4　典型铸造件的逆向设计。

在逆向设计中，铸造类零件的逆向设计相对较少。由于铸造类零件要求较低，而且需要后期加工，加工后的产品尺寸和形位公差测量需要使用三坐标测量机进行测量。相对于其他铸造方法，压铸属于质量要求相对较高的铸造方法。

对于此类铸造零件，特别是经过机械加工过的压铸类零件，在逆向设计过程中应当分析该产品的压铸模具开模方向、脱模斜度、铸造缺陷等相关内容；对于加工过的部分，哪些是加工基准，哪些是安装和定位基准；在准确分析的基础上选择合适的测量工具进行数据测量，如果需要则还可以结合三坐标测量机配合测量。

由于铸造件对于表面的要求较低，且内部结构复杂，因此在扫描和逆向设计时应当综合分析铸造件是否存在工艺缺陷，哪些部分是外观部分，哪些是加强结构部分，哪些是定位部分，对于内部无法扫描的部位还需要将产品破坏后测量，然后将数据拟合，得到所需要的数据。最终设计出符合铸造要求的产品三维模型。

本项目以精密压铸的机械加工零件为例，介绍其表面扫描前的处理方法，并使用高分辨率的三维扫描仪扫描，将其输出为STL类型的数据文件，供数模比较进行质量检测和逆向设计使用，最后使用UG 10.0软件为载体进行逆向设计，完成铸造件的三维模型重构。

任务1　铸造件扫描工具的选择

一、认识压铸件

1．压铸工艺简单介绍

压铸是一种金属铸造工艺，其特点是利用模具内腔对融化的金属施加高压。模具通常是用强度更高的合金加工而成的，这个过程有些类似于注塑成型。大多数压铸铸件都是不含铁的，例如，锌、铜、铝、镁、铅、锡以及它们的合金。根据压铸类型的不同，需要使用冷室压铸机或者热室压铸机。

铸造设备和模具的造价高昂，因此压铸工艺一般只会用于批量制造大量产品。制造压铸的零部件相对来说比较容易，一般只需要4个主要步骤，单项成本增量很低。

压铸特别适合制造大量的中小型铸件，因此压铸是各种铸造工艺中使用最广泛的一种。同其他铸造技术相比，压铸的表面更为平整，拥有更高的尺寸一致性。

在传统压铸工艺的基础上诞生了几种改进型的工艺，包括减少铸造缺陷排除气孔的无孔压铸工艺。例如，加工锌可以使用减少废弃物增加成品率的直接注射工艺。还有由通用动力公司发明的精密速压铸技术以及半固态压铸等新式压铸工艺。

在压铸过程中，由于高压注射导致填充模具的速度非常快，这样在任何部分凝固之前熔融金属就可填充满整个模具。

通过这种方式，就算是很难填充的薄壁部分也可以避免表面不连续。不过这也会导致空气滞留，因为快速填充模具时空气很难逃逸。

通过在分型线上安放排气口的方式可以降低这种情况发生，不过就算是非常精密的工艺也会在铸件中心部位残留下气孔。大多数压铸可以通过二次加工来完成一些无法通过铸造完成的结构，例如，钻孔、抛光。

适合压铸的材料主要有铝合金、镁合金、锌合金、黄铜及青铜等材料。

压铸主要有以下缺点：

1）压铸时由于液态金属充填型腔速度高，流态不稳定，故采用一般压铸法铸件易产生气孔，不能进行热处理。

2）对内凹复杂的铸件，压铸较为困难。

3）高熔点合金（如铜、黑色金属），压铸型寿命较低。

4）不宜小批量生产，其主要原因是压铸型制造成本高，压铸机生产效率高，小批量生产不经济。

压铸主要有以下优点：

（1）产品质量好

铸件尺寸精度高，一般相当于IT6～IT7级，甚至可达IT4级；表面粗糙度好，一般相当于IT5～IT8级；强度和硬度较高，强度一般比砂型铸造提高25%～30%，但伸长率降低约70%；尺寸稳定，互换性好；可压铸薄壁复杂的铸件。例如，当前锌合金压铸件最小壁厚可达0.3mm；铝合金铸件可达0.5mm；最小铸出孔径为0.7mm；最小螺距为0.75mm。

（2）生产效率高

机器生产率高，例如，国产JⅢ3型卧式冷空压铸机平均8小时可压铸600～700次，小型热室压铸机平均每8小时可压铸3000～7000次；易实现机械化和自动化压铸。

（3）经济效果优良

由于压铸件尺寸精确，表面光洁等优点，不需要进行简单的机械加工就可以直接使用，或加工量很小，所以既提高了金属利用率，又减少了大量的加工设备和工时；铸件价格便宜；可以采用组合压铸工艺加工其他金属或非金属材料。既节省装配工时又节省金属材料。

压铸件也不再局限于汽车工业和仪表工业发展的需要，逐步扩大到其他各个工业部门，如农业机械、机床工业、汽车零配件、家具配件、浴室配件（卫浴）、灯饰零件、玩具、电动剃须刀、领带夹、电气电子零件、皮带扣、表壳、金属饰扣、锁具、拉链等。

本项目中选择的是铝合金压铸的机械零件，其在压铸完成后还对多个装配部位进行了机械加工，如图4-1所示。

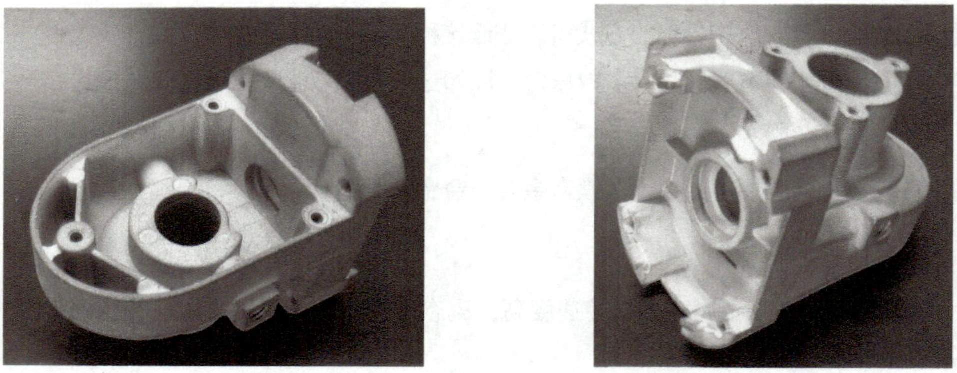

图4-1　压铸件（装配部位机械加工）

2．压铸件结构分析

压铸件结构如图4-2所示。该压铸件整体结构较为方正，曲面较少，表面质量较好，在合模线处有少量飞边，顶杆位置明显。

该压铸件的左下部位平面和右侧平面经过机械加工，属于装配或配合面，底部加工有中心孔和螺纹孔。其加工部位可作为建立逆向建模坐标系的重要依据。

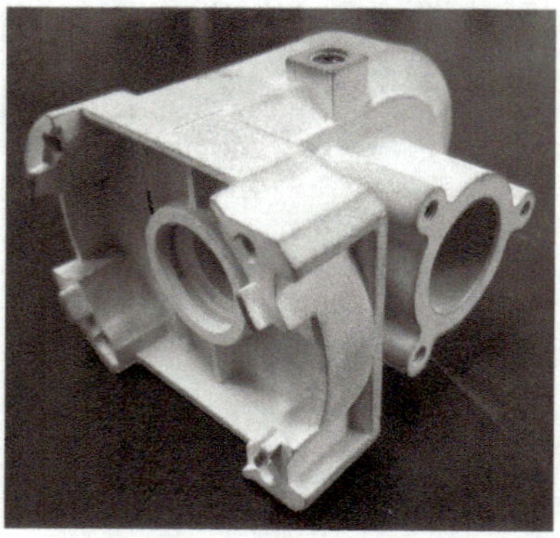

图4-2　压铸件结构

二、测量工具选择建议

对于此压铸件，尺寸约80mm×100mm×80mm，产品结构较为简单，多为平面，特征清晰，在本任务中选择了单幅扫描尺寸在200mm×200mm左右、分辨率在500万像素左右的三维扫描仪。使用三维扫描仪作为测量工具，经过三维扫描获得其三维数据。

这里使用的三维扫描仪是OKIO—5M的三维扫描仪，以它作为测量工具对该产品进行测量，如图4-3所示。产品型号是OKIO—5M，5M表示分辨率是500万像素。选用的是单幅拍照尺寸在200mm×200mm的镜头，单次拍照即可覆盖整个压铸件产品。该产品使用蓝色光源作为主要光源，受环境光的影响较小，具有快速、非接触、精确的测量特点，适合铸造件的扫描测量。该产品配套软件在易操作性、朔源性、数据快速处理等方面也优先于其他产品。

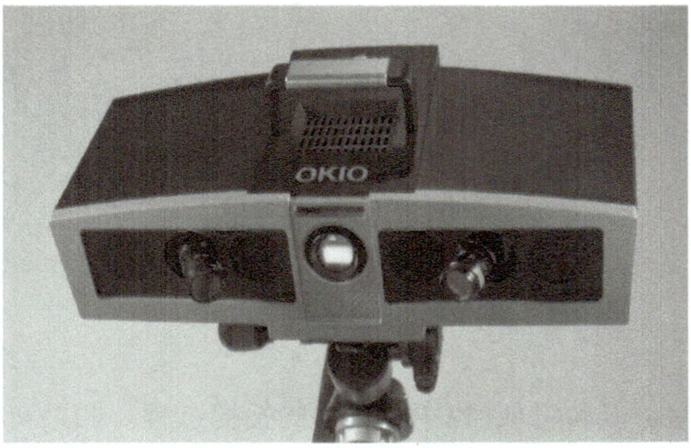

图4-3　OKIO—5M三维扫描仪

任务2　铸造件的表面处理

该压铸件使用的是铝合金材质，产品本身颜色偏暗，压铸件表面本身较为粗糙，喷涂显像剂对其尺寸影响微乎其微。为了提高扫描效率，可考虑在其表面喷涂显像剂，如图4-4所示。

在使用之前充分摇匀，喷涂时，在距离物体上方30～50cm喷出，粉末在重力的作用下自然、均匀地落在物体表面。在喷涂时，该铸造件的内外部分都需要喷涂，特别是结构细微之处。

从逆向设计的角度考量，在三维扫描时，对于结构对称或者均布的对象只需要扫描主体特征，不要纠结于是否已扫描全部细节。

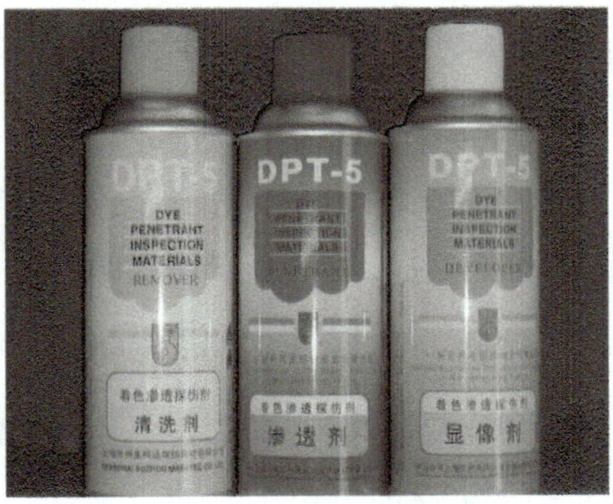

图4-4　DPT—5显像剂

以该项目为例，在扫描平面时局部扫描有空洞是不需要修补的。对于加强筋的扫描只需要扫描大概即可。

由于该项目中的压铸件尺寸较小，单次扫描可以覆盖整个产品，产品结构特征明显，无需粘贴标识点。

喷涂显像剂完成，放置一段时间待其干透。至此，完成了所有扫描前的准备工作，下一步就可以启动三维扫描仪进行扫描。

任务3　铸造件的扫描与数据处理

一、铸造件的三维扫描

此压铸件的扫描过程可以参考项目2中塑料件的扫描过程。如果有扫描好的STL文件，那么也可以直接进行建模。

在此需要说明的是，三维扫描仪的镜头只要更换过，或者三维扫描仪在移动过程中镜头可能受过振动等，就需要重新标定。

首先双击桌面上的软件图标，启动三维扫描仪控制软件，启动后的软件界面如图4-5所示。

软件启动以后，单击主工具栏中的“新建工程”按钮，在硬盘上建立一个单独的文件夹，并选择该路径为保存路径，在新建文件窗口中输入文件名“压铸件”，完成文件的新建。

通过观察软件界面右侧两个镜头的预览窗口，可以预览已经移动的相机或物体至扫描中心，将扫描中心点定位在压铸件上，预览效果如图4-5所示。至此做好了第一幅图像扫描前的准备工作。

单击界面左上角的“扫描”按钮开始扫描数据。完成一幅扫描以后，可以移动或转动物体到其他需要扫描的区域。需要注意的是，该区域一定要包含部分上一次或前几次扫描的重合标识点，该重合标识点是扫描拼接的重要标识点。

当完成两幅数据扫描之后，软件提供了手动拼接和自动拼接两种方式。图4-6中所示为自动拼接后的效果。

手动拼接，在左右两幅图像中分别选择位置大致相同的多个点，软件自动多个点搜索附近区域的特征完成拼接。适用于特征不明显或者包含相近特征的物体。图4-7所示为手动拼接方式。

通过重复上述步骤，每次拼接可选择默认自动拼接。经过整体搭建和细节补全后，单击“拼接”按钮执行数据拼接，如图4-8所示。完成后的效果如图4-9所示。

此数据是*.stl文件，单击“拼接”按钮，软件会自动保存*.stl和*.asc文件，文件保存在前面新建工程所设置的文件夹中。

图4-5 OKIO—5M软件预览效果

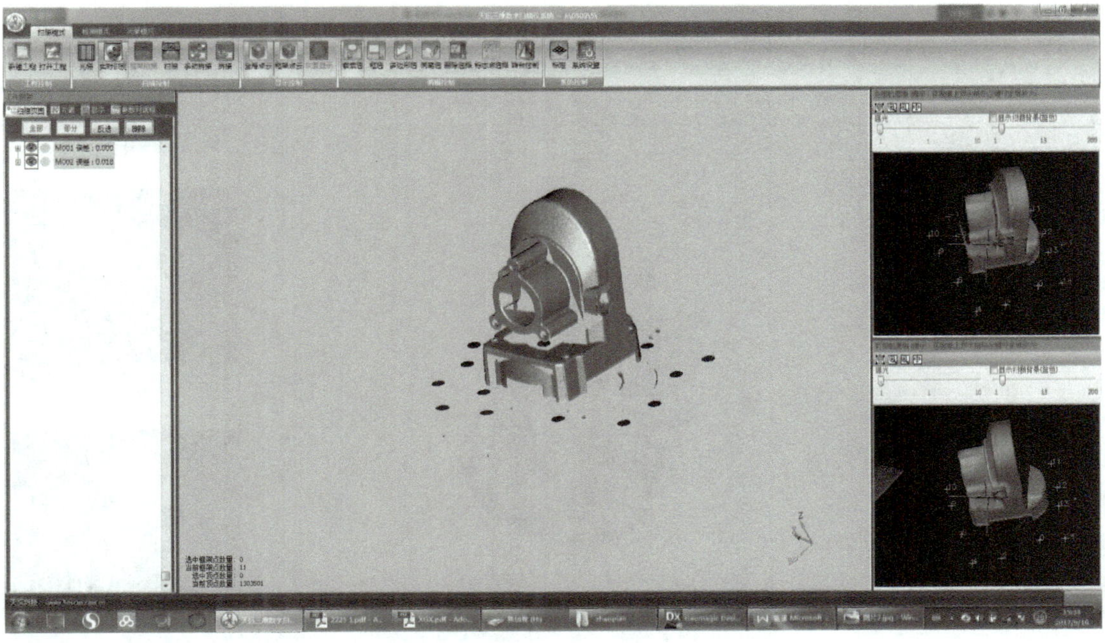

图4-6 自动拼接

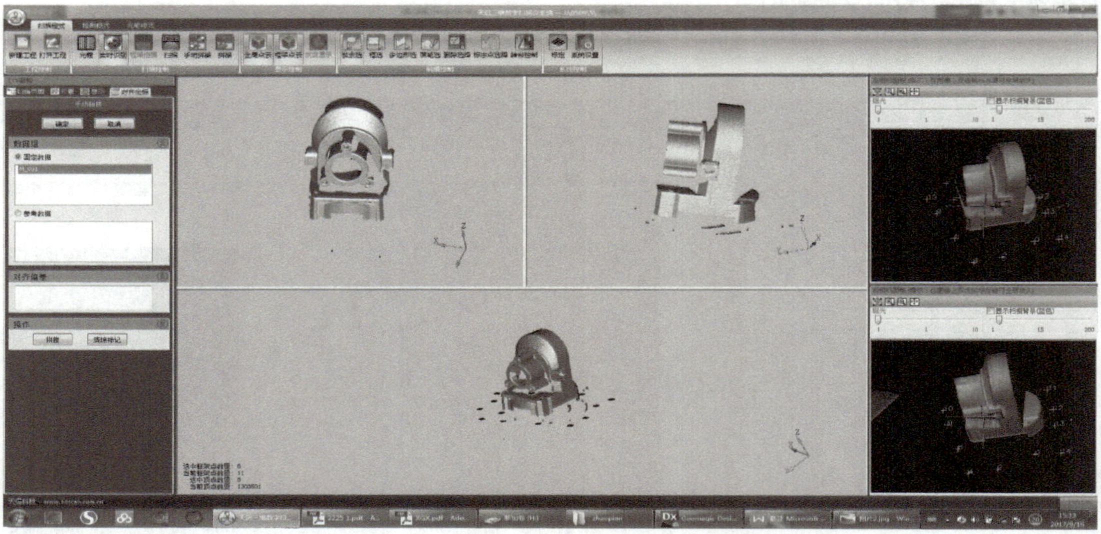

图4-7　手动拼接

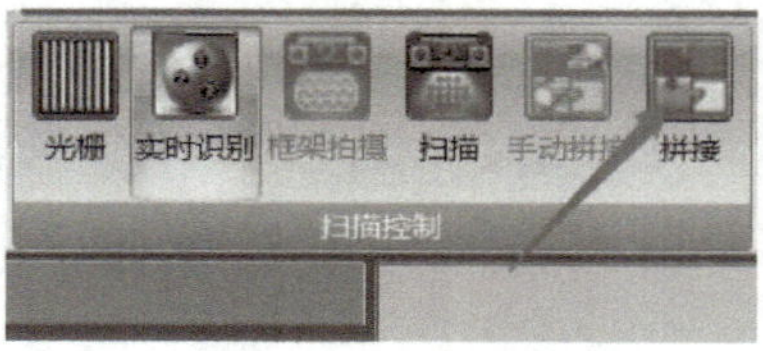

图4-8　数据导出界面

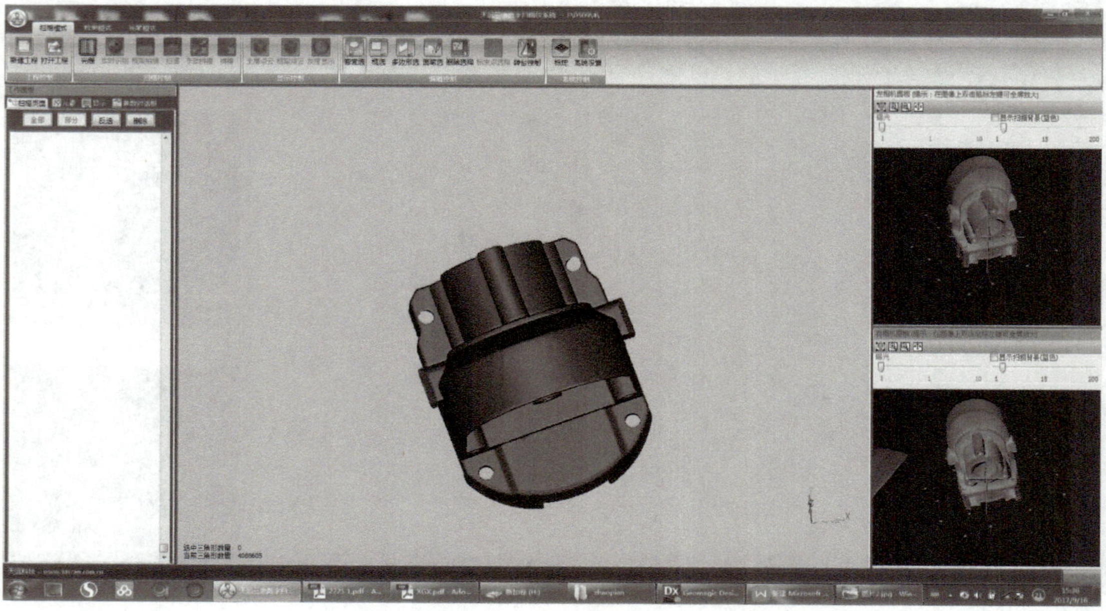

图4-9　完成数据扫描后的数据浏览界面

二、坐标系的调整

在此例中，提供两种坐标系调整的方法供读者选择，一种是在NX 10.0软件中调整，一种是在GOM Inspect软件中调整。

在GOM Inspect软件中调整。

1）首先启动GOM Inspect软件，执行“文件”→“输入”→“文件”命令，在弹出的文件浏览窗口中选择已经扫描好的“压铸件.stl”，单击“确定”按钮完成压铸件的输入。

2）按住鼠标左键并拖动，可以旋转该文件；向前滚动滚轮是放大，向后是缩小；按住鼠标滚轮拖动是平移文件。综合利用鼠标各个按钮的功能调整文件，如图4-10所示。

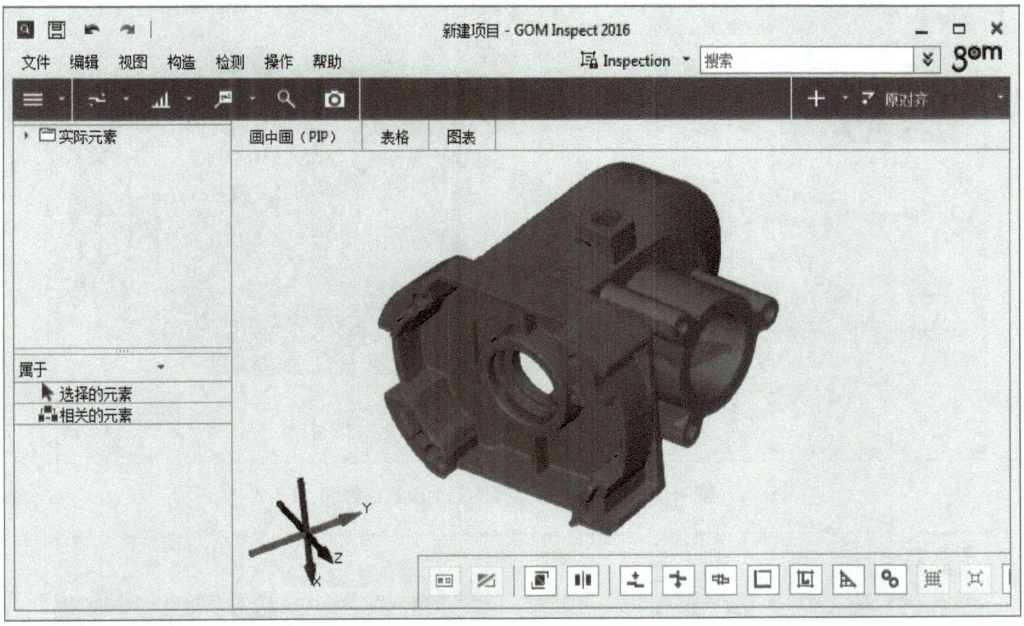

图4-10 调整文件

3）在工作区空白处单击鼠标右键，在弹出的快捷菜单中选择“在曲面选择/取消曲面的选择”命令，或者单击工作区下方的“曲面选择”按钮。在压铸件的底部单击鼠标选择如图4-11所示的区域。

4）执行“构造”→“平面”→“拟合平面”命令，软件根据选择的区域拟合出平面，如图4-12所示。通过该图可以看出拟合的最大偏差等相关信息。单击“创建并关闭”按钮完成平面1的拟合。

5）重复上述步骤选择如图4-13所示的区域，选择另外一个加工面作为Y轴方向。

6）单击“创建并关闭”按钮完成平面2的拟合。

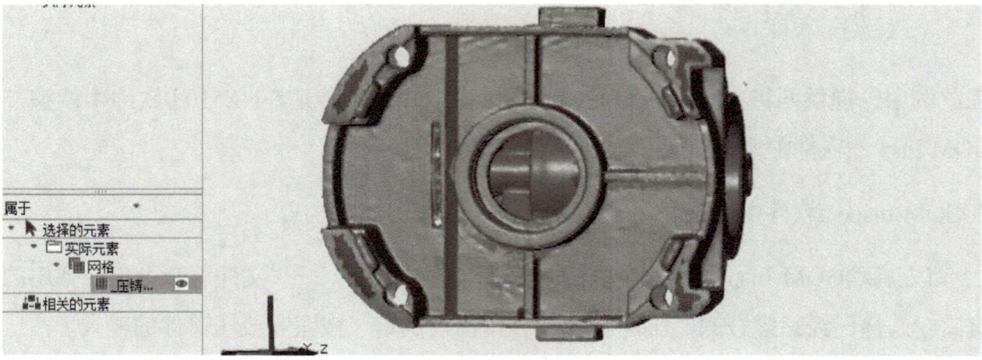

图4-11　构造平面需要选择的区域

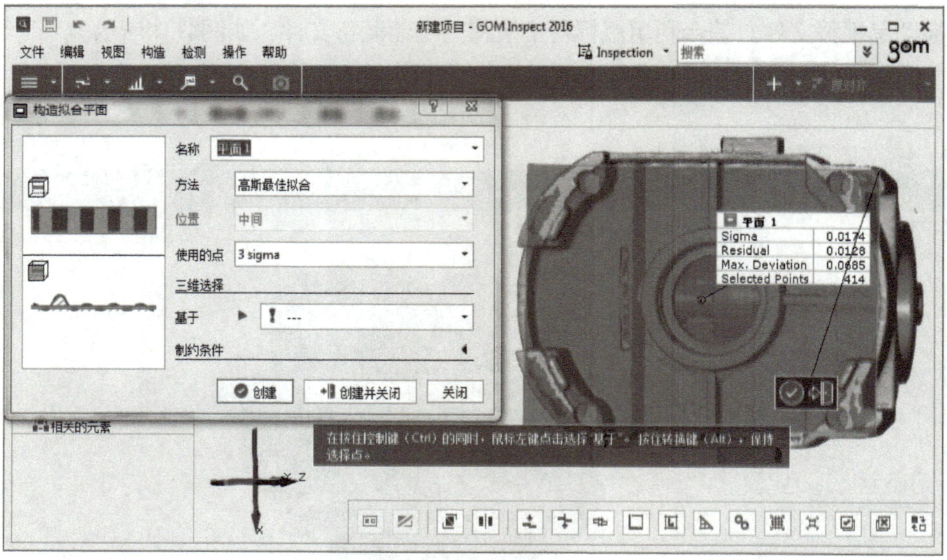

图4-12　拟合平面1选择的范围及软件界面

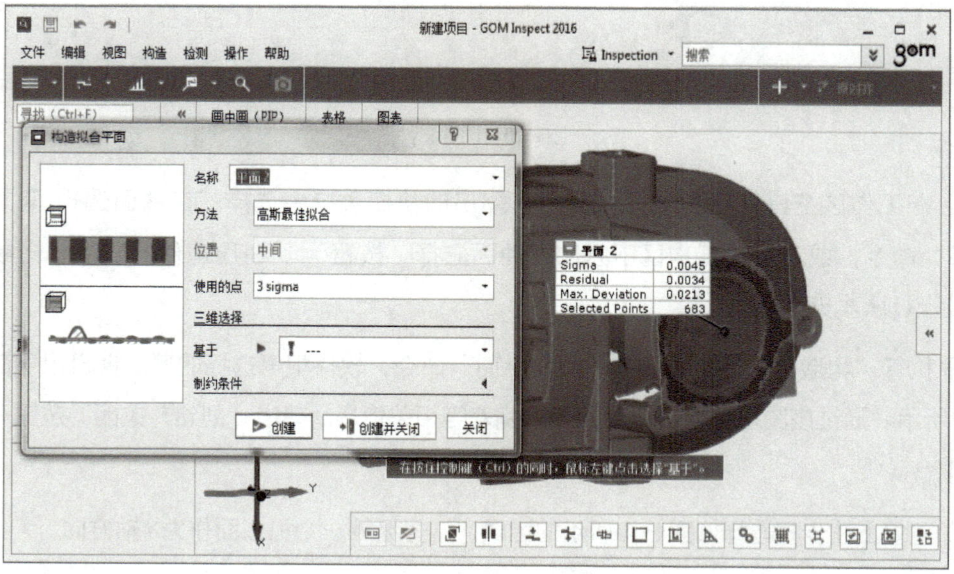

图4-13　构造平面2选择的范围及软件界面

7）在任务浏览区依次展开“实际元素”→“拟合元素”→“平面”，单击平面1后面的眼睛将其隐藏，选择如图4-14所示的区域构造圆柱1。单击“创建并关闭”按钮拟合出圆柱1。

8）在任务浏览区依次展开“实际元素”→“网格”，单击压铸件的眼睛将其隐藏；在任务浏览区依次展开“实际元素”→“拟合元素”→“圆柱”，单击圆柱1后面的眼睛将其隐藏。在任务浏览区，单击平面1后面的方框将其显示出来。

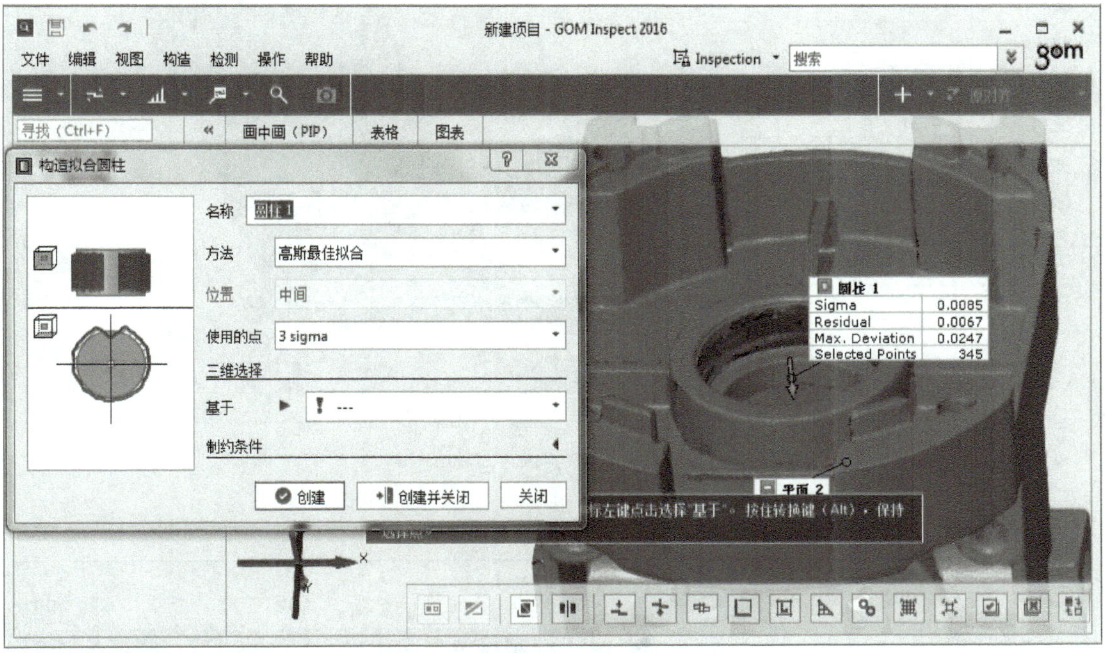

图4-14　构造圆柱1选择的范围及软件界面

9）接下来使用平面1和圆柱1构造一个点作为坐标原点。执行“构造”→“点”→“交点”命令，打开如图4-15所示的对话框，在“构造交点”对话框中的“基础构件”选项组“线”下拉列表中选择“圆柱1”，在“相交”下拉列表中选择“平面1”，单击“创建并关闭”按钮，完成交点1的创建。

10）执行“操作”→“对齐”→“初始对齐”→“3-2-1对齐”命令，打开“3-2-1”对话框，首先按住<Ctrl>键在平面1上单击三次，构造Z1、Z2、Z3三个点。其次按住<Ctrl>键，在平面2上单击两次，构造Y1、Y2两个点。再次按住<Ctrl>键选择点1，构造X点，如图4-16所示。单击“确认”按钮完成坐标系的调整。

11）在任务浏览区单击压铸件后面的方框将其显示出来，单击平面1、平面2、点1后面的眼睛将其隐藏。执行“文件”→“输出”→“网格”→“STL”命令打开“输出STL”对话框。单击选择扫描好的压铸件数据，单击“确认”按钮输出STL文件到选定的文件夹，如

图4-17所示。

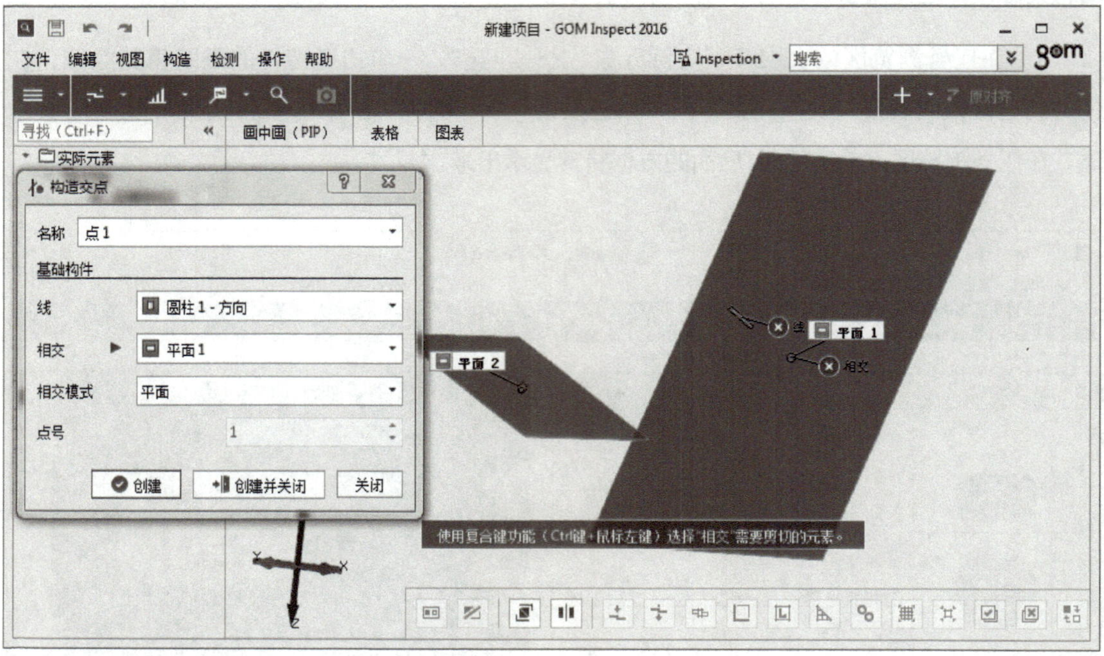

图4-15　构造交点1

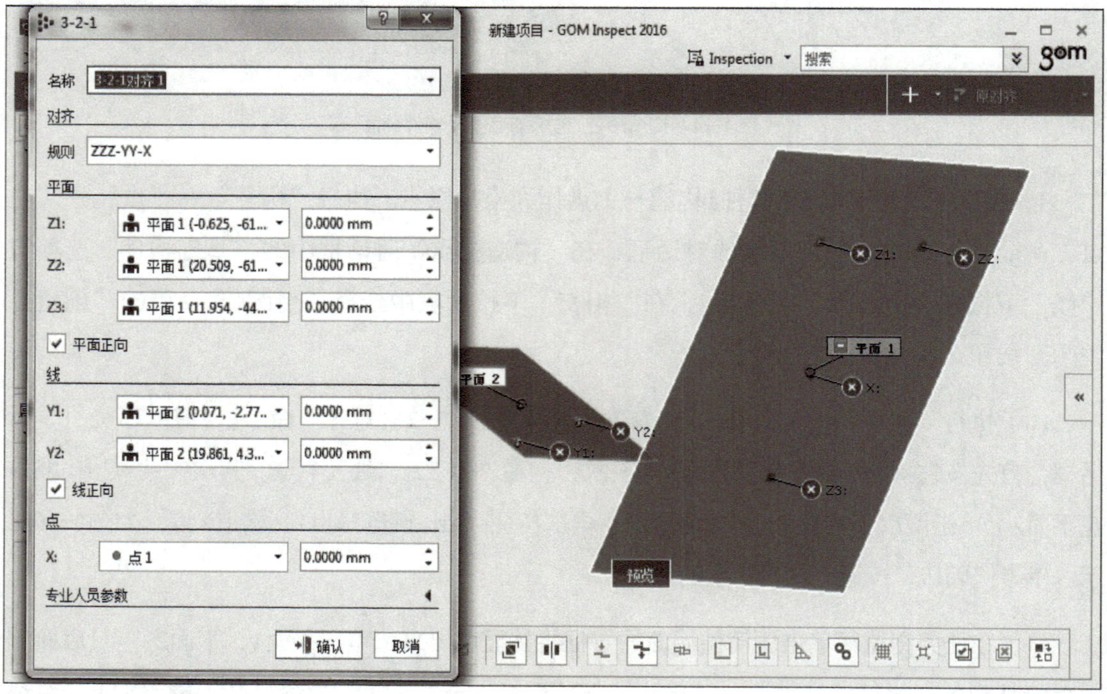

图4-16　“3-2-1”对齐对话框

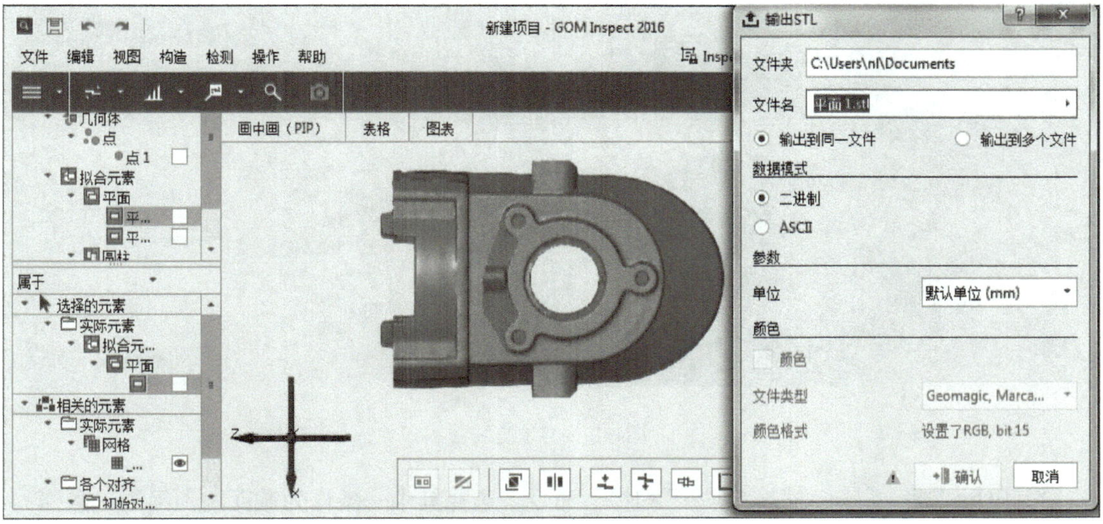

图4-17 输出文件

在NX 10.0中调整坐标系。

1）首先参考项目3和4中导入STL文件的方法将其导入NX软件中，此铸造件后期经过机械加工，因此在构建坐标系时优先选择加工过的面积较大的、加工质量好的面作为主要基准。经过与客户沟通和功能分析，选取的构建坐标系的基准如图4-18所示。第一优先基准面应以图中所示的1、2、3、4构建，第二基准面可以直接使用，基准中心点可以使用第一优先基准上方的四个立柱构造的圆心，接下来使用相关命令调整坐标系为绝对坐标系。

图4-18 构造坐标系基准示意图

2）对于第一优先基准面其面不连续，无法使用项目3和4中应用的小平面体“涂色”和“拟合平面”命令。可以在1、3面上各取一点构造一条直线；可以在2、4面上各取一点构造一条直线，然后使用扫掠命令扫掠出第一优先基准面。执行“插入”→“曲线”→“直线”命令，选择如图4-19所示的点构造两条直线。

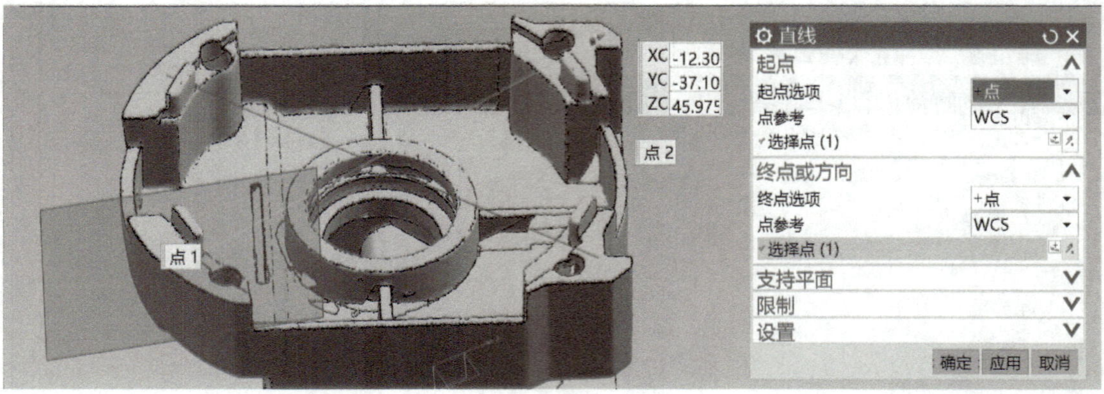

图4-19　绘制直线

3）执行“插入”→“扫掠”→“扫掠”命令，选择其中一条作为截面线，另外一条作为引导线，单击“确定”按钮完成面的扫掠，如图4-20所示。

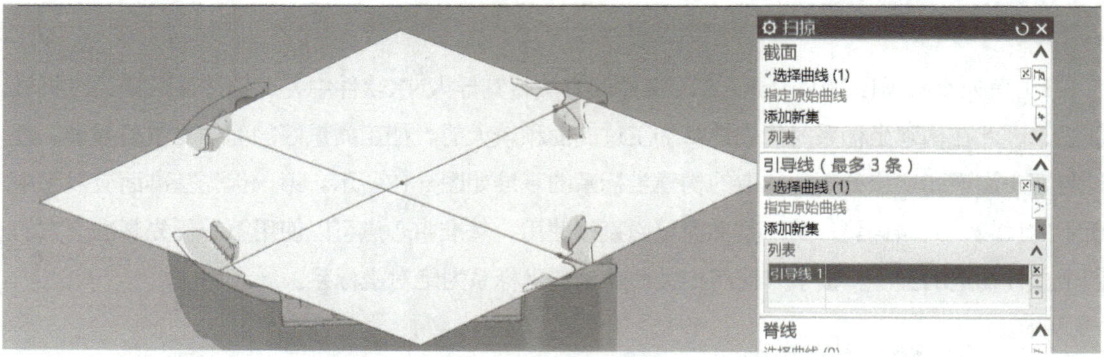

图4-20　扫掠面

4）执行“编辑”→“小平面体”→“涂色”命令，涂选图4-21左侧所示的区域。涂选完成后执行“插入”→“曲面”→“拟合曲面”命令，打开如图4-21右侧所示的拟合曲面对话框。“目标”选项选择“颜色编码区域”，单击 * 选择颜色编码区域 (0)，然后在涂选的区域上单击选中该区域，单击“应用”按钮，完成第二基准平面的拟合。

5）构造坐标系的原点，执行“插入”→“派生曲线”→“截面”命令，打开如图4-24所示的截面曲线窗口，采样距离等设置按图中所示选择和输入。选择“要剖切的对象”是“小平面体”，“剖切平面”选择“指定平面”选项，选择自动判断方式，选择“扫掠平面”打开“偏置距离”文本框，“偏置”为1mm。单击“确定”按钮完成截面点的创建。完成后如图4-22所示。

6）执行“插入”→“任务环境中的草图”命令，打开“创建草图”对话框，平面方法自动判断，选择扫掠面作为绘制草图的平面，单击“确定”按钮进入草图环境。执行“插入”→“处方曲线”→“投影曲线”命令，框选截面曲线生成的采样点，单击“确定”按钮投影到扫掠面上。

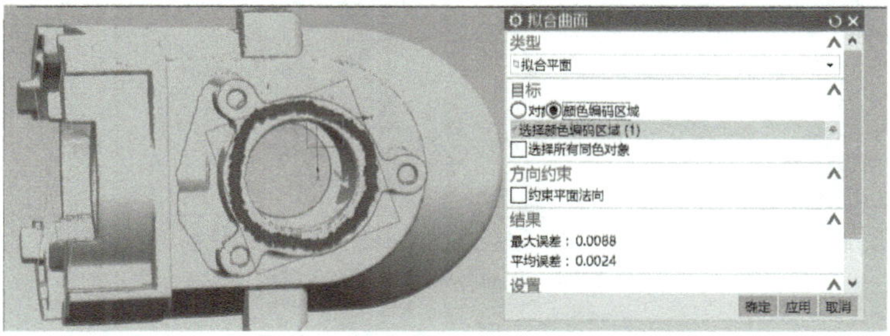

图4-21 拟合平面

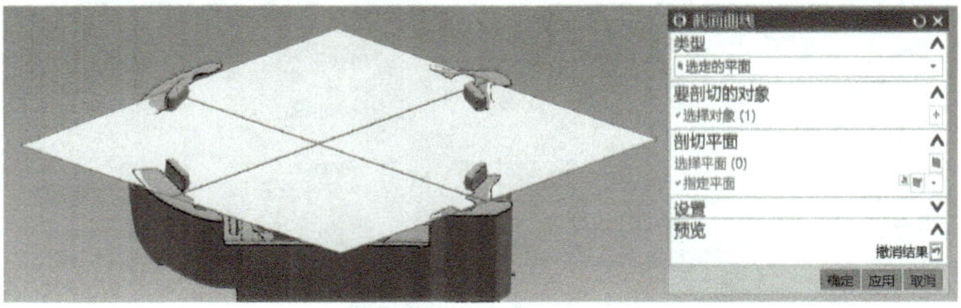

图4-22 截面曲线

7）按<Ctrl+B>快捷键将小平面体隐藏。利用“草图曲线”中的“拟合曲线”命令，选择如图4-23所示的点，绘制出拟合圆。

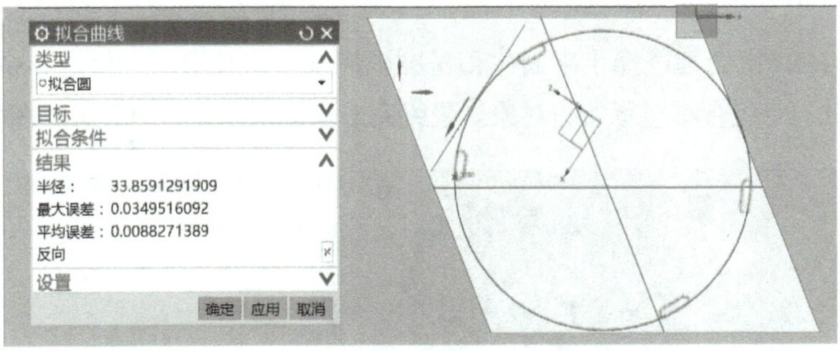

图4-23 在草图环境下拟合圆

8）使用扫掠面、拟合平面、草图圆圆心构建产品坐标系，将其与绝对坐标系重合。执行“编辑”→“移动对象”命令，打开“移动对象”对话框，如图4-24所示，根据软件提示，首先选择小平面体作为移动对象，在“变换”栏中“运动”选项的下拉列表里选择“从CSYS到CSYS”的运动方式。

9）单击“指定起始 CSYS”右侧的CSYS按钮，打开构建CSYS对话框。单击“类型”下拉列表，选择“Z轴、X轴、原点”方式构建基准坐标系，如图4-25所示。依次选择草图圆的圆心、扫掠平面、拟合平面。单击“确定”按钮，完成产品基准坐标系的创建。

10）单击“确定”按钮以后，软件结束起始CSYS的创建，返回到“移动对象”窗口，此时可以在小平面体的左侧看到建立好的产品CSYS坐标系。

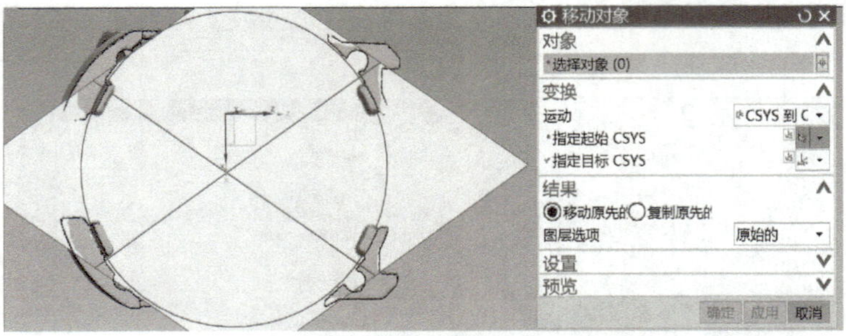

图4-24　在草图环境下移动对象

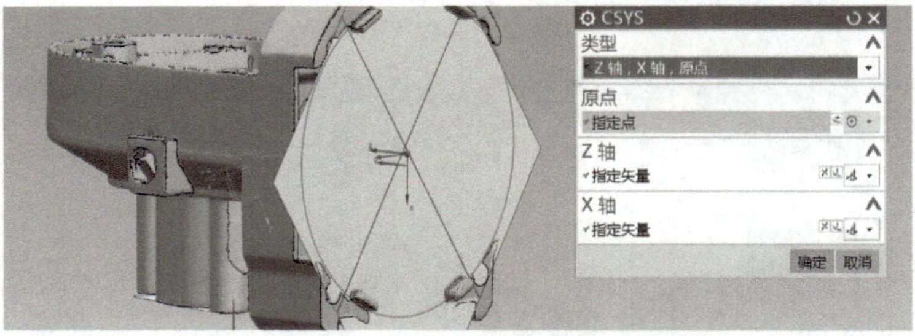

图4-25　起始CSYS构建

11）单击指定目标 CSYS指定目标CSYS按钮后的三角形按钮，选择绝对CSYS坐标系。单击“确定”按钮完成移动对象，完成后的效果如图4-26所示。此时可以在小平面体的左侧看到建立好的产品CSYS坐标系。

12）按<Ctrl+B>组合键选择小平面体和基准坐标系，将其隐藏，框选其余对象，将其删除。按<Ctrl+Shift+U>组合键显示所有对象。最终完成坐标系调整后的效果如图4-27所示。

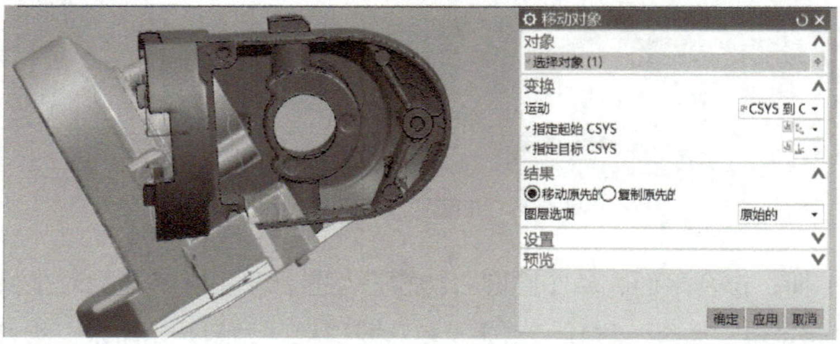

图4-26　移动对象

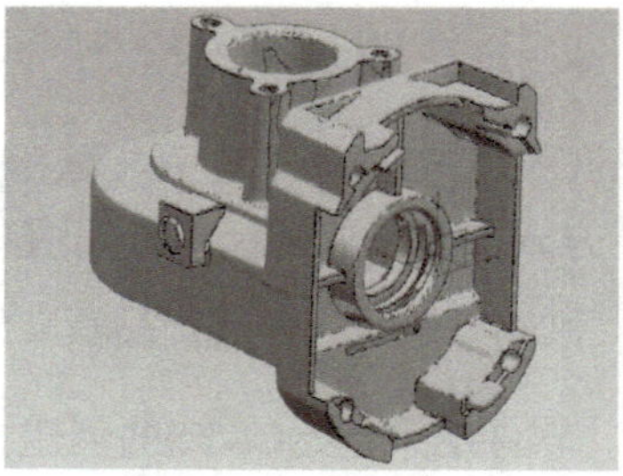

图4-27　最终完成调整后的效果

任务4　典型铸造件的逆向设计

一、铸造件工艺分析与逆向造型方案设计

该铸造件是精密铝合金压铸后经过机械加工的产品，产品结构较为规整，在设计过程中一定要注意脱模方向和脱模角度。对于机械加工过的部位注意其加工公差，比如，拟合出的孔直径尺寸是9.98mm，则设计时孔的直径应当为10mm，0.02mm的偏差可能是加工时的负公差。

整个产品的设计可以采取先加后减的方式进行，使用拉伸、偏置等命令完成大体结构设计，对于阵列的对象，可以使用阵列命令设计，然后使用孔、圆角等详细特征命令完成设计。

二、铸造件逆向造型设计

1）启动NX 10.0软件，执行“文件”→“导入”→“STL”命令，在弹出的文件浏览窗口选择已经调整好坐标系的“铸造件.stl”，单击“确定”按钮，完成铸造件的输入。

2）执行“格式”→“图层设置”命令，在工作图层文本框中输入41，设置41层为工作图层。

3）执行“插入”→“基准/点”→“基准平面”命令，类型自动判断，选择XY基准平面，“偏置距离”为6.5mm，单击“确定”按钮，完成基准平面的生成。

4）执行“插入”→“派生曲线”→“截面”命令，打开“截面曲线”对话框，采样距离等设置按图中所示选择和输入。选择“要剖切的对象”是小平面体，“剖切平面”是“偏置”为7.5mm的基准平面，单击“确定”按钮完成截面点的创建。完成后如图4-28所示。

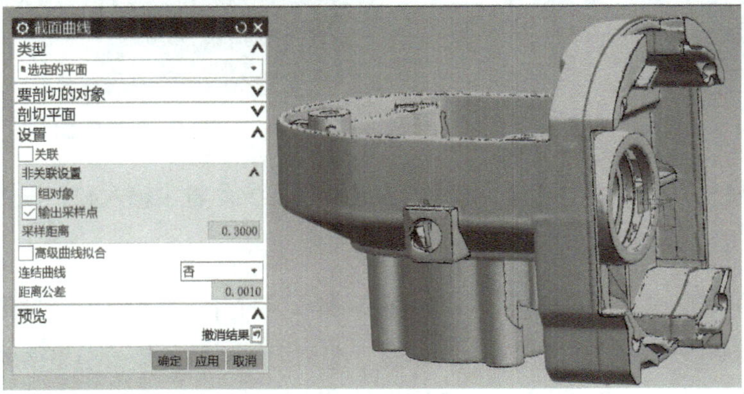

图4-28　“截面曲线”对话框

5）执行“插入”→“设计特征”→“拉伸”命令，打开“拉伸”对话框，单击截面下“选择曲线 (0)”中的“绘制截面”按钮，进入“草图绘制”对话框。在弹出的“创建草图”对话框中，“草图类型”选择“在平面上”，草图平面选择偏置7.5mm生成的基准平面，单击“确定”按钮，进入草图环境。在草图环境中，执行“插入”→“处方曲线”→“投影曲线”命令，框选截面曲线生成的采样点，单击“确定”按钮投影到草图绘制面上。按<Ctrl+B>组合键，将小平面体隐藏。利用草图曲线中的“拟合曲线”命令，以采样点为参考绘制如图4-29所示的草图。单击“确定”按钮完成草图，进入“拉伸”对话框，“开始”和“结束”距离输入的数值如图4-30所示。

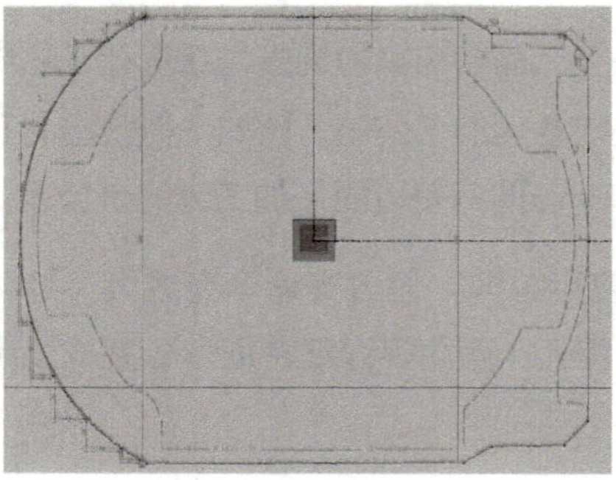

图4-29 绘制完成的草图

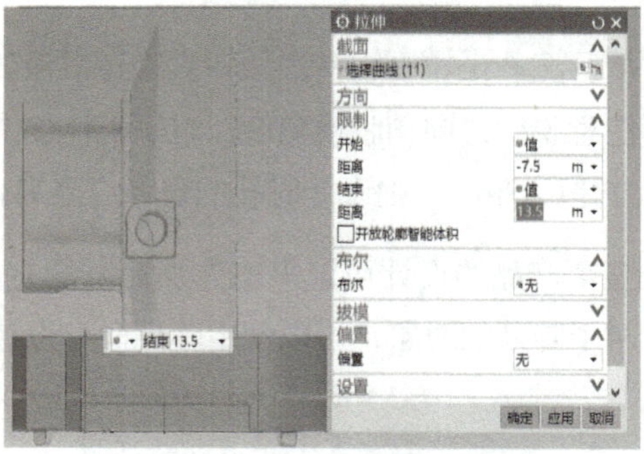

图4-30 “拉伸”曲线对话框

6）执行“插入”→“细节特征”→“拔模”命令，打开“拔模”对话框，“脱模方向”选择ZC方向，固定不变的面是偏置为7.5mm的基准面，需要拔模的面是前端圆弧面，角度为4°，如图4-31所示。重复“拔模”命令，对图4-32所示的4个面和对面相应的4个面生成脱模，角度为2°。

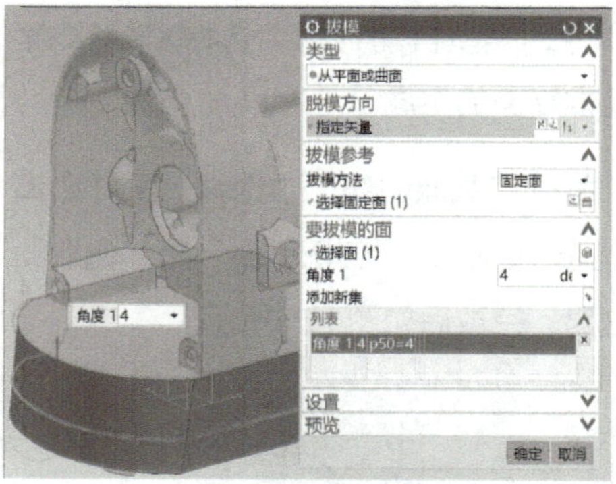

图4-31 端面拔模

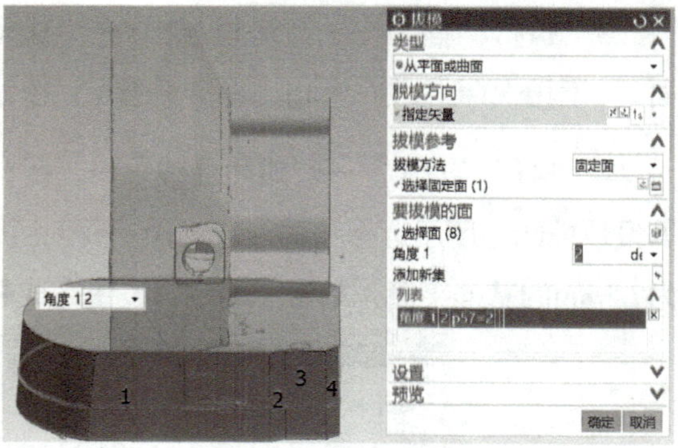

图4-32 8个侧面拔模

7）执行“格式”→“图层设置”命令，在工作图层文本框中输入42，设置42层为工作图层，同时关闭41层，隐藏相关对象。

8）执行“插入”→“派生曲线”→“截面”命令，打开“截面曲线”对话框，采样距离等设置按图4-28中所示进行选择和输入。选择“要剖切的对象”是“小平面体”，“剖切平面”是偏YZ平面，单击“确定”按钮完成截面点的创建。

9）执行“插入”→“设计特征”→“拉伸”命令，打开“拉伸”对话框，单击截面下“选择曲线 (0)”中的“绘制截面”按钮，进入“草图绘制”对话框。在弹出的“创建草图”对话框中，“草图类型”选择“在平面上”，草图平面选择基准平面YZ平面，单击“确定”按钮，进入草图环境。在草图环境中，执行“插入”→“处方曲线”→“投影曲线”命令，框选截面曲线生成的采样点，单击“确定”按钮投影到草图绘制面上。按<Ctrl+B>组合键，将小平面体隐藏。利用草图曲线中的“拟合曲线”命令，以采样点为参考绘制如图4-33所示的草图。注意图中所标注的点的位置。单击“确定”按钮完成草图，进入“拉伸”对话框，“开始”和“结束”距离输入的数值如图4-34所示。布尔运算选择“无”。单击“确定”按钮，完成草图的拉伸。

需要注意的是，开始和结束距离是根据测量结果生成的，读者可以使用测量工具测量相关对象。在测量时可以先选择基准平面，然后选择小平面体上的点测量出所需要的距离。此数值每个人测量的会有差异，读者可根据测量结果自主判断。

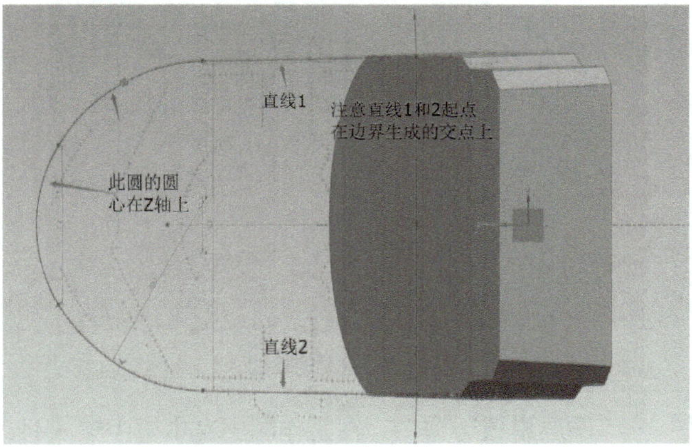

图4-33　绘制草图截面

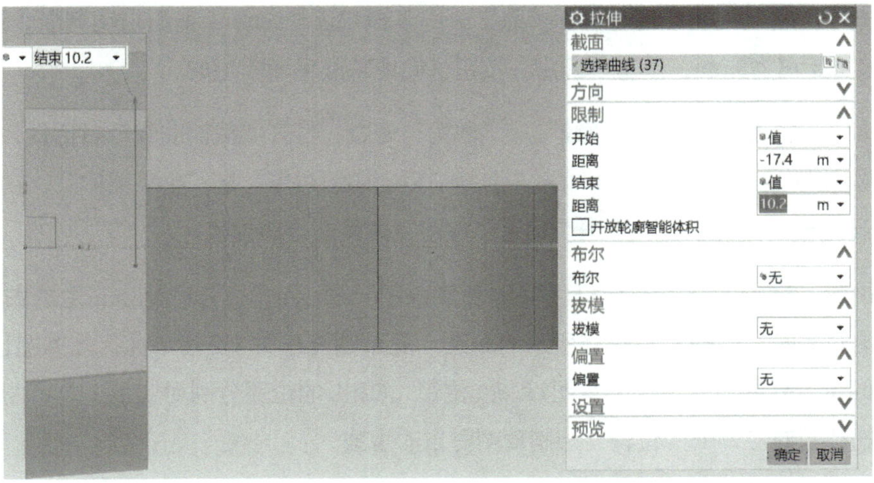

图4-34　“拉伸”截面对话框

10）执行“格式”→“图层设置”命令，在工作图层文本框中输入43，设置43层为工作图层，同时关闭42层，隐藏相关对象。

11）执行“插入”→“基准”→“点”→“基准平面”命令，类型自动判断，选择YZ基准平面，偏置距离为3mm，单击“确定”按钮，完成基准平面的生成。

12）执行“插入”→“派生曲线”→“截面”命令，打开“截面曲线”对话框，采样距离等设置按图4-28中所示进行选择和输入。选择“要剖切的对象”是“小平面体”，“剖切平面”是YZ偏置3mm生成的基准平面，单击“确定”按钮完成截面点的创建。

13）执行“插入”→“在任务环境中创建草图”命令，以YZ偏置3mm生成的基准平面为绘制草图的截面，绘制如图4-35所示的草图，注意草图的对称性和图中1～6的断点位置。

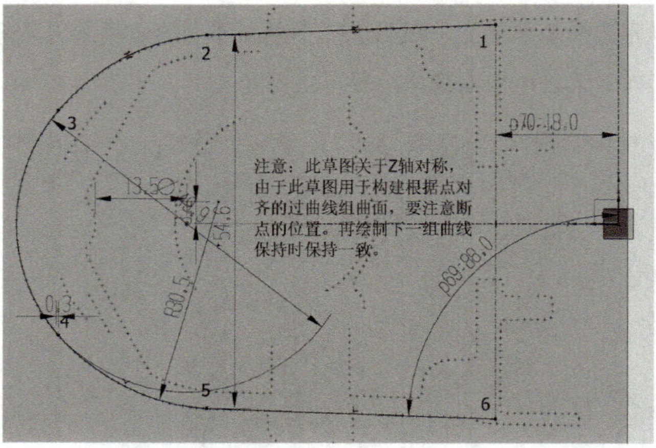

图4-35　绘制的草图

14）执行“格式”→“图层设置”命令，在工作图层文本框中输入44，设置44层为工作图层，同时关闭43层，隐藏相关对象。

15）执行“插入”→“基准”→“点”→“基准平面”命令，类型自动判断，选择YZ基准平面，偏置距离为8mm，单击“确定”按钮，完成基准平面的生成。

16）执行“插入”→“派生曲线”→“截面”命令，打开“截面曲线”对话框，采样距离等设置按图4-28中所示进行选择和输入。选择“要剖切的对象”是“小平面体”，剖切平面是YZ偏置8mm生成的基准平面，单击“确定”按钮完成截面点的创建。

17）执行“插入”→“在任务环境中创建草图”命令，以YZ偏置8mm生成的基准平面为绘制草图的截面，绘制如图4-36所示的草图，此草图同样关于Z轴对称，此草图也有6个断点，A和F的位置分别对应上一个草图1和6的位置，C和D的位置分别对应上一个草图3和4的位置。B和E的位置对应2和5的位置，绘制草图时自动生成。

18）执行“格式”→“图层设置”命令在工作图层文本框中输入45，设置45层为工作图层，同时打开43层，显示相关对象。

19）执行“插入”→“网格曲面”→“通过曲线组”命令，选择YZ平面偏置3mm和8mm后分别绘制的两个草图作为截面曲线1和2，构造“通过曲线组”曲面，采用“根据点”对齐，如图4-37所示。

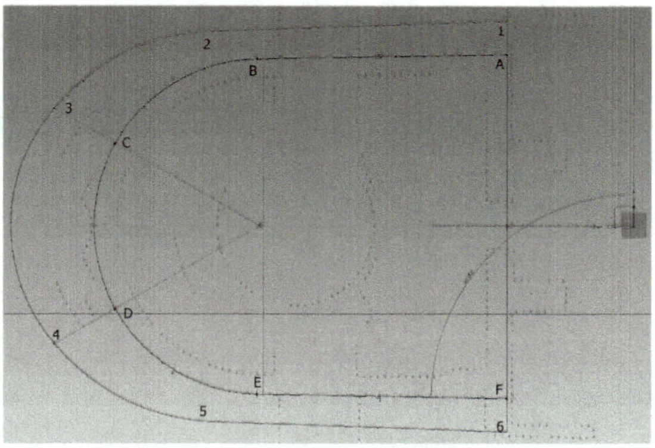

图4-36　YZ偏置8mm的基准平面绘制的草图

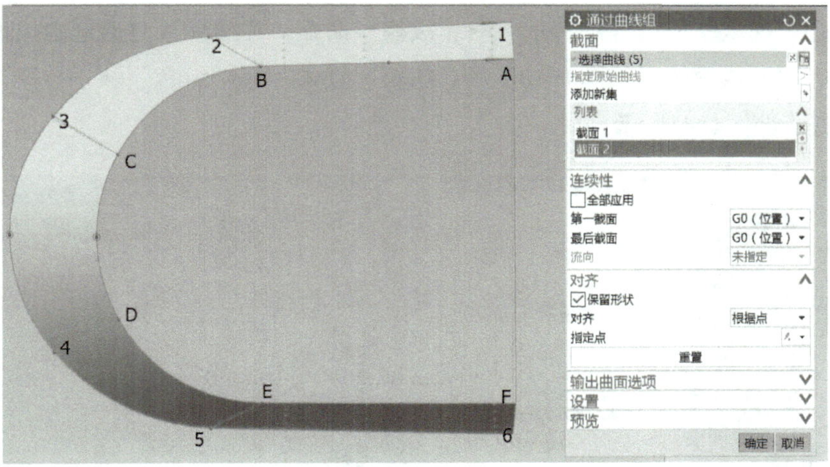

图4-37　“通过曲线组”曲面

20）执行“插入”→“修剪”→“延伸片体”命令，选择“通过曲线组”曲面的上下边线，分别向上下延伸9mm，执行“插入”→“修剪”→“修剪体”命令，目标体选择第二次拉伸的体，工具面选择延伸后的过曲线组面，单击“确定”按钮完成修剪，如图4-38所示。

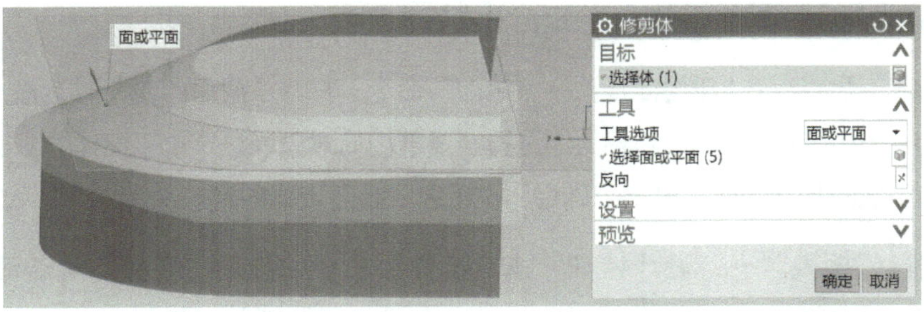

图4-38　“修剪体”效果

21）执行“格式”→“移动至层”命令，将完成延伸后的片体移动至81层，81层默认为关闭，软件将曲面隐藏。

22）执行“插入”→“偏置”→“缩放”→“抽壳”命令，壁厚2mm，选择如图4-39所示的开口面。

图4-39　抽壳壁厚及开口面选择

23）执行“插入”→“详细特征”→“拔模”命令，“拔模”对话框中拔模方向、固定不变的面、需要拔模的面如图4-40所示。执行“插入”→“组合”→“合并”命令，将两个实体合并，如图4-41所示。

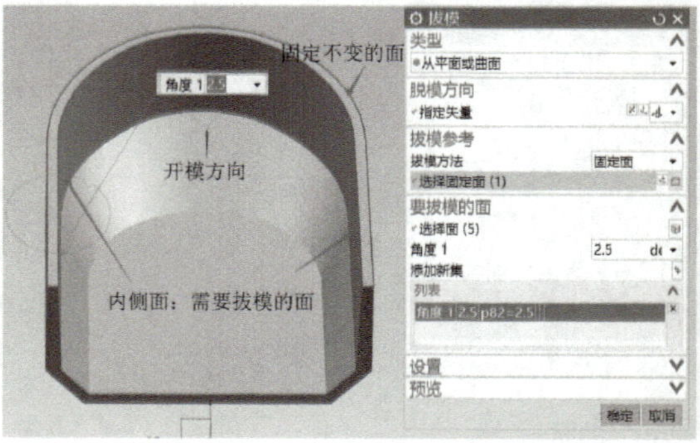

图4-40　拔模设置

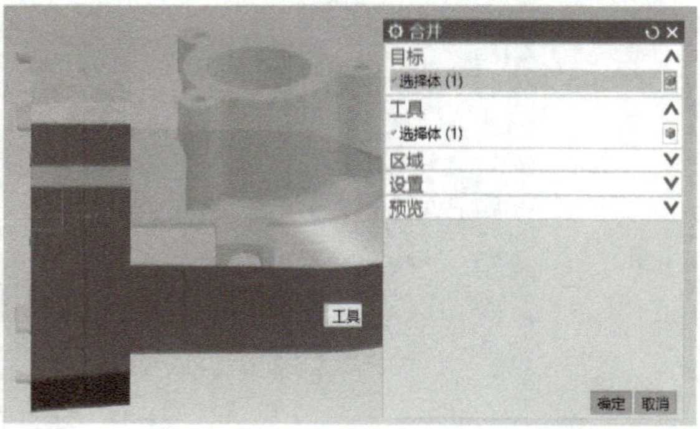

图4-41　合并体效果

24）执行“格式”→“图层设置”命令，在工作图层文本框中输入46，设置46层为工作图层。

25）执行“插入”→“基准/点”→“基准平面”命令，类型自动判断，选择YZ基准平面，偏置距离为9mm，单击“确定”按钮，完成基准平面的生成。

26）执行“插入”→“派生曲线”→“截面”命令，打开“截面曲线”对话框，采样距离等设置按图4-28中所示进行选择和输入。选择“要剖切的对象”是“小平面体”，剖切平面是YZ偏置9mm生成的基准平面，单击“确定”按钮完成截面点的创建。

27）执行“插入”→“设计特征”→“拉伸”命令，打开“拉伸”对话框，单击截面下 选择曲线 (0) 中的“绘制截面”按钮，进入“草图绘制”对话框。草图平面选择YZ

偏置9mm生成的基准平面，单击“确定”按钮，进入草图环境。以采样点为参考绘制草图。单击“确定”按钮完成草图，进入“拉伸”对话框，“开始”为1.5mm，“结束”为-1.2mm。单击“确定”按钮完成后的效果如图4-42所示。

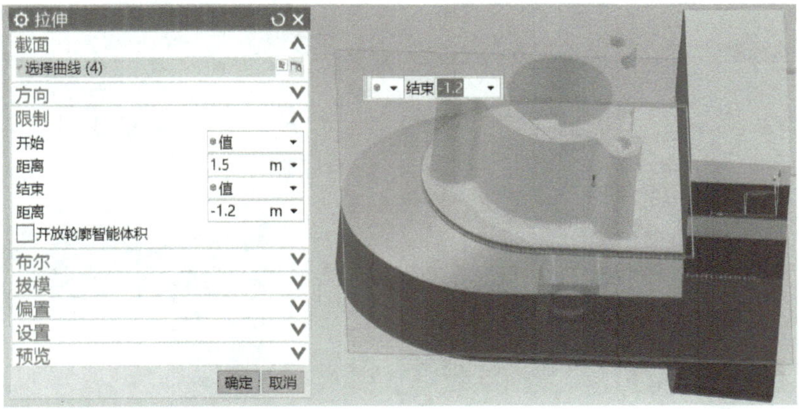

图4-42 “拉伸”对话框

28）执行“格式”→“图层设置”命令，在工作图层文本框中输入47，设置47层为工作图层。同时关闭46层，隐藏相关对象。

29）执行“插入”→“基准/点”→“基准平面”命令，类型自动判断，选择YZ基准平面，偏置距离为15mm，单击“确定”按钮，完成基准平面的生成。

30）执行“插入”→“派生曲线”→“截面”命令，打开“截面曲线”对话框，采样距离等设置按图4-28中所示进行选择和输入。选择“要剖切的对象”是“小平面体”，剖切平面是YZ偏置15mm生成的基准平面，单击“确定”按钮完成截面点的创建。

31）执行“插入”→“设计特征”→“拉伸”命令，打开“拉伸”对话框，单击截面下“选择曲线 (0)”中的“绘制截面”按钮，进入“草图绘制”对话框。草图平面选择YZ偏置15mm生成的基准平面，单击“确定”按钮，进入草图环境。以采样点为参考绘制草图。单击完成草图，进入“拉伸”对话框，开始为-19.1mm，结束设置“限制选项”为“直到下一个”，单击“确定”按钮完成后的效果如图4-43所示。

32）翻转物体至抽壳面的底部，执行“插入”→“设计特征”→“凸台”命令，直径为34mm、高度为11.1mm，拔模角度为2°，单击“确定”按钮完成，定位选择“点到点”方式，使图4-43中中间最大圆的圆心与凸台中心重合，如图4-44所示。

33）执行“格式”→“图层设置”命令，在工作图层文本框中输入48，设置48层为工作图层。同时关闭47层，隐藏相关对象。

34）执行“插入”→“基准/点”→“基准平面”命令，类型自动判断，选择ZX基准平面，偏置距离为29.5mm，单击“确定”按钮，完成基准平面的生成。

35）使用该基准平面重复截面曲线、拉伸步骤完成局部添加特征的设计，拉伸完成后，添加相应的倒角和圆角，外部效果如图4-45所示。内部效果如图4-46所示。

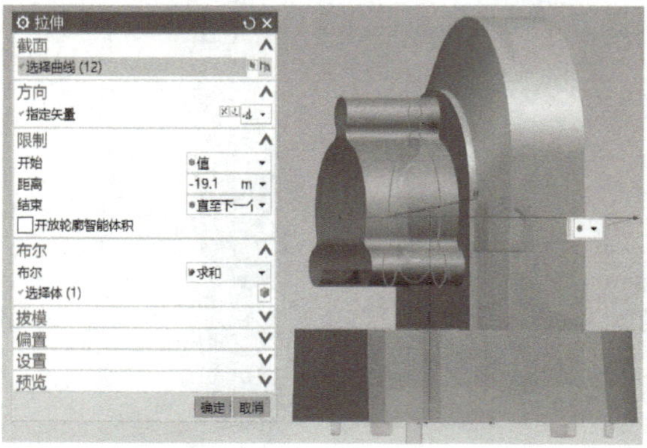

图4-43 “拉伸”添加对话框

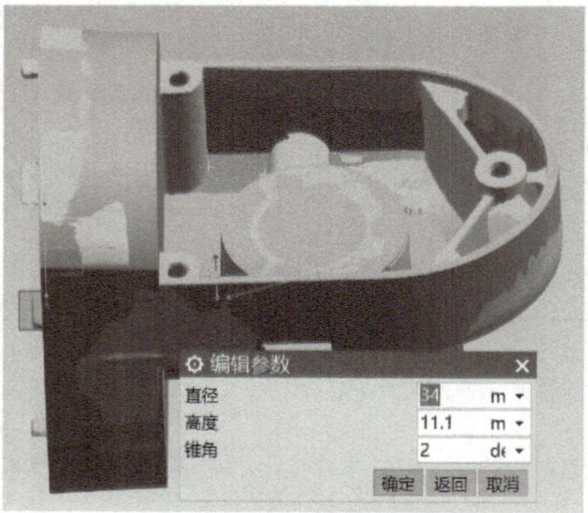

图4-44 凸台效果

图4-45 外部拉伸效果

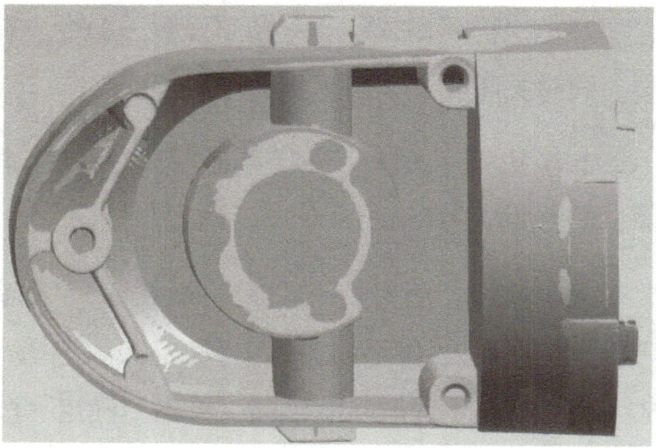

图4-46 内部效果

36）执行“格式”→“图层设置”命令，在工作图层文本框中输入49，设置49层为工作图层。同时关闭48层，隐藏相关对象。

37）执行“插入”→“基准/点”→“基准平面”命令，类型自动判断，选择YZ基准平面，偏置距离为-15mm，单击“确定”按钮，完成基准平面的生成。执行“插入”→“派生曲线”→“截面”命令，使用该平面生成与小平面体的截面曲线。

38）执行“插入”→“设计特征”→“拉伸”命令，打开“拉伸”对话框，单击截面下选择曲线 (0)中的“绘制截面”按钮，进入“草图绘制”对话框。以YZ偏置-15mm的面为绘制草图平面，单击“确定”按钮，进入草图环境，绘制如图4-47所示的草图。

39）单击完成草图，进入“拉伸”对话框，“开始”为-2.4mm，“结束”设置限制选项为“直到下一个”，单击“确定”按钮完成后的效果如图4-48所示。

40）执行“格式”→“图层设置”命令，在工作图层文本框中输入50，设置50层为工作图层。同时关闭49层，隐藏相关对象。

41）执行“插入”→“基准/点”→“基准平面”命令，类型自动判断，选择YZ基准平面，偏置距离为-13mm，单击“确定”按钮，完成基准平面的生成。执行“插入”→“派生曲线”→“截面”命令，使用该平面生成与小平面体的截面曲线。

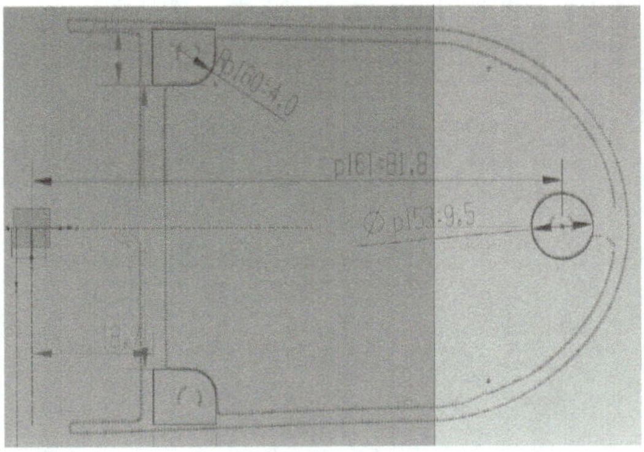

图4-47 绘制的草图截面

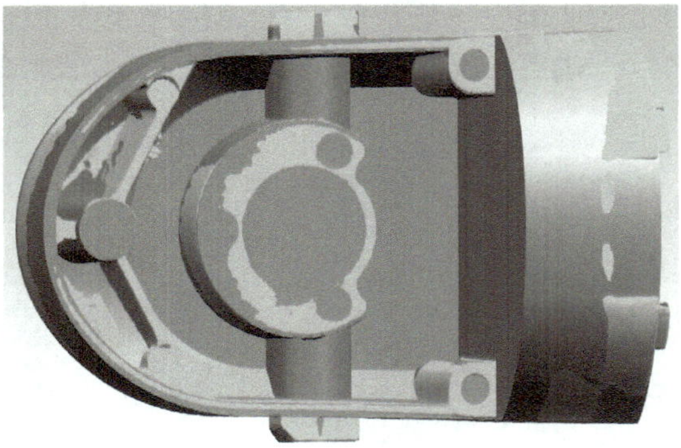

图4-48 拉伸完成效果

42）执行“插入”→“设计特征”→“拉伸”命令，打开“拉伸”对话框，单击截面下*选择曲线 (0)中的“绘制截面”按钮，进入“草图绘制”对话框。以YZ偏置-13mm的面为绘制草图平面，单击“确定”按钮，进入草图环境，绘制如图4-49所示的草图。

43）单击完成草图，进入“拉伸”对话框，“开始”为-1.9mm，“结束”设置“限制选项”为“直到下一个”，单击“确定”按钮完成后的效果如图4-50所示。

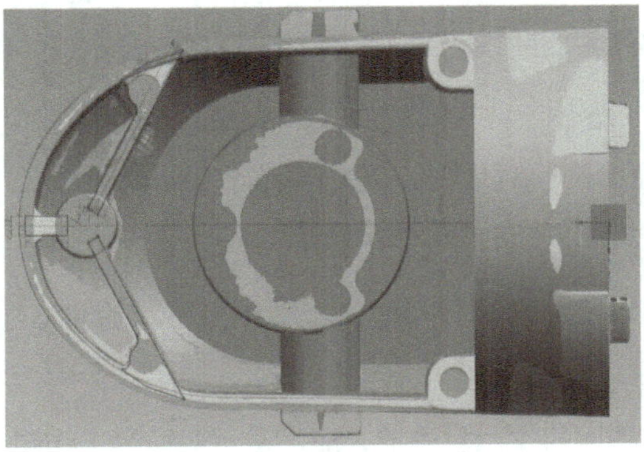

图4-49 绘制的草图截面

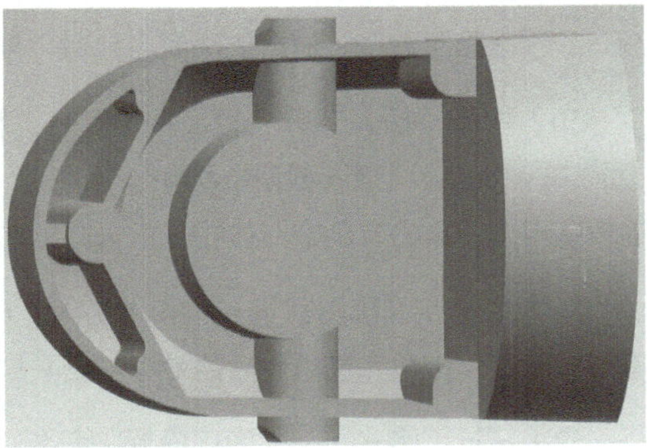

图4-50 拉伸完成效果

44）执行“格式”→“图层设置”命令，在工作图层文本框中输入51，设置51层为工作图层。同时关闭50层，隐藏相关对象。

45）执行“插入”→“基准/点”→“基准平面”命令，类型自动判断，选择YZ基准平面，偏置距离为-19mm，单击“确定”按钮，完成基准平面的生成。执行“插入”→“派生曲线”→“截面”命令，使用该平面生成与小平面体的截面曲线。

46）执行“插入”→“设计特征”→“拉伸”命令，打开“拉伸”对话框，单击截面下*选择曲线 (0)中的“绘制截面”按钮，进入“草图绘制”对话框。以YZ偏置-19mm的面绘制草图平面，单击“确定”按钮，进入草图环境，绘制如图4-51所示的草图。

47）单击完成草图，进入“拉伸”对话框，“开始”值为-1.6mm，“结束”值为30mm，单击“确定”按钮完成求差后的效果，如图4-52所示。

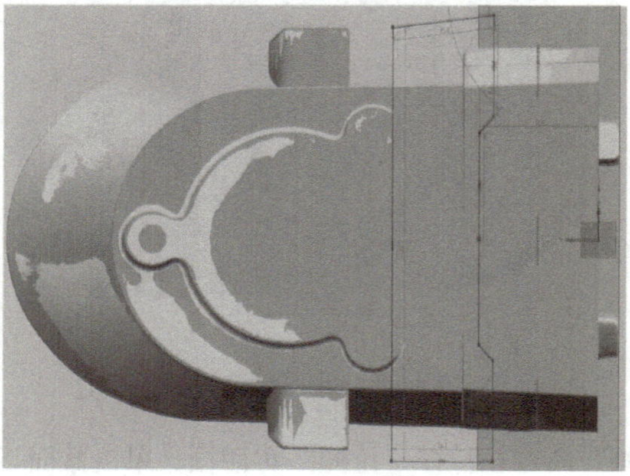

图4-51　绘制的草图截面

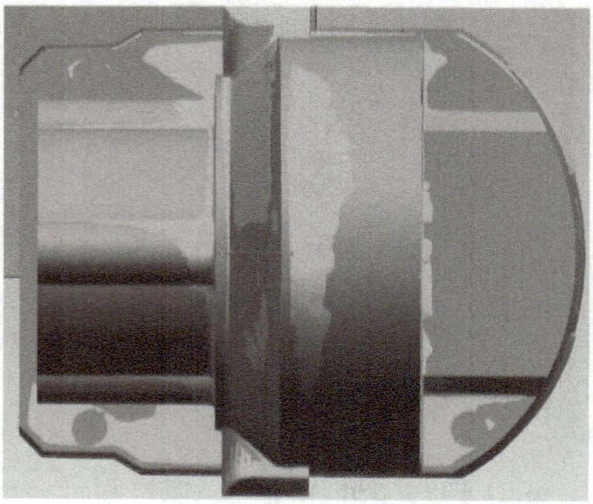

图4-52　拉伸求差完成效果

48）执行“格式”→“图层设置”命令，在工作图层文本框中输入52，设置52层为工作图层。同时关闭51层，隐藏相关对象。

49）执行“插入”→“基准/点”→“基准平面”命令，类型自动判断，选择XY基准平面，偏置距离为9.5mm，单击“确定”按钮，完成基准平面的生成。执行“插入”→“派生曲线”→“截面”命令，使用该平面生成与小平面体的截面曲线。

50）执行“插入”→“设计特征”→“拉伸”命令，打开“拉伸”对话框，单击截面下*选择曲线 (0)中的“绘制截面”按钮，进入“草图绘制”对话框。以XY偏置9.5mm的面为绘制草图平面，单击“确定”按钮，进入草图环境，绘制如图4-53所示的草图。

51）单击完成草图，进入“拉伸”对话框，“开始”值为-8mm，“结束”值为30mm，单击“确定”按钮完成求差后的效果如图4-54所示。

52）执行“格式”→“图层设置”命令，在工作图层文本框中输入53，设置53层为工作图层。同时关闭52层，隐藏相关对象。

53）执行“插入”→“派生曲线”→“截面”命令，使用ZX平面偏移8mm生成的基准平面与小平面体生成截面曲线。

54）以ZX平面为绘制草图平面，单击“确定”按钮，进入草图环境。以上一步骤生成的采样点绘制如图4-55所示的草图。

55）单击完成草图，进入“拉伸”对话框，对称值拉伸36mm，效果如图4-56所示。

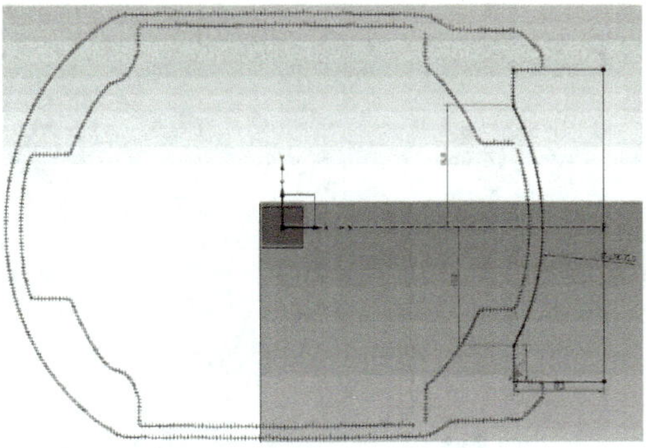

图4-53　绘制的草图截面

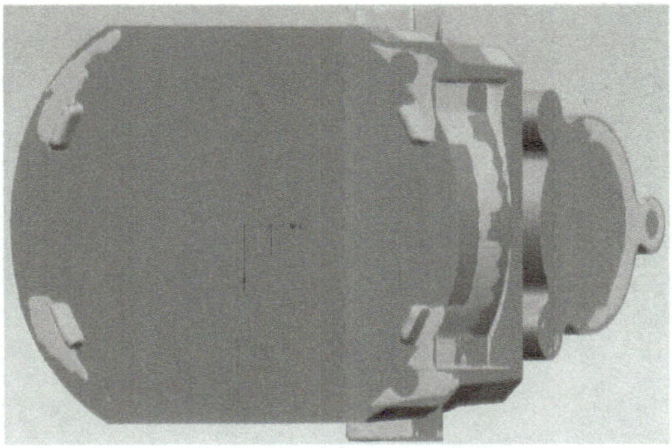

图4-54　拉伸求差完成效果

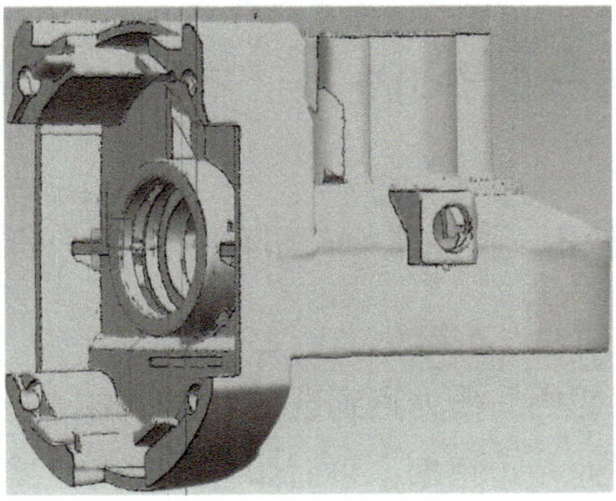

图4-55　绘制的草图截面

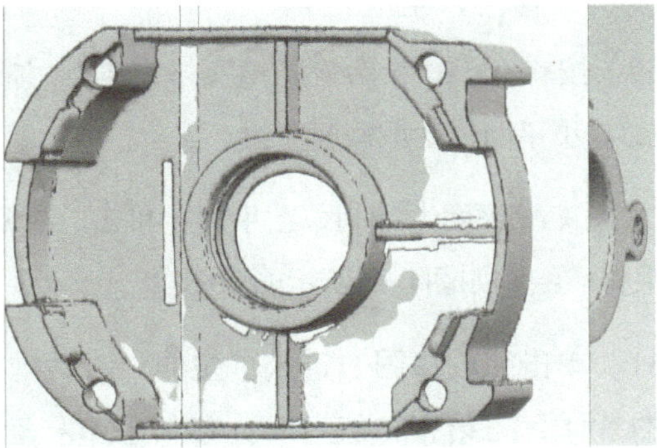

图4-56　拉伸片体完成效果

56）执行“格式”→“图层设置”命令，设置52层为工作图层。同时关闭53层，隐藏相关对象。利用52层的采样点，在XY平面上绘制如图4-57所示的草图。

57）单击完成草图，进入“拉伸”对话框，“起始”值为“直到选定对象”，选择上一步拉伸的片体，“结束”值为50。布尔选择求差，效果如图4-58所示。

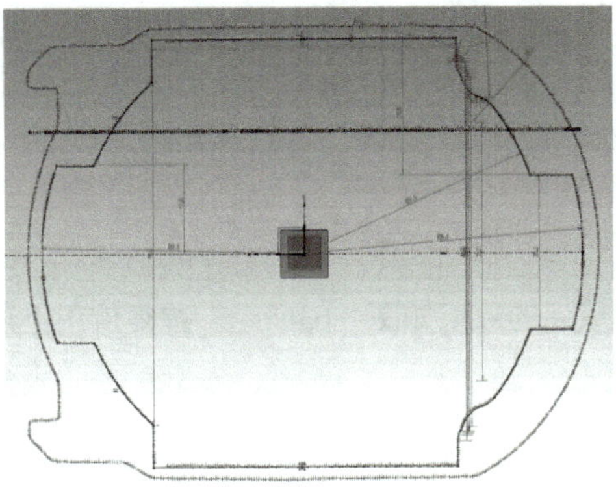

图4-57　绘制的草图截面

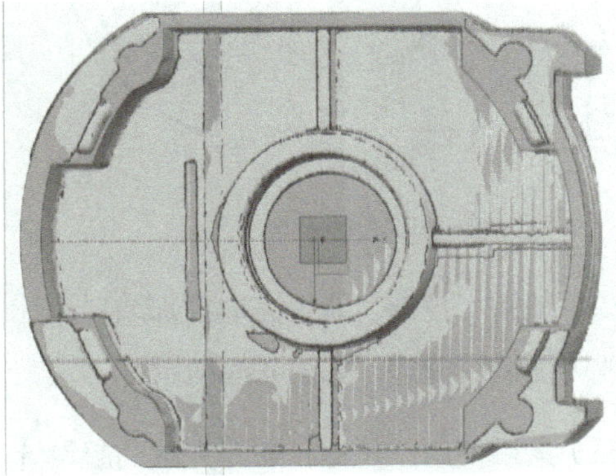

图4-58　拉伸片体完成效果

58）执行“插入”→“设计特征”→“凸台”命令，直径为29mm、高度为7.75mm，单击“确定”按钮完成，定位选择“点到点”方式，选择坐标系原点作为定位点，如图4-59所示。使用“截面”命令和“拉伸”命令生成加强筋，完成后的效果如图4-60所示。

图4-59　生成凸台效果

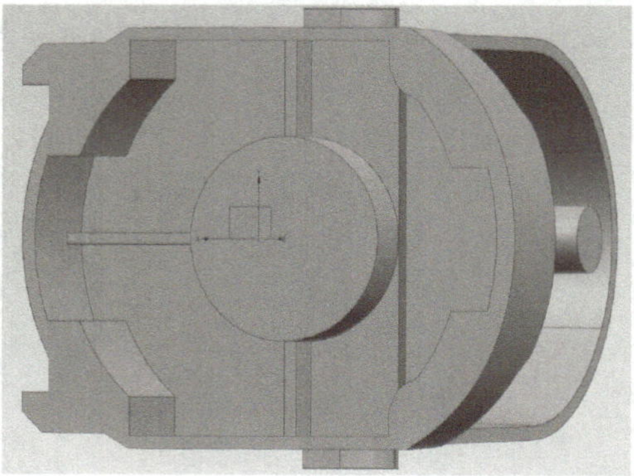

图4-60　加强筋设计

59）按<Ctrl+B>组合键隐藏实体，执行“插入”→“派生曲线”→“截面”命令，使用YZ平面与小平面体生成截面曲线。

60）以YZ平面为绘制草图平面，单击“确定”按钮，软件进入草图环境。以上一步骤生成的采样点绘制如图4-61所示的草图。

61）单击完成草图，进入“拉伸”对话框，“起始”值为直到选定对象，选择上一步拉伸的片体，“结束”值为50。布尔选择求差，并对棱边根据小平面体生成圆角，倒圆角完成后的效果如图4-62所示。

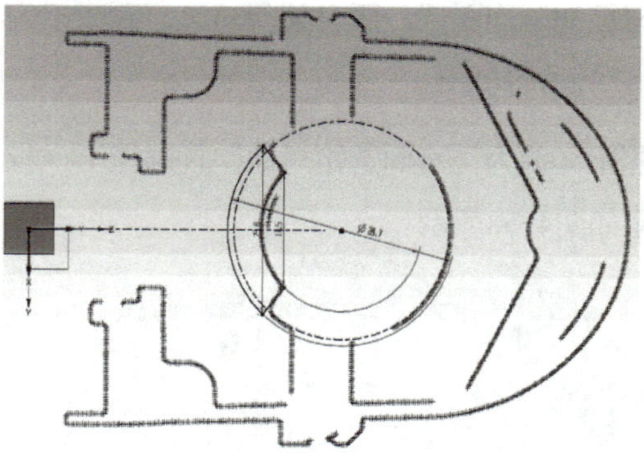

图4-61　草图截面

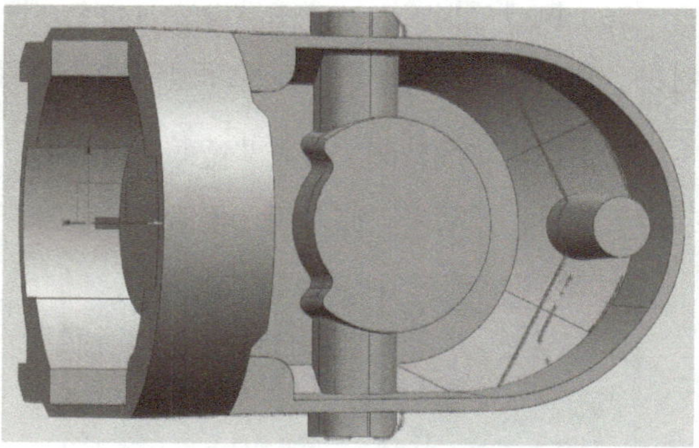

图4-62　完成拉伸、圆角效果

62）使用“拉伸”命令完成顶部缺口设计，完成后的效果如图4-63所示。重复使用上述命令完成内侧缺口设计，如图4-64所示。

63）最后使用“拉伸”命令完成凸起设计，如图4-65所示。使用“孔”命令完成所有孔的设计，如图4-66所示。

最后，参考小平面体对所有需要倒圆角的边完成圆角设计，最终完成逆向设计的效果，如图4-67所示。

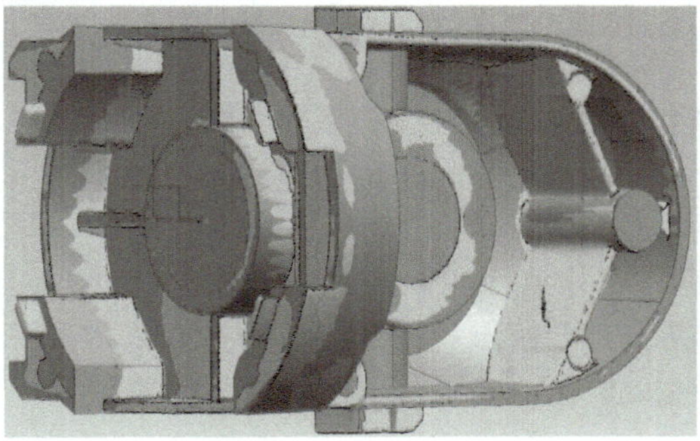

图4-63 顶部缺口设计

图4-64 内侧缺口设计

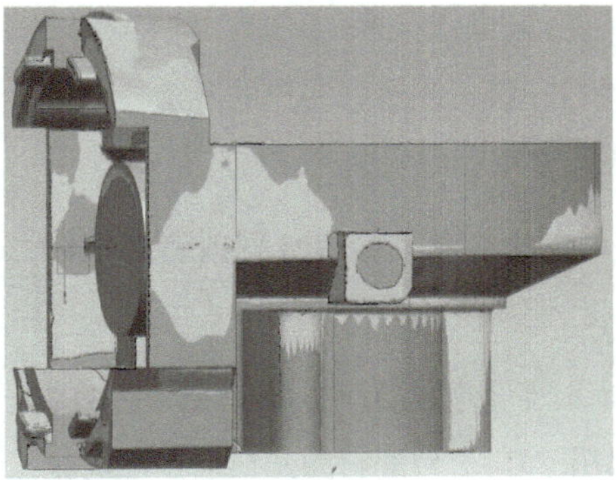

图4-65 顶部凸起设计

图4-66 孔设计

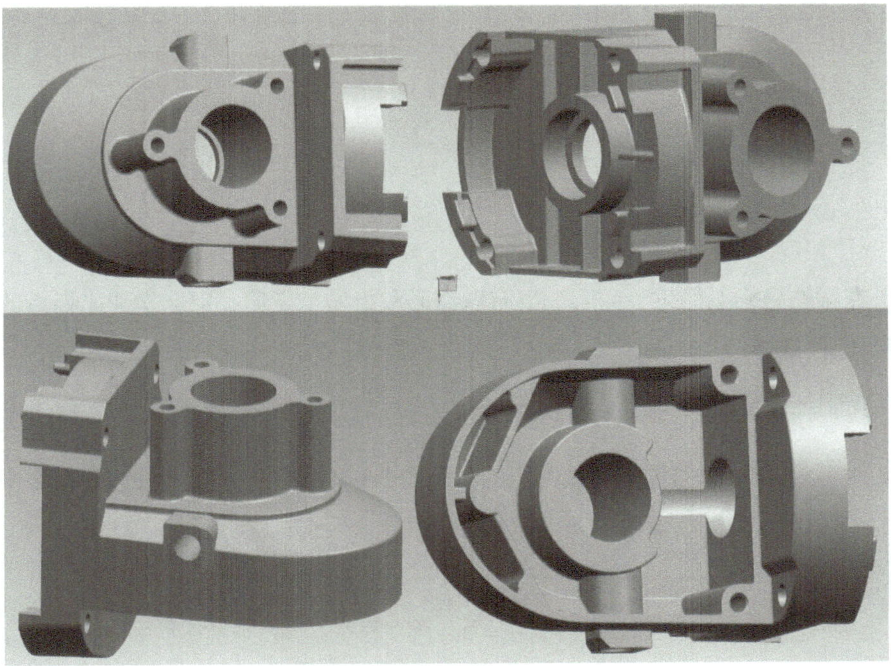

图4-67 完成边倒圆角的最终效果

项目小结

通过压铸件工件的处理、数据扫描、数据输出、两种软件中坐标系的调整、NX 10.0软件中逆向设计的学习，了解压铸件逆向设计的一般过程，逆向设计中应当注意的问题。

通过该项目的学习，可以了解到压铸件逆向设计中应当利用压铸模具的相关知识，正确分析产品的分型面、产品的开模方向、产品的工艺缺陷，并能够将这些知识应用到逆向设计中，从而快速、高质量地设计出正确的产品模型。

压铸件是一种比较精密的铸造方式，对于其他铸造产品，读者可以根据本项目提供的思路参考完成。

如果对于机械加工的要求较高，三维扫描仪的精度已经无法达到客户的要求，则可以使用三坐标测量机建立合适的测量坐标系测量相关尺寸或者测量曲线。

将三坐标测量数据导入到NX 10.0中，通过相同的坐标系去拟合数据或者调整数据，获得机械加工数据。

三坐标结合三维扫描仪在高精度零件的逆向设计和零件修复设计中是应用比较多的一种方式，该方式结合了两种设备的优缺点。当然如果拥有一台配有激光扫描和常规测针的三坐标测量机，那么完成此类任务就相对简单。

思考与练习

1）在调整坐标系的过程中，如果有压铸面和机械加工面，那么构建坐标系的多个基准应当如何选择?

2）压铸件常见的工艺缺陷有哪些，如何在逆向设计中避免这些缺陷?

3）使用NX 10.0进行逆向设计常用的曲面命令有哪些? “通过曲线组”命令中的对齐方式，如根据点对其、参数对齐、弧长对齐有什么区别?

项目5

大型件的三维扫描与逆向设计

本项目以行业标杆的GOM公司TRITOP摄影测量系统为载体，介绍摄影测量系统在大型工件测量中的应用原理、应用流程、数据处理等基本操作。

- ❒ 任务1　大型件扫描工具的选择。
- ❒ 任务2　大型件的表面处理。
- ❒ 任务3　大型件的扫描与数据处理。

在工件三维扫描的过程中，常用测量镜头的测量面积有100×100mm^2、200×200mm^2、400×400mm^{2}或者是100×75mm^2、200×150mm^2、400×300mm^{2}等。为了保证测量的精度，在测量大型工件时减少拼接次数，可以更换大镜头提高单次测量的面积，但是测量工件的长度一般不能超过0～5m。

但是，比如在汽车设计与制造领域，经常要对1:1的车模或者实车进行整体测量，其最大尺寸已经达到了5m左右。还有一些大型汽车的塑料件或冲压件长度在2～5m左右。要对此类零件进行精确测量，就需要摄影测量系统配合。

本项目将通过典型的大型工件的测量向大家介绍GOM公司TRITOP摄影测量的拍摄技巧、测量过程以及复杂三维物体的摄影测量。

任务1　大型件扫描工具的选择

大型工件的测量主要是采用摄影测量系统。

一、认识TRITOP摄影测量的原理

TRITOP 摄影测量相机与其应用软件相配套，是一个工业性、非接触式光学测量系统，用于精确采集测量物上某些特定点的三维坐标。使用该应用软件，便于用户轻松管理上千个测量点。

通过用户应用所谓的非编码参考标记到测量物上，由此定义出这些点。参考点标记是指黏贴或吸附在测量物上的测量点。其形状为黑底白圆，如图5-1所示。

使用 TRITOP 摄影测量相机，可以从不同角度摄取测量物图像。通过这些图像，软件自动计算出各个参考点的三维坐标，快速且精确。

为了实现这些目标，配合本系统，另外将使用到确定测量物尺寸的高精度比例尺，以及用于确定相机位置（定位）的编码参考点标识。

编码参考点标识的形状为在白色中心点外环绕的黑色环形码。通过此环形码，软件能清楚识别参考点，并显示其编号，如图5-2所示。

软件自动在黑色背景和白色圆形图标之间的图像像素过渡处界定一个椭圆（Ellipse），并计算出白色圆标的中心点。在二维相机图像里，这些点又被称为“图像点”。

这些在一个相机图像里同时可见的点之间存在固定的相互关系。由于是从不同角度摄取的图像，所以也就能从不同图像里观察到这些点。

图5-1 非编码参考点标

图5-2 编码参考点标

通过摄影测量相机在同一工作流程拍摄和定位的所有图片，称为图像集。

拍摄图像集的目的是从不同方向以指明各点之间可能的最大角度的方式记录下参考点标。

每个参考点标必须记录在至少3幅图像里。也就是说，必须从3个不同相机位置看到每个点标，以便以后软件进行计算。3幅图像里的参考点标“点射线”如图5-3所示。

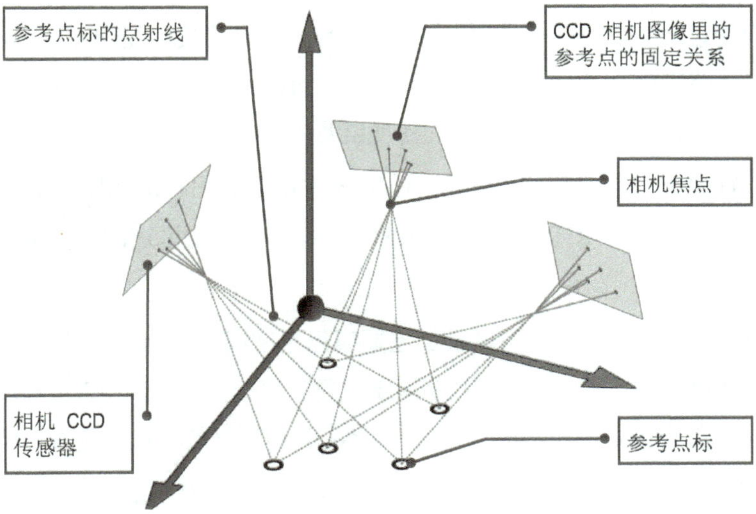

图5-3 3幅图像里的参考点标“点射线”

系统计算出的三维点可以在GOM Inspect Professional和免费的GOM Inspect软件里进行评估（只适用于微软操作系统）。但是GOM Inspect 软件包含的功能及功能的执行有限。

二、TRITOP 摄影测量的主要组成部分

TRITOP 摄影测量系统主要由以下部分构成：

含Wi-Fi图像传输的摄影测量相机；

比例尺；

非编码和编码参考点标；

高性能计算机或笔记本电脑；

应用软件，整合在软件ATOS Professional里或者指独立软件TRITOP，如图5-4所示。

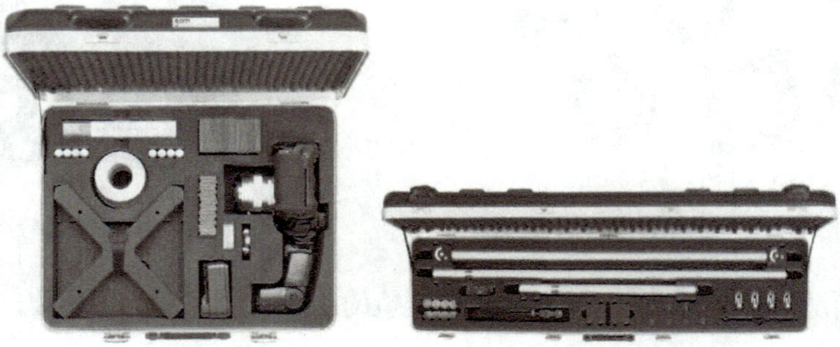

图5-4　TRITOP摄影测量系统使用的相机、非编码和编码参考点标和比例尺

GOM公司提供不同的摄影测量相机系统以及与之配合的不同相机解决方案。这些相机以专业数码单反相机外壳为基础，并连接有手动的固定焦距物镜和闪光灯。每个相机系统都经过出厂设置及认证，以确保获得有保证的测量精度。

因此，不要任意调整或混用交付使用的相机系统。只允许使用经GOM 公司认可的相机和镜头，以确保经久获取有保证的测量精度。由摄影测量的特性决定了摄影测量相机的操作与普通摄影完全不同。为此也就必须禁用相机的各项自动功能。

当前使用的TRITOP 摄影测量相机系统有Nikon D300s的TRITOP 摄影测量相机系统、使用Canon EOS-1Ds Mark III的TRITOP 摄影测量相机系统，其中要区别的是测量物体的大小和应用环境的不同。

Nikon D300s的TRITOP 摄影测量系统主要应用于空间足够大的中小型工件的测量，而Canon EOS-1Ds Mark III的TRITOP 摄影测量系统主要应用于空间不大的工业环境下的大、中、小型工件的测量。除了上述两种型号的相机外，还有其他型号的相机，见表5-1。

表5-1　TRITOP摄影测量支持的相机和分辨率

相机类型	图像分辨率
Canon EOS 1 Ds Mark II	4992×3328 像素
Canon EOS 1 Ds Mark III	5616×3744 像素
Fuji S1 Pro	2304×1536 像素
Fuji S2 Pro 1	4256×2848 像素
Fuji S2/S3 Pro	4256×2848 像素
Nikon D1	2000×1312 像素
Nikon D1H	2000×1312 像素
Nikon D1X	3008×1960 像素
Nikon D200	3872×2592 像素
Nikon D2X	4288×2848 像素
Nikon D300	4288×2848 像素

三、TRITOP摄影测量的典型测量流程

1）用户按自己的需要，绕测量物移动并从不同的角度摄取图像。图5-5所示是针对汽车等大型测量物的典型相机位置。

2）通过 Wi-Fi 连接，这些图像随即传输到计算机中。

3）一旦计算机接收到第一幅图像，应用软件随即开始搜索图像里的参考点标。

4）当完成图像记录时，软件将自动定位各幅图像并计算出参考点的三维坐标。

图5-5　大型测量物的典型相机位置

四、初步了解TRITOP软件

在ATOS Professional软件里，从软件版本V6.5起，提供单独的摄影测量应用工作区，或是以独立软件包形式提供给用户的TRITOP软件。

这两个软件包中的摄影测量功能相同。为了有效操作摄影测量系统，首先需要对应用软件有基本的了解。

注意：使用本软件的前提条件是必须要创建一个测量项目。

软件启动以后，软件的开始界面如图5-6所示。单击软件界面的项目标签（Projects），此时软件界面上有以下操作可供选择。

打开一个已有的项目；

使用软件的默认参数创建一个新的空项目；

创建一个新的阶段项目（只适于拥有 ATOS Professional使用许可）；

利用模板创建一个项目（预先定义了项目的内容和设置）；

打开当前使用的项目。

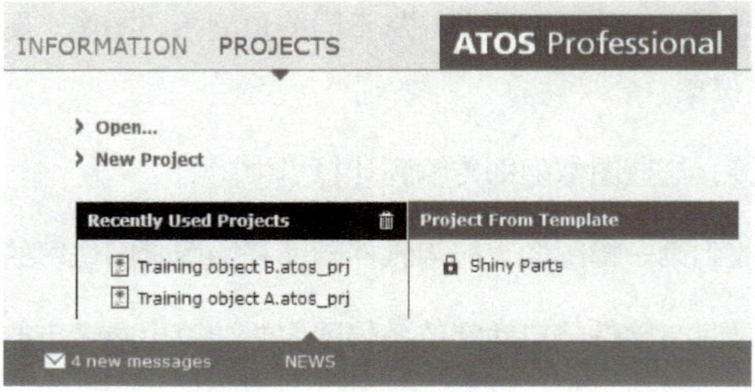

图5-6　软件的开始界面

创建或打开一个项目以后，软件进入具体的任务界面。ATOS软件的界面构成如图5-7所示。整个软件的界面清晰，工作区和工具栏里的各项功能及其内容是尽量参照工作流程设置和排序的。

软件界面上部的菜单栏①架构清晰，一般情况下其组织架构和形式基本不变。

界面左侧的工作区③里有摄影测量、检测等功能。根据具体的工作任务选用相应的工作区。

主工具栏②因选用的工作区变化而变化。界面上只显示与具体任务相关的按键和图标。

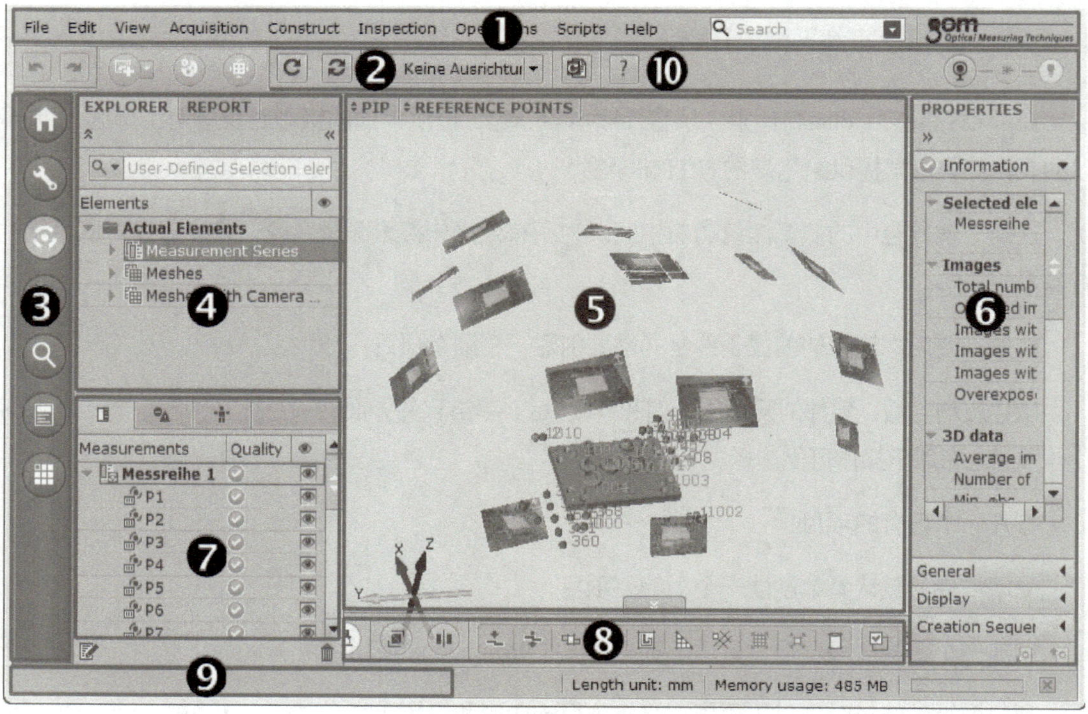

图5-7　软件的界面构成

图5-7中1～10所示的数字代表不同的工作区域，分别是菜单栏、主工具栏、工作区、浏览器、三维视图、属性窗、次浏览器、工具栏（所处工作区不同，该工具栏里的功能项也不同）、状况栏、直接帮助。

软件的帮助功能非常强大，在直接帮助的搜索窗口，输入搜索词后软件自动列举出与之相近的搜索结果词语供用户选择，如图5-8所示。相关直接帮助的窗口如图5-9所示。用户可以利用帮助内容上方的功能路径，直接激活与该内容相关的功能。

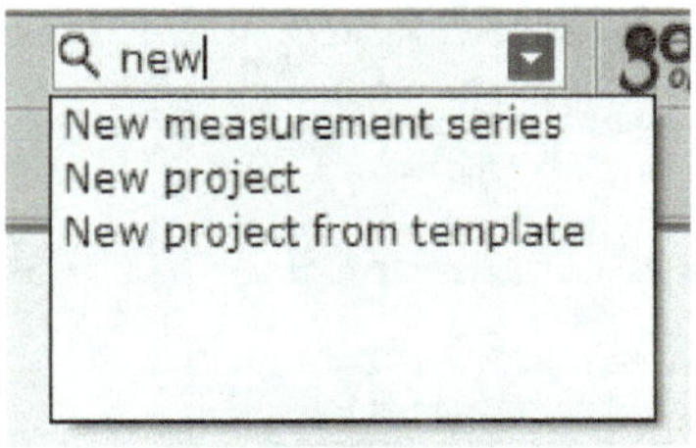

图5-8　直接帮助搜索窗口

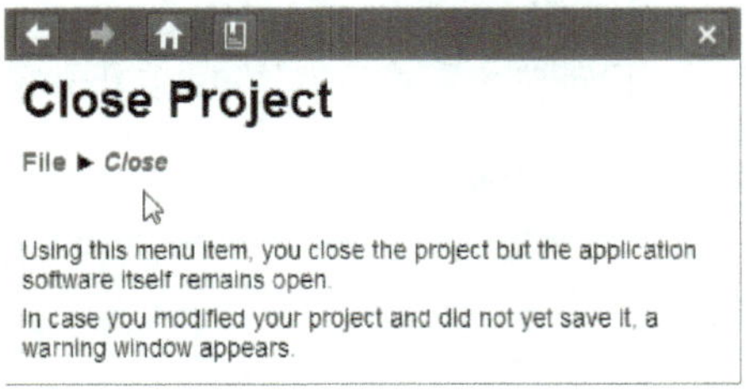

图5-9　直接帮助窗口

当然，有时也存在不能直接利用功能路径激活功能的情况，此时界面里显示信息弹窗，针对不能执行的命令而显示的说明如图5-10所示。此时软件里没有打开的项目，所以不能在直接帮助里执行关闭项目的命令。而且弹出不能关闭当前项目给出的信息提示。

在软件中因软件命令之间的逻辑关系，不允许直接通过单击功能路径启动相关命令，软件弹出的信息如图5-10所示。

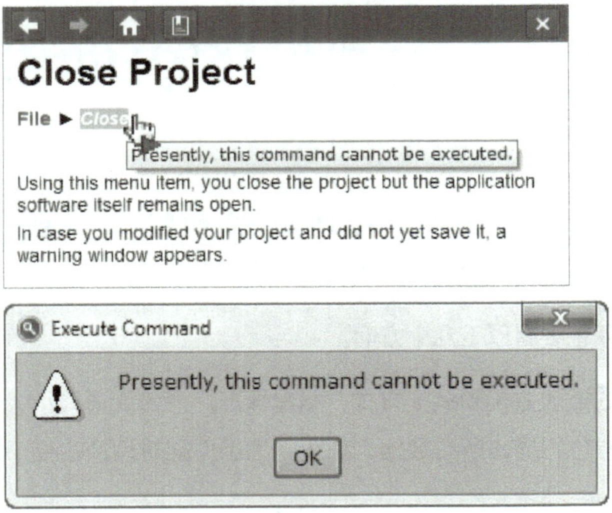

图5-10　无法执行命令弹出的说明

如果打开了某个功能对话框，并需要查看该功能的相关直接帮助，则此时只须单击对话框上的问号即可，如图5-11所示。

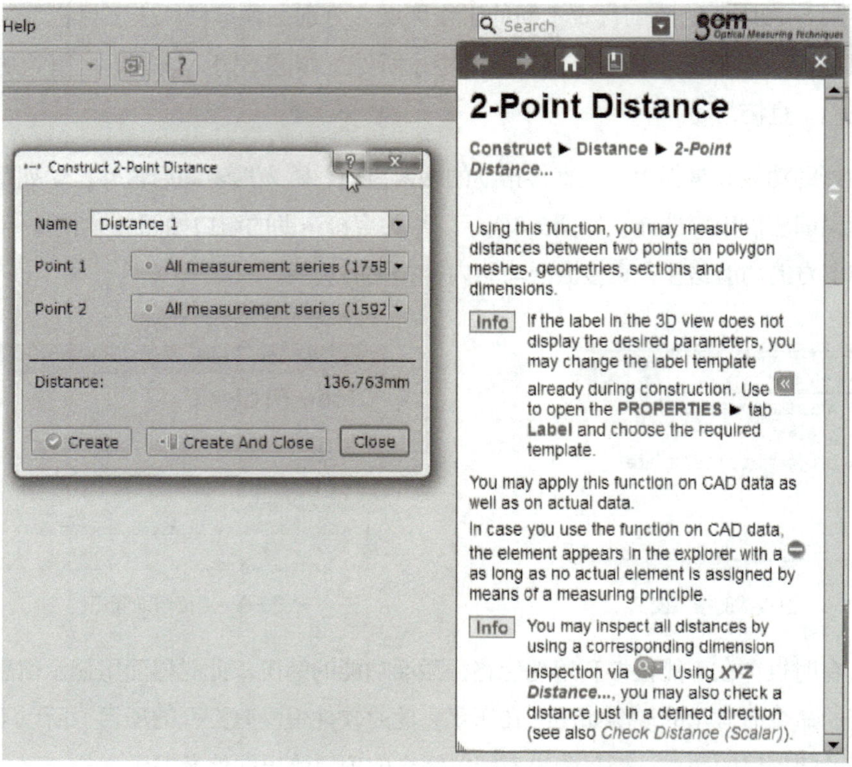

图5-11　使用功能对话框上的问号打开的直接帮助窗口

任务2　大型件的表面处理

大型工件扫描之前的处理与普通工件的处理有很多相似之处，但是，因为其大，所以也有不同之处，不同之处主要是由于配合摄影测量产生的。

大型件的表面处理主要有以下几个方面。

首选，选择合理的摆放方位和装夹方式，尽量保证产品的变形最小，还要兼顾扫描的可操作性，尽量做到一个方位扫描出所有数据，防止因为工件翻转后产生变形对扫描数据的拼接产生较大的影响。

其次，针对物体表面的情况做相应处理，如果物体亮度太大或者太暗，就需要对其表面喷涂厚度尽可能薄的显像剂。

再次，根据物体的大小和扫描仪镜头的大小，合理添加非编码标识点和编码标识点，方便摄影测量和数据拼接。图5-12所示为汽车扫描前的表面处理。图5-13所示为处理完成后的汽车模型扫描现场图。

图5-12 汽车扫描前的喷粉和标志点拼接

图5-13 汽车扫描现场图

任务3 大型件的扫描与数据处理

本任务以GOM公司提供的培训物为例，介绍大型件摄影测量的基本过程。在此过程中重点介绍摄影测量里的摄影部分，摄影测量的一般流程如下：

创建一个新项目；

在工作区激活 Wi-Fi 接收；

相机按测量距离一次性对焦；

摄下4幅标定图像；

从不同拍摄角度摄下图像；

起动三维坐标计算。

在摄影测量的过程中，为了避免数据丢失，请保存每个测量项目。具体方法是：执行“文件”→“保存”命令（快捷键<Ctrl+S>）或者执行“文件”→“另存为”命令（快捷键<Ctrl+Shift+S>）。

接下来从准备测量物、在软件里创建一个项目、使用摄影测量相机、基本的拍摄策略、计算项目的完整步骤介绍摄影测量的细节知识和测量策略。

一、认识、准备测量物

1．参考点标应用原理

参考点标是一种圆形标记，有的为自粘式，有的含磁性。参考点标的背景色为黑色，中间圆形为白色。通过这样的组合，强调了黑白两色之间的对比。参考点标分为不同尺寸。

软件在黑色背景和白色圆形标之间的图像像素过渡处（灰度值）界定一个椭圆，计算出白色圆形区的中心点。

非编码参考点包含椭圆、中心点和参考点编号。参考点编号由应用软件指定。图5-14所示是一个正常的标识点应用到测量中。

参考点标的大小必须与相机分辨率（图像像素）和镜头设置相配合。最佳的参考点直径为10像素。

一个相机视角“良好”的参考点：此处的椭圆最小直径大约为 10 像素。一个相机视角“不好”的参考点：此处的椭圆最小直径大约为 3 像素。图5-15所示是一个好的参考点和不好的参考点对比图。

图5-14　非编码参考点应用

图5-15　好的参考点与不好的参考点对比图

2．参考点标记

参考点标有两种类型：非编码参考点标、编码参考点标。

非编码参考点标用于确定三维坐标，如图5-1所示。在一个摄影测量项目里，会将非编码参考点标放置在为了获得其后进行评估工作的三维测量点处。

测量和检测任务，决定了放置参考点标的位置，但确保在至少3个不同的相机位置都可以看到该参考点标。如果其后需要用ATOS系统扫描测量物，则此时还需要考虑到ATOS系统的置位标准。

编码参考点标如图5-2所示。在摄影测量系统里，编码参考点标用于确定三维空间。利用这些点标，确保可以评估一个图像集，并且允许软件自动计算各个相机位置。

在记录一幅图像时，为了达到高测量精度，其目标是能看见分布在整个测量物上尽量多的编码参考点标。围绕其中心圆形，每个编码参考点标的中心有一个所谓的环码。该环码由有规律的白色环形段组成。这些白色环段含有点的编码形式的识别号（编号）。

针对摄影测量系统，使用的是15比特的参考点标集，也就是说，编码由15个环形段组成。这个15比特编码允许的编号范围为0～428。

3．定位十字

摄影测量系统里另外还提供定位十字供使用，这些定位十字上有一些编码点，并经过了出厂检验。利用定位十字，便于简便快速地应用编码点给测量物体。

成套的定位十字中另外有一个十字上标有X和Y标记。此定位十字确定了三维计算中摄影测量项目的坐标系统。根据该十字在测量项目中的相关摆位，可以预对齐生成的坐标系统。图5-16所示为一种定位十字和坐标系的关系。

图5-16　定位十字确定的坐标系

在摄影测量的过程中，应该如何根据测量物的大小选择合适的参考点尺寸，主要是受相机的分辨率、测量对象的尺寸大小和参考点之间的关系影响。

需要说明的是：10像素为参考点标准值。使用摄影测量系统时，与该标准值稍有偏差的点也处于允许范围以内。

图5-16展示了物体尺寸和图像像素之间的关系。在显示的例图中，介绍了由像素为1200万的数码相机拍摄的一个长度大约为4000mm 的物体，其横向图像像素分辨率大约为4000像素。因此，1mm 距离等同于1像素。

在例图里，直径为10像素的最佳参考点直径也就等于10mm。

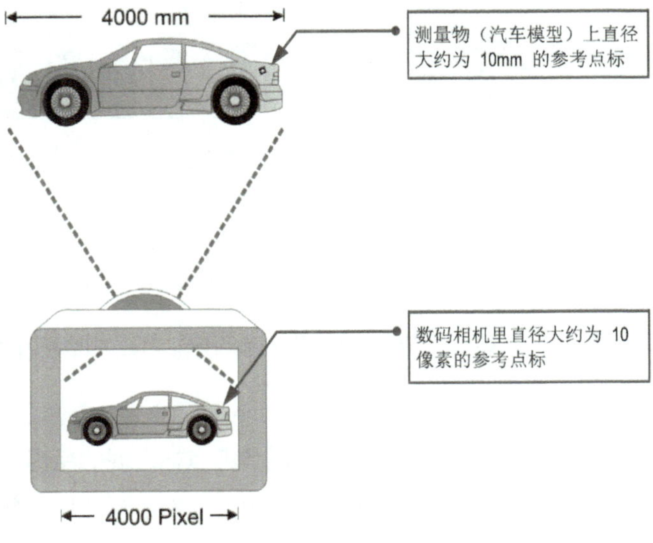

图5-17　物体尺寸和图像像素之间的关系

4．比例尺

在每个摄影测量项目里，比例尺是确定尺寸的参考因素。此处所指的比例尺为经过标定的测量精度极高的物体。

系统中使用的比例尺一般已经输入到了应用软件里。如果没有输入软件，则可以从附带的光盘中输入相关比例尺（执行“编辑”→“应用设置”→“参数设置”→“模板”→“比例尺”→“输入”命令）。有些老的比例尺必须以手动形式输入到软件里。

需要注意的是：在每个GOM比例尺上，可以找到其各项参数。必须保证在软件里选择的比例尺（标定物）及其参数与真实的比例尺及其参数相同。对于在摄影测量项目里拍摄的图像，保持稳定的环境温度非常重要。因此，开始进行摄影测量之前，测量物、比例尺以及相机等应该一起处于测量室内恒温一段时间。根据测量环境温度不同，比例尺的长度发生变化。为了参照比例尺的标定温度而补偿测量环境温度变化，必须在摄影测量设置里定义当前测量温度。当前温度可以使用配套的温度计测量，如图5-18所示。在测量温度时一定要小心不要划伤易损的参考点标识。激活图像的Wi-Fi传输，软件界面自动打开参数输入对话框，如图5-19所示。

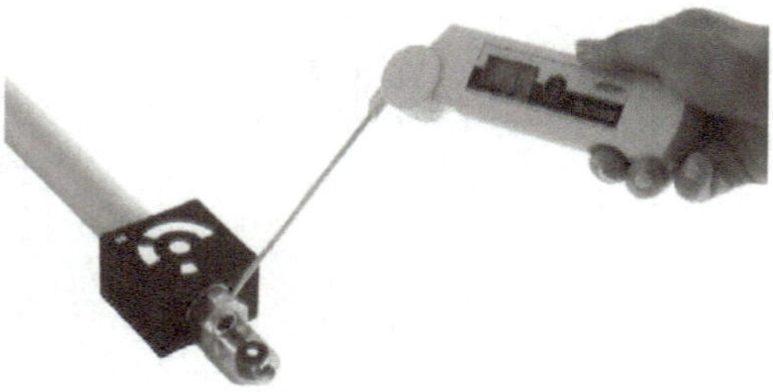

图5-18　配套温度计测量比例尺的方法

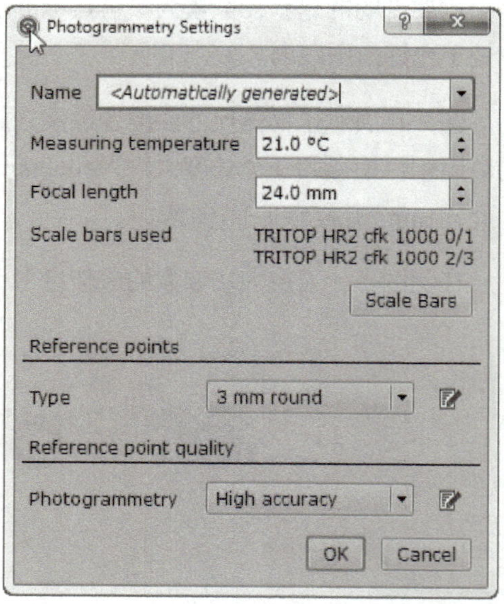

图5-19　激活Wi-Fi传输后，软件自动弹出对话框

比例尺分为编码比例尺和非编码比例尺，如图5-20所示。①是非编码比例尺，②是编码比例尺。

对于编码比例尺，比例尺长度参照的是上下编码参考点标之间的距离。而对于非编码比例尺，比例尺长度参照的是上下非编码参考点标之间的距离。为了清楚识别非编码参考点标，这些比例尺上定义的距离里还使用额外的编码参考点标。

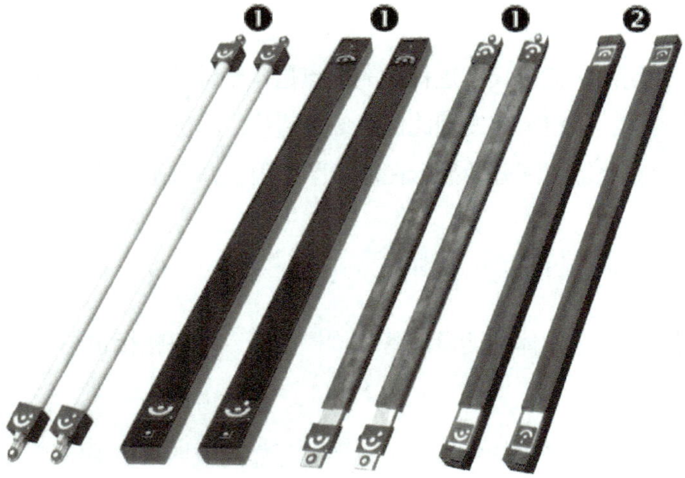

❶ 非编码比例尺 ❷ 编码比例尺

图5-20 非编码比例尺和编码比例尺

如果在软件里手动定义新的比例尺则必须输入编码参考点标的各个编号。输入的方法是执行“编辑”→“应用设置”→“参数设置”→“模板”→“比例尺”→“新建”命令，根据编号，软件自动识别比例尺。另外，需要给非编码比例尺输入定义的位于编码和非编码参考点标之间的距离，见表5-2。

表5-2 各种类型比例尺上编码和非编码参考点之间的距离

非编码比例尺			编码比例尺
钢比例尺	碳素纤维比例尺	不锈钢比例尺	钢比例尺
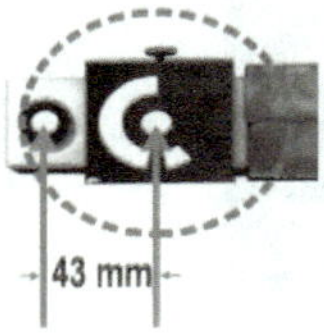	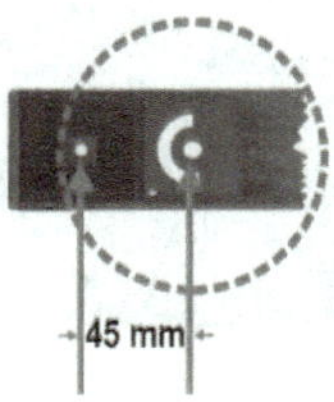	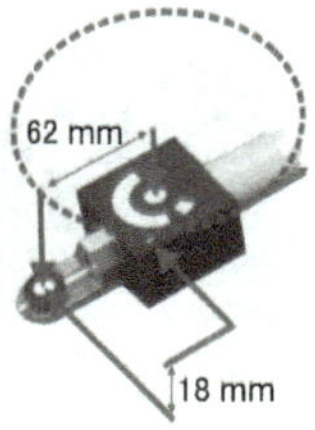	
在显示的这些空间里，不能再有其他任何参考点标。因为这将影响软件自动寻找比例尺。这些距离是大约值			编码比例尺不涉及距离因素

不变钢比例尺属于非编码比例尺系列。不变钢比例尺因为可以按需求分别缩展这些比例尺，所以需要特别注意使用条件。有关这些条件的进一步信息，请查看与之相关的产品信息。

5．比例尺、测量物尺寸和比例尺摆位

比例尺与测量物之间的理想比例为1:1（比如，物体最长伸展长度大约为1m，那么使用的比例尺的长度也最好为1m），并且至少在一幅图像里，比例尺和物体应该按和谐的比例占满整幅格式。

一般情况下会使用两个比例尺。这样做的优点是，软件能依据各比例尺之间的相互关系检查这些比例尺（差异）。这将有效发现比例尺参数错误。一般来说，可以任意摆放比例尺。但是应该注意比例尺能完整地或部分地显示在每个图像里，并且不能紧挨并列摆放。

二、简单的测量准备及拍摄技巧

在该活动中将学习平坦物体的测量准备和拍摄技巧，在每幅相机图像里应该包含全部或几乎全部测量内容。

针对平坦测量物的典型测量准备：为了软件能可靠高效地评估摄影测量系列，在测量准备和拍摄技巧方面有一些应该注意的基本要求。

1）在每幅图像里应该看得见至少5个编码参考点标。至少需要这么多点，以便摄影测量系统能精确计算相机位置。因此，针对测量物，应该在显著的位置布置足够的编码参考点标，以便始终满足此要求。编码参考点太多，软件在计算时不会获得更高的精度，反而会影响计算进程。如图5-21所示，编码参考点标放置太多，不合适。

图5-21　不合适的编码参考点标摆放实例

2）确保布置的参考点标稳固不晃动。

3）尽量将比例尺放置在由其在测量项目里生成的点云以内。

4）如果处理的是只有一个方向测量的简单物体，其非编码参考点标位于同一方向，那么只须将编码参考点标布置在相同的方向。

5）放置编码参考点标或定位十字时，注意保证这些点出现在尽量多的图像里。

6）注意有效摆放参考点标，避免它们位于一条线上。平坦物体测量参考点标的合理布局如图5-22所示。

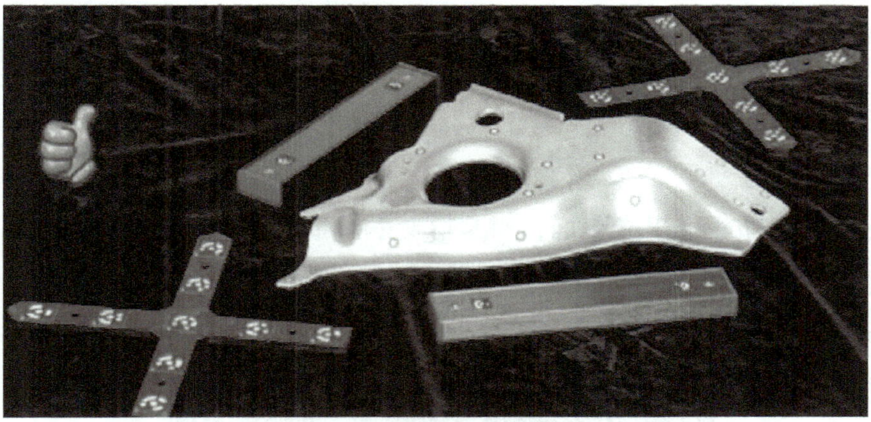

图5-22 合适的编码参考点标摆放实例

针对平坦测量物的拍摄技巧：

依据此方法，拍摄的许多图像里将自然显示同样的参考点标。这使测量精度高，并且软件能自动找到许多参考点。

针对测量平坦的物体，一般只拍摄八幅图像就足够：

四幅标定图像是从上到下拍摄，相机每转动90°拍摄一幅图像，如图5-23所示。

四幅图像是从与物体呈大约45°的角度四周拍摄，如图5-24所示。

应当注意的是，在拍摄的过程中应当尝试在同一图像里摄取到尽量多的测量物内容。在拍摄的过程中始终牢记：重要的是参考点标，而不是环境。因此请避免拍摄无谓的空间数据到图像中来。

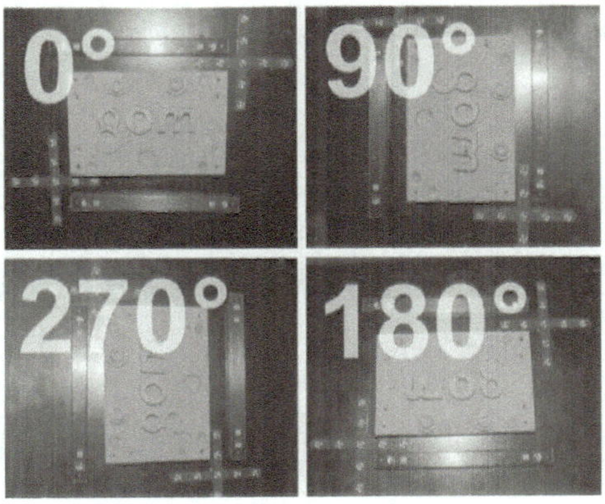

图5-23 从上到下拍摄相机每转动90°拍摄四幅标定图像的方式

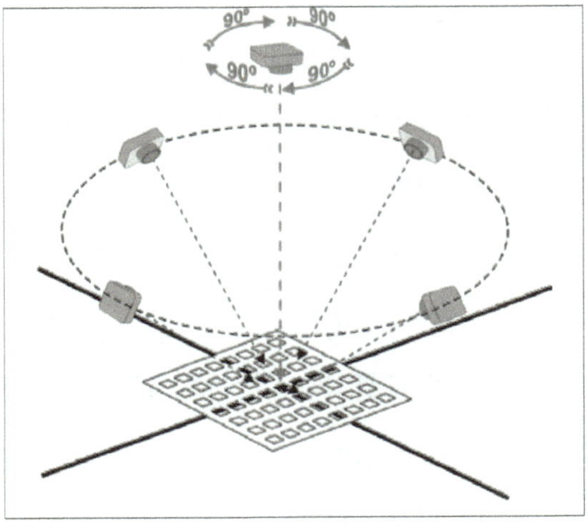

图5-24 与物体呈大约45°角四周拍摄四幅图像的方式

三、测量

简单的测量主要分为以下几个步骤。

1．准备测量物

主要包括测量物放置于平整的表面；测量物放置非编码参考点标；围绕测量物放置两个定位十字和两个比例尺；测量比例尺上的环境温度等主要步骤。放置好比例尺和定位十字的测量物如图5-25所示。

图5-25　放置好比例尺和定位十字的测量物

2．准备相机和闪光灯

主要包括根据环境条件，调节相机和闪光灯；根据要求的默认参数调节相机和闪光灯，这些默认设置是依据大多数情况下导致良好测量结果的实际数值而设置；按测量距离，一次性调焦；激活Wi-Fi 接口等主要步骤。

在此过程中需要注意的是，在整个测量过程中不能改换镜头和焦距。因为系统使用的是固定焦距，所以必须按离测量物大致相同的距离拍摄图像。

3．拍照并传输到软件

1）启动Wi-Fi图像传输，如图5-26所示。

在工作区①下的摄影测量②里，找到所有所需的信息③—— 选择从Wi-Fi相机里添加图像。此时，软件将要求输入或检查各项摄影测量设置，如图5-27所示。

软件将把此时摄取的所有图像整合为一个测量系列。一般情况下软件将自动生成测量系列名称，也可以自定义名称。

重要的是应该输入测量用到的比例尺环境温度以及输入相机镜头的焦距。可以在用户手册有关相机部分查到相关焦距。

检查在软件里是否有符合测量物的正确的比例尺。一般情况下，软件已经预先调整好比例尺信息。另外还可以在软件提供的配套光盘里找到相关信息。

输入使用的参考点标大小（比如，3mm）。如果使用的摄影测量项目与在ATOS软件里的扫描测量项目相关联，那么在ATOS软件里定义有参考点的大小。

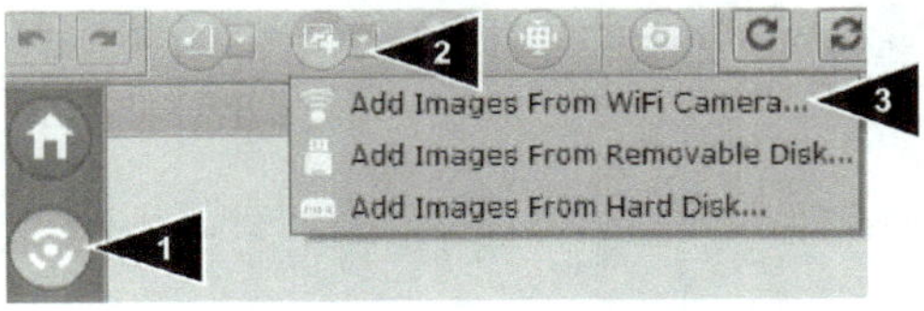

图5-26　启动Wi-Fi图像传输的步骤

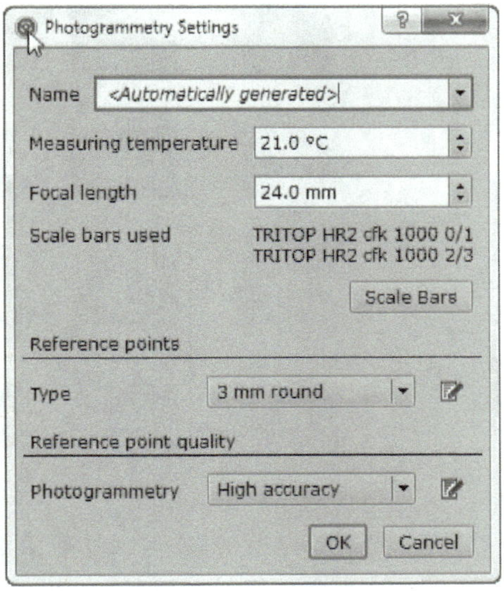

图5-27　摄影测量设置窗口

当调整完所有设置后，单击"确定"按钮。打开可以开始拍摄提示对话框，如图5-28所示。接下来软件等着拍摄的图像进行计算。

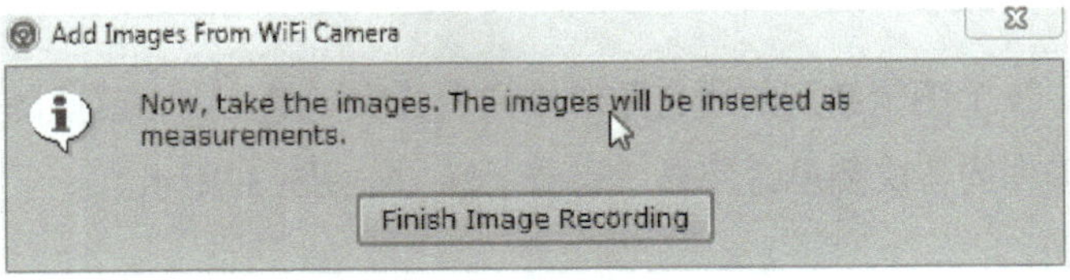

图5-28　软件弹出拍摄提示窗口

2）拍摄图像。

首先，选择一个中心相机位，以光学相机轴为中心，每转动 90° 拍摄一幅图像，拍摄四幅标定图像，如图5-23所示。图像中拍摄到的位置分布良好的编码参考点越多越好。

其次，按图5-24所示从不同角度拍摄测量物体。

软件不断接收到拍摄的各幅图像，并将它们显示在三维视图里。同时软件还将自动激活位于软件界面下部工具栏里的图像映射功能。包含已经传输了的三维视图并激活图像映射功能的软件界面如图5-29所示，图中红色圆圈处所示是图像映射功能图标。

在此过程中，如果发现缺少特定的某些视图，在没有改变测量设置、相机设置或环境条件的情况下，可以随时拍摄附加图像。

在此过程中，如果鼠标指针位于三维视图里，当按<R>键时，软件界面里的测量物旋转到Z+视向。

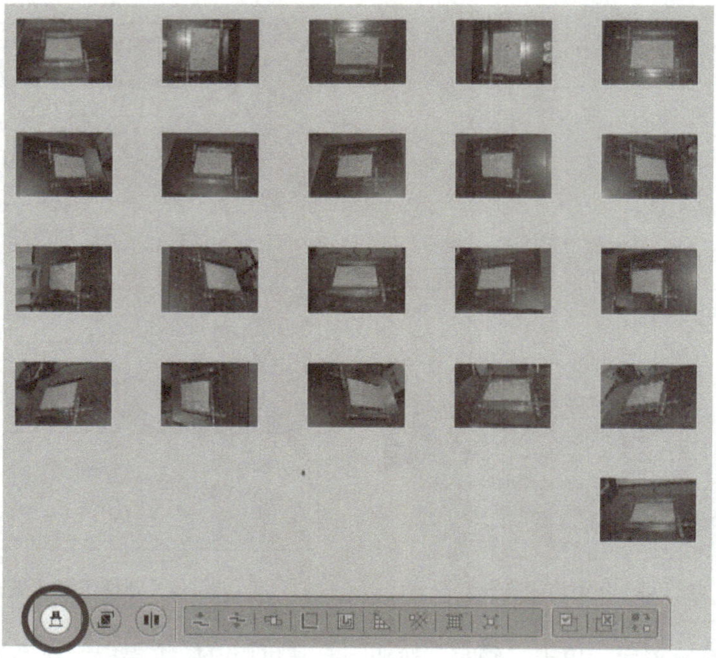

图5-29　含已经传输了的三维视图并激活图像映射功能的软件界面

在拍摄完测量系列的所有图像后，单击图5-28中的“完成图像记录”按钮。

在此浏览器里，一个测量系列的所有图像排列为各次测量。因为这些图像在三维空间里还未定位，所以此时排列的各次测量旁都显示有警示标，如图5-30所示。

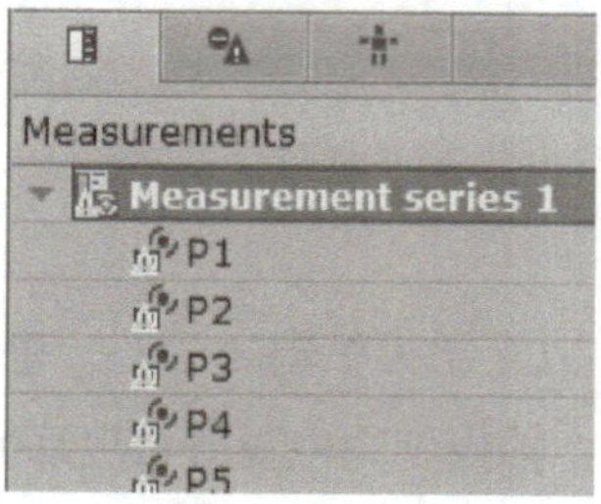

图5-30　含未定位的图像的次浏览器

4．计算图像定位和参考点三维坐标

为了能计算参考点的三维坐标，需要定位各幅图像。通过重新计算测量系列能达到这一目的。单击主工具栏里的相关按键，如图5-31所示，完成了整个测量任务。

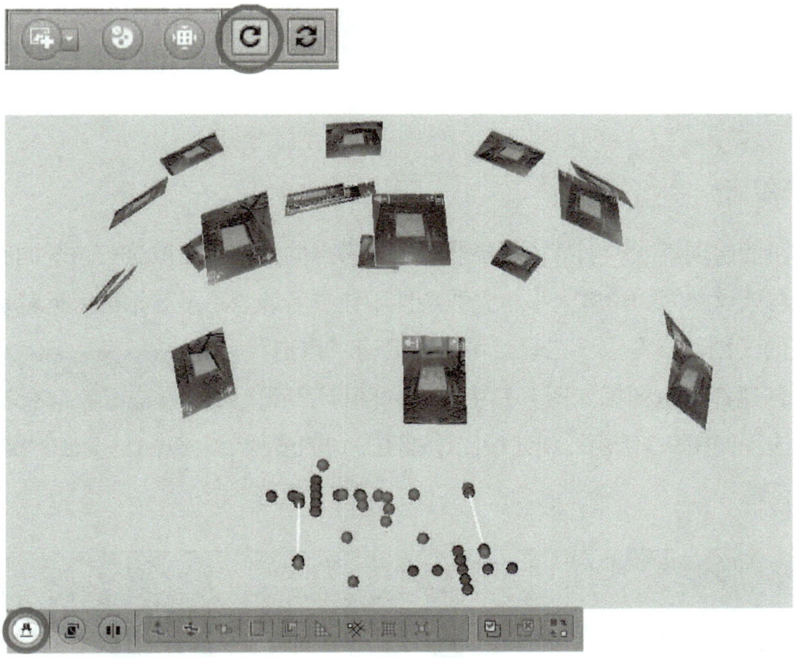

图5-31　含有定位的图像和编码、非编码参考点及比例尺的三维视图

5．显示参考点编号

如果希望在三维视图里能看到参考点编号，则可以在测量系列的属性里进行相关设置，执行“快速双击摄影测量系列”→“显示”→“点/线”命令，显示编码、非编码参考点及比例尺，如图5-32所示。

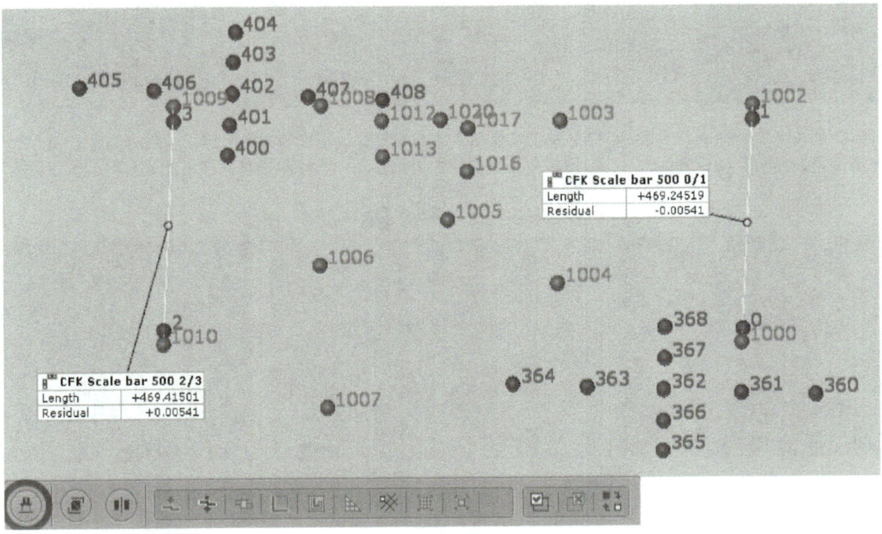

图5-32　显示编码、非编码参考点及比例尺

参考点编号由软件自动指定。为了自动指定编号，软件预留给编码参考点从0～428的数字，

给非编码参考点的是1000以上的数字。在该界面中可以发现，有编码参考点也有非编码参考点。

四、编辑三维点

1．创建三维点

软件有时可能出现不能识别某一重要非编码参考点的情况。造成这一情况的原因可能是比如拍摄时相机与该点之间的角度太小、光线条件不佳或者该点不是离相机太远就是太近等。使用主工具栏里的“创建参考点”工具，可以事后再“点击”出类似的点。创建参考点图标如图5-33中圆圈内图标所示。创建参考点的流程如图5-34所示，用户可以按照0～10的步骤完成参考点的创建。

图5-33　创建参考点工具图标

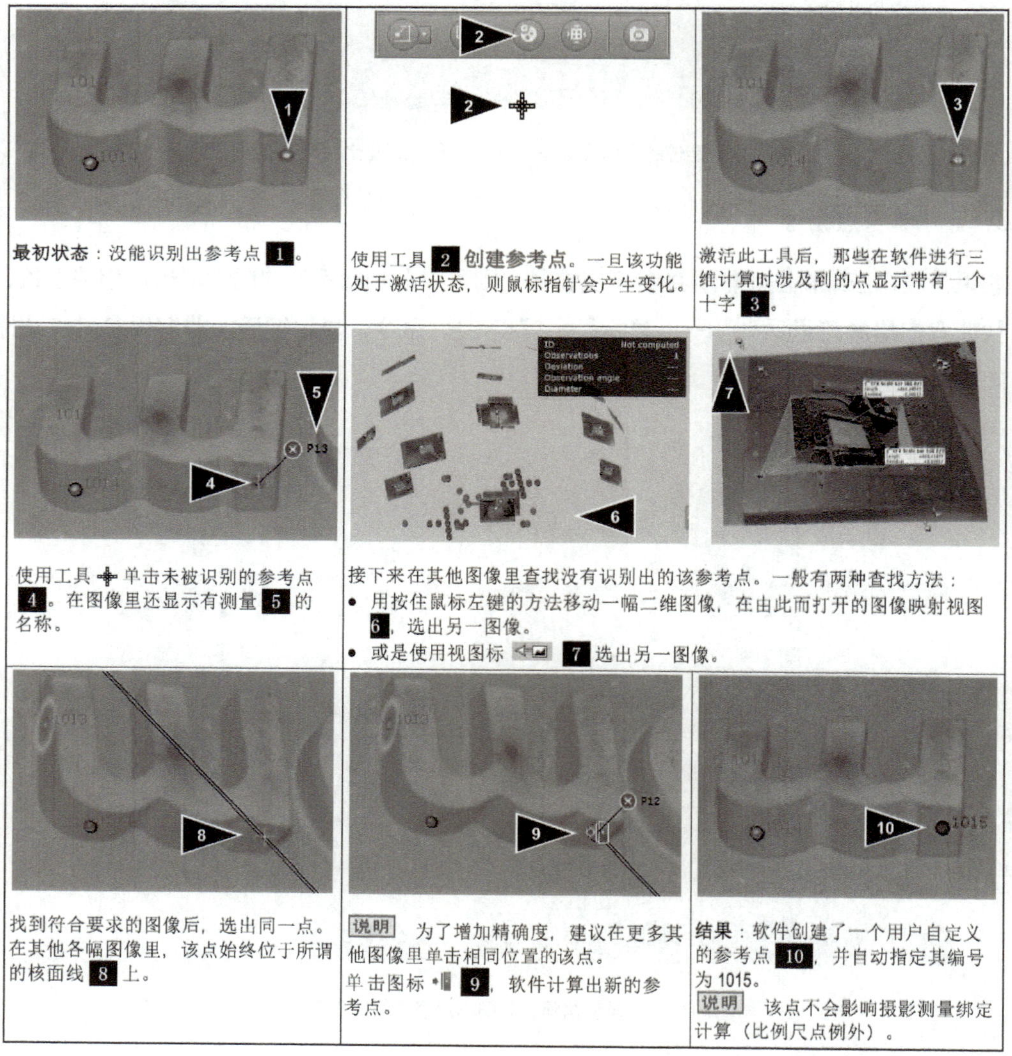

图5-34　创建参考点的过程

2．删除三维点

有时会因为摄影测量相机闪光的原因，在测量物上造成闪光点，而系统又将其错误辨别为参考点。这些不实的参考点会对测量系列产生不良影响，因此需要删除此类点。

闪光点一般不会导致不实参考点。但是如果闪光点的大小和相互间的距离位于软件的公差范围之内，则软件可能错误识别闪光点为真正的参考点。因此应随时删除这些误判的点。

删除参考点的方法是在三维视图里选择需要删除的点，然后使用键盘上的功能键<Ctrl>键和<Delete>键或者执行“编辑”→“删除选择的三维区域”命令完成删除操作。

如果闪光照射在光亮的球形表面，则会在球体表面形成一个闪光点。图像不同，生成闪光点的位置也不同，如图5-35所示。

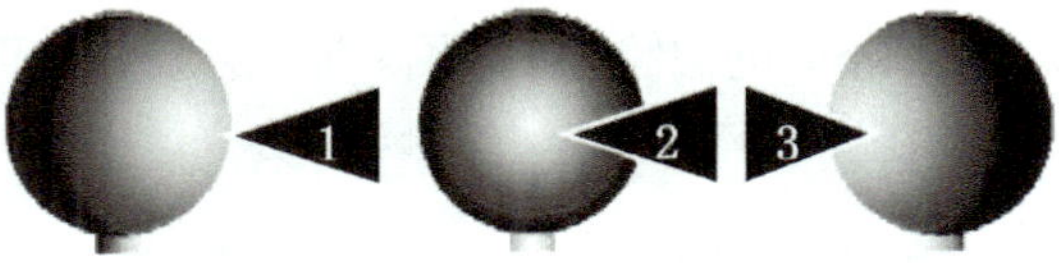

图5-35　同一物体在不同图像中形成闪光点的不同位置

五、摄影测量质量评定

在软件中可以直接评定单次测量或整个摄影测量项目的摄影测量图像质量。

1．单次测量的质量评定

最理想的状态是浏览器里的所有单次测量都带有绿色钩号。绿色钩号表示，经评估，该测量质量良好。某些时候，软件里记录的图像并不是全部都达到软件的质量要求。仅合格未完全达到要求的图像带有黄色惊叹号，如图5-36所示。

有关这个测量属于仅合格测量的原因，可以通过其属性查到。在浏览器里选择测量P8项，然后打开属性即可。另外也可以通过双击测量P8项，从而打开其属性，查看原因，如图5-37所示。

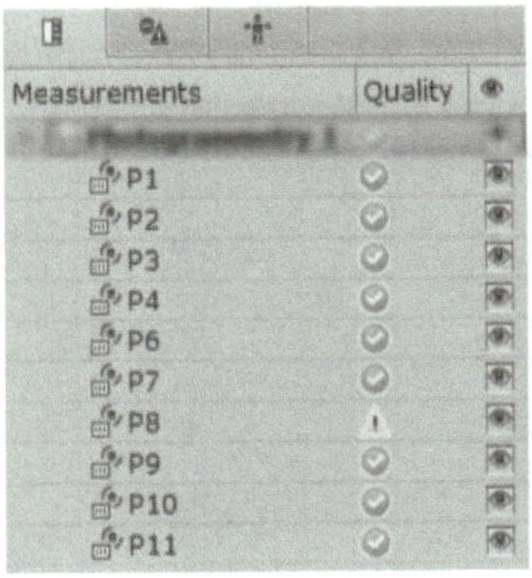

图5-36　浏览器中合格的测量序列图标

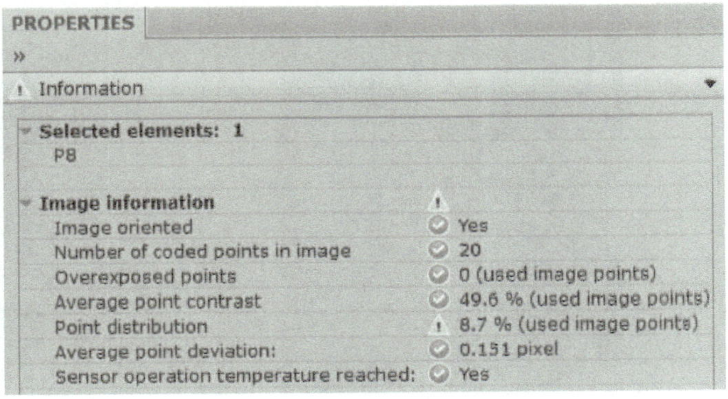

图5-37　仅合格的测量项目P8属性窗口

有关单次测量的重要信息见表5-3。

表5-3　单次测量信息

图像信息	以图像为主导	在三维视图里能以一幅图像为主导的情况，只有当该图像里识别出足够的编码点，而且在其他图像的相关位置也找到这些点
	图像里的编码点点量	如果在图像里识别不足 5 个编码点，则大多数情况下不能在三维空间里识别出该图像
	曝光过度的点	这是指虽然曝光过度，但是仍然由软件计算的曝光过度的和使用的参考点（编码和非编码）。警戒值▲为>1曝光过度的参考点。处理方法：降低摄影测量相机的闪光强度
	平均的点反差	使用的参考点的平均反差可能太小或太大。警戒值▲介于<10%和>80% 之间。处理方法：增加或降低闪光强度，以便获得均衡的点反差
	点分布	如前面提过，一幅图像里使用的参考点应该尽量布满整幅图像。如果这些点只是集中分布于图中的某一区域，则可能影响图像定位计算的精度。警戒值▲为<15%
	中等点偏差	以像素为单位显示的中等点偏差。警戒值▲为0.2像素

图像里参考点标分布良好和不好的图像对比如图5-38所示，白色区域内使用的是参考点的区域，

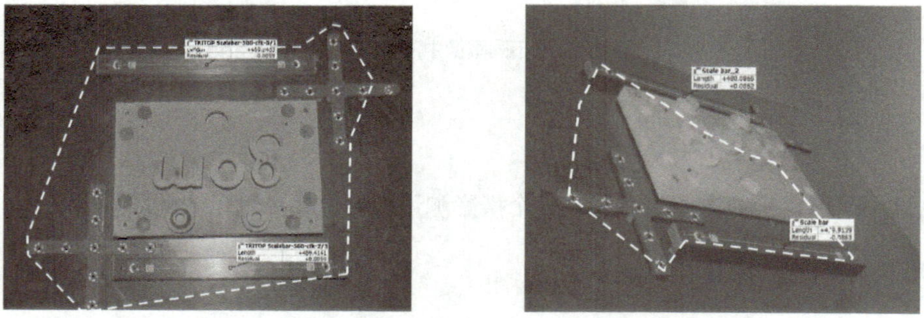

图5-38　参考点标分布良好和不好的图像对比（白色区域为使用的范围）

2．摄影测量项目的质量

最理想的状态是浏览器里的摄影测量项目带有绿色钩号。绿色钩号表示，经评估，该项目质量良好。浏览器里显示的最理想的测量系列如图5-39所示。在某些情况下，测量项目并未达到应用软件的质量要求，此时该测量项目带有一个黄色感叹号，如图5-40所示。

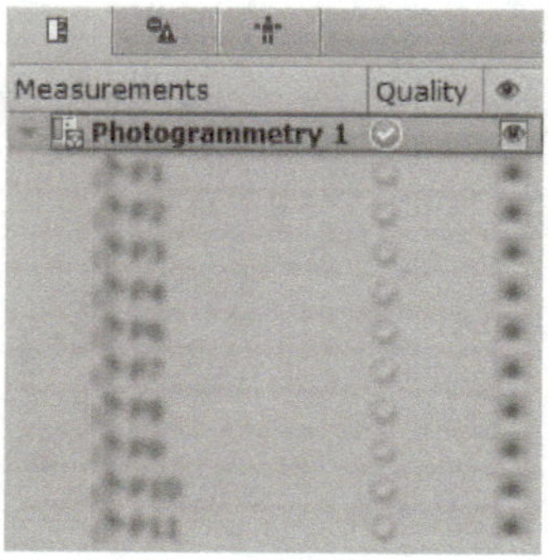

图5-39　浏览器中理想的测量系列

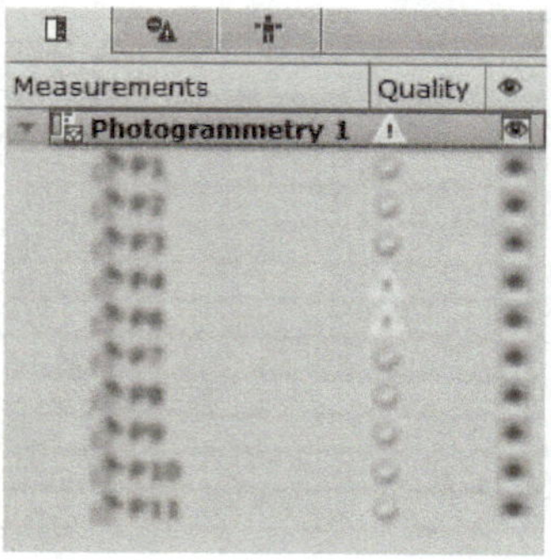

图5-40　浏览器中有疑问的测量系列

有关测量属于仅合格测量的原因，可以通过其属性查到。在浏览器里选择摄影测量项目，然后打开属性即可。另外也可以通过双击项目打开属性。

有关摄影测量项目的重要信息见表5-4。

表5-4　摄影测量项目信息

三维数据	中等像点偏差	显示的是以像素为单位的所有像点的平均偏差。警戒值⚠为≥0.08像素。处理方法：请检查TRITOP相机（焦距、光圈、曝光时间等）
	最小观测角	参考点的最小观测角。警戒值⚠为≤2.5如果一个参考点（编码或非编码）的观察角为≤2.5°，则软件会因为该点不在界定的所需精度里显示一个警示。如果想知道是由哪个参考点造成此情况，则进入标签参考点。处理方法：增加额外的摄影测量图像到项目里
比例尺	比例尺数量	因为测量精度的原因，在一个摄影测量项目里始终使用两个比例尺。除了其他因素，这样做的优点是软件能依据各比例尺之间的相互关系检查这些比例尺的差异。如果在摄影测量项目里只输入了一个比例尺，则软件将显示一个警示。处理方法：在项目里使用第二个比例尺；增加额外的摄影测量图像到项目里；比例尺放置位置更清晰
	中等比例尺偏差	摄影测量项目里所有比例尺的中等比例尺偏差警戒值⚠由以下数学公式5μm+（Scale bar length in mm）/50 000确定。处理方法：如果比例尺机械性损坏，请更换比例尺。检查输入到软件里的比例尺参数。如果是GOM不变钢比例尺，那么请检查比例尺元件是否紧固，清除触点上可能出现的尘土

六、浏览计算的参考点

通过标签“参考点”（工作区“摄影测量”），可以获得使用的参考点的概况，如图5-41所示。在表格的列头单击鼠标，可以改变该列的排列顺序。

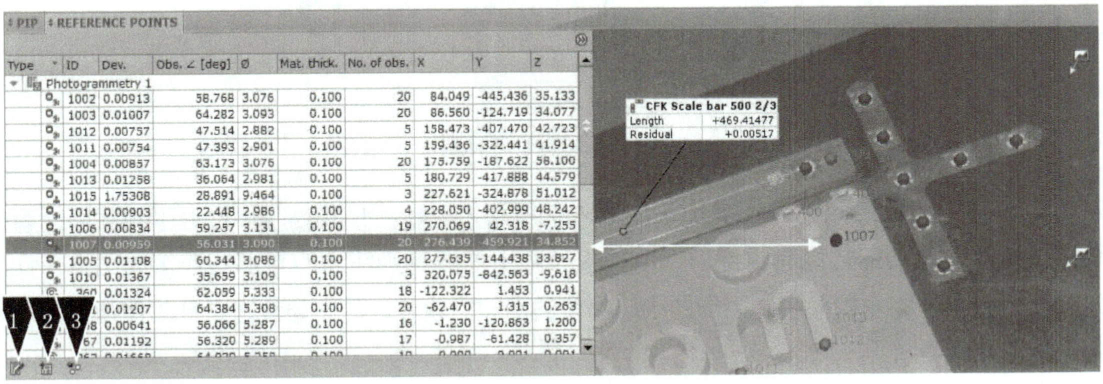

图5-41　计算的参考点的概况

使用图5-41中的工具①、②、③可以打开以下功能：编辑点编号；编辑参考点标的材料厚度；输出选择的参考点；在三维视图里显示选择的点。

如果缺少一些点，则检查各幅图像，然后分别编辑各幅图像。在浏览器里选择图像，然后单击鼠标右键打开“编辑创建参数”功能，如图5-42所示。

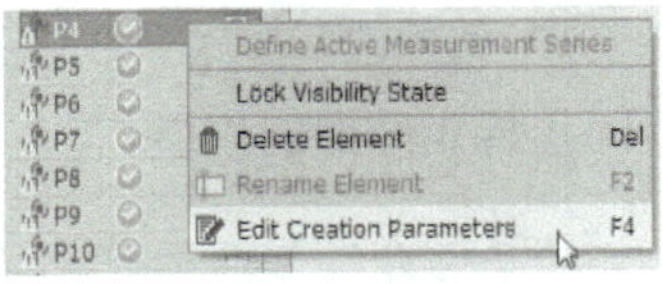

图5-42　编辑创建参数窗口

七、大型、复杂测量物的摄影测量

针对大型、复杂的测量物，不能使用平坦物体的摄影测量方法。因为此时需要更多从不同角度拍摄的图像，而且编码参考点不只位于一个平面，还需要从侧面拍摄。如果测量物比相机图像格式大很多，则此时需要使用所谓的“铺砌”方法。“铺砌”是指相机图像边缘相叠，有序排列。“铺砌”拍照的原理如图5-43所示。

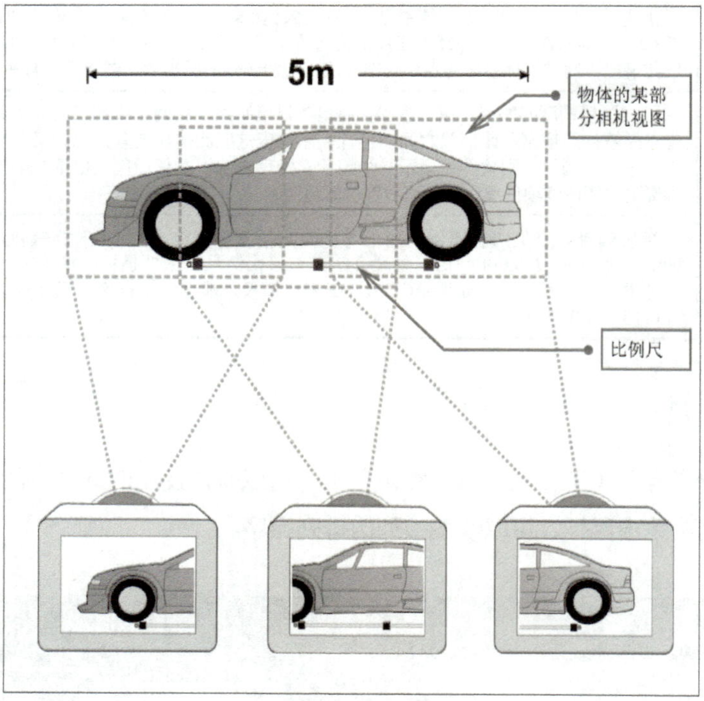

图5-43 铺砌拍照的原理

图5-43中，数码照相机记录的物体最大长度约为3m。而拍摄对象是一个5m长的测量物，拍摄的图像间的边缘有重叠。此时拍摄技巧上需要特别注意的是那些连接的图像。比如，图5-43中连接左侧和右侧图像的中间部位的图像。软件评估图像集时，此类图像对避免累计错误非常重要。

对于涉及“铺砌拍照”和“铺砌尺寸”等内容，实际和摄影测量里有关参考点布局和参考点尺寸的内容相关。

大型、复杂测量物的拍摄技巧

（1）标定图像的拍摄

如果条件允许，则对于大型、复杂测量物建议和平坦测量物一样需要从物体顶部拍摄四幅图像用于标定图像；如果条件不允许，则需要在每幅标定拍摄图像里能拍摄到尽量多的分布良好的编码参考点标的位置进行拍摄。

（2）测量图像的拍摄

拍完标定图像后，在中等高度（0级）、在低位置（-1级）和在一个较高的位置（1级）绕测量物按每大约45°拍摄一次图像，如图5-44所示。

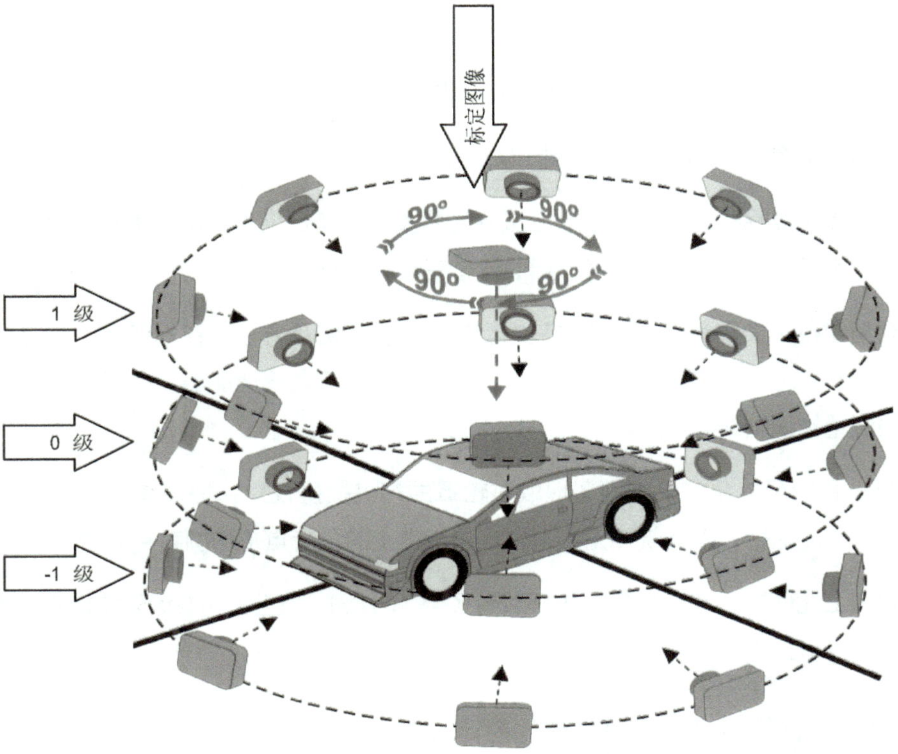

图5-44 大型物体的图像拍摄测量方法

（3）跨拐角连接图像的拍摄

在该过程中，拍摄测量三维明显的物体时，那些在同一图像里记录下相邻表面里参考点标的图像就变得非常重要。

以立方体为例，在立方体拍摄的过程中，如果正对立方体某一个面的角度拍摄，则拍摄目的是为了连接立方体的一个横向和一个纵向的表面。如果正对立方体某一个棱边的角度拍摄，则拍摄的目的是为了连接立方体的一个横向和两个纵向的表面，如图5-45所示。

在拍摄的过程中，即便对立方体中的一面兴趣不大，还是应该环绕物体完成完整拍摄。对不感兴趣的一面还是应该放置一些编码参考点标，以便“支持”整个图像集。完整的图像集比空缺一面的图像集精度明显要高。

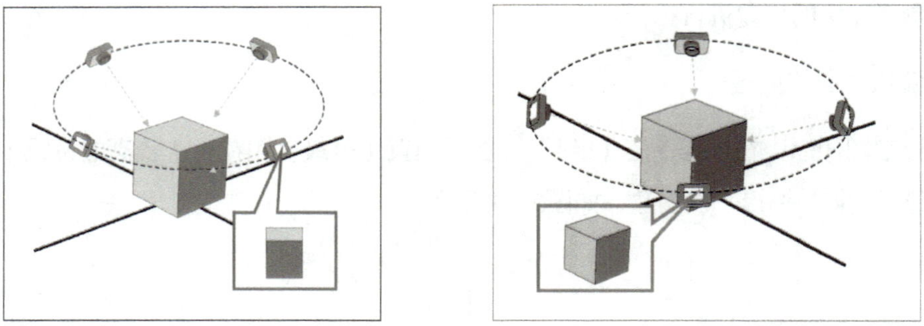

图5-45　从正面和从棱边拍摄的连接示意图

（4）布置编码参考点标和比例尺的拍摄方法

布置编码参考点标和比例尺的拍摄方法分为两类，一类是包含定位十字和角形适配器的三维测量物；一类是包含磁性编码参考点标的复杂三维测量物。

首先介绍定位十字和角形适配器的三维测量物的拍摄测量方法。在本例中，定位十字躺在一个平面。针对平坦的拍摄位置（-1级），布置有编码标及角形适配器。布置好定位十字和角形适配器的测量物如图5-46所示。

在如图5-47所示的角度上，为了提取车轮罩的相机拍摄视角和提取车轮罩里的参考点标记，如果从此角度拍摄，那么软件无法识别定位十字上的参考点（椭圆直径太低）。

为了解决上述问题，在此测量安排里放置了45°的角形适配器，其表面布置了参考点标，用于确定在项目里正确定位各幅图像。

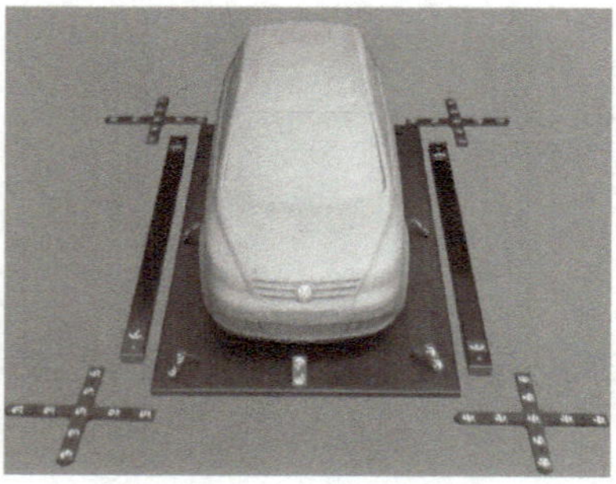

图5-46　布置好定位十字和角形适配器的测量物

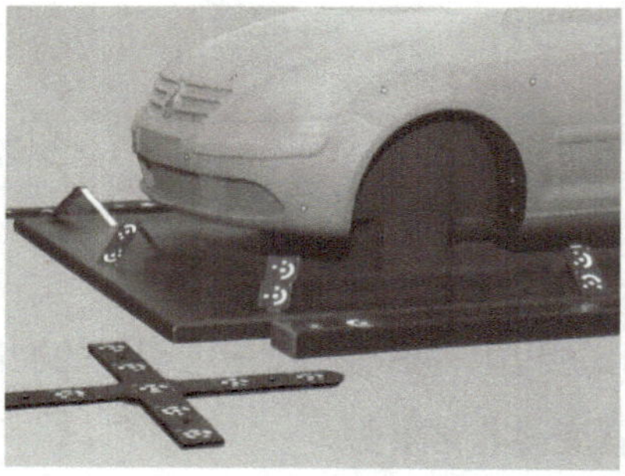

图5-47　提取车轮罩的相机视角以及车轮罩里的参考点标的拍摄角度

对于包含磁性编码参考点标的复杂三维测量物的拍摄测量，只需要将磁性编码参考点标合理地布置到物体上即可，如图5-48所示。

（5）只含定位十字的大型测量物（车辆）的测量设置

如图5-49所示，在测量比例为1:1的一辆普通车辆时，可以使用11个定位十字进行拍摄，其图像拍摄的序列始终应该分为三级（0 级、-1级和1级，具体如图5-44所示）。

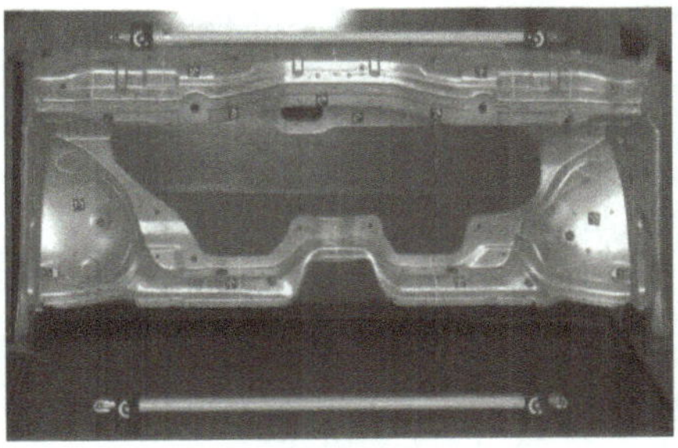

图5-48 含磁性编码参考点标的复杂三维测量物的典型测量准备

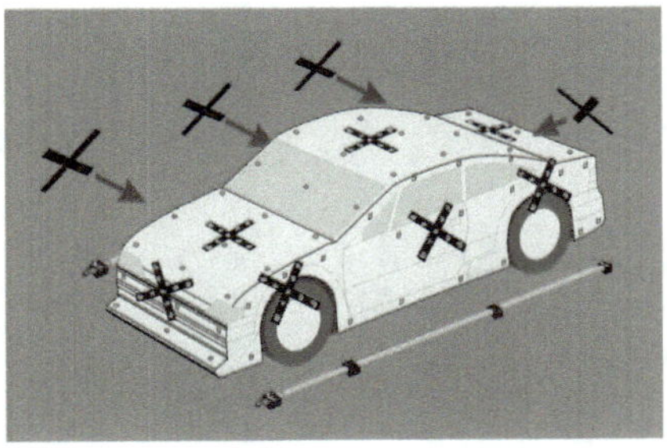

图5-49 使用11个定位十字拍摄比例为1:1车辆的测量准备

项目小结

本项目主要介绍了TRITOP 摄影测量相机和相关应用软件的基本知识，通过相关知识的学习，无论是否有坐标测量技术经验，都可以从中了解先进的TRITOP 摄影测量的硬件和软件设备、摄影测量的原理、简单平坦物体的摄影测量技巧、复杂测量物的摄影测量技巧等知识。

思考与练习

1）什么是编码参考点？什么是非编码参考点？二者有何不同之处？

2）你接触过其他摄影测量系统吗，其和TRITOP 摄影测量有何相同和不同之处？

3）简单平坦的测量物应该如何拍摄测量，使用哪些辅助参考标识？

4）大型、复杂的测量物应该如何拍摄测量，使用哪些辅助参考标识？

项目6

逆向设计产品的快速成型

本项目将通过介绍几种工程中常用的快速成型技术，了解其使用的材料和成型方法的差异，成型出来的产品有何不同之处，经济性能和时间性能和传统的制造方法有什么不同。

- ❐ 任务1　典型快速成型技术介绍。
- ❐ 任务2　快速成型文件的数据处理。
- ❐ 任务3　快速成型技术的应用领域与实例。

快速成型技术比较典型的代表是3D打印技术，近十几年来该项技术的发展突飞猛进，在各行各业产生了巨大的影响和变革，为产品的创新设计提供了全新的设计思路。

3D打印作为引领未来的新兴技术，又被称为增材制造技术（Additive Manufacturing）或者直接数字化制造（Direct Digital Manufacturing），其包括了多种构建三维物体的技术，但共同点在于构建方式，物体都是被逐层构建的。

相比传统的制造方式，3D打印可以制造更为复杂的物体，现在已经被应用到众多领域，包括汽车制造、航空航天、工业设计、服装鞋帽、文化创意产品、医疗领域等，而且伴随着技术的发展，其应用领域仍在不断扩展。

简单来说，3D打印就是将数字模型，借助3D打印机，使用逐层构建的方式进行制造的过程。数字模型可以通过3D扫描仪采集或者是直接通过三维软件构建而成。

任务1　典型快速成型技术介绍

最为典型的快速成型技术——3D打印技术自从1984年问世以来，经过30多年的发展。从最早的立体平板印刷技术到如今的熔融堆积技术、激光烧结技术、光固化技术等，涌现了以3D Systems公司、EOS公司为代表的3D打印机商业公司。3D打印机产品型号众多，系列齐全。近几年国内以中瑞机电、先临三维等公司为代表在光固化技术商用方面已经占据了大量的市场份额。3D打印技术自问世以来，在其发展历史上发生了很多具有里程碑意义的事件。

2011年10月5日，Roland DG公司推出了最新的iModela iM-01。

2011年9月，维也纳科技大学开发出更小更轻更便宜的打印机。这是世界上最小的3D打印机，重量为0.5kg，它的成本大约为1200欧元。

2011年8月，南安普敦大学的工程师们开发了世界上第一架3D打印的飞机。

2011年7月，在Exeter大学、Brunel大学和应用开发商Delcam公司的带领下，英国的研究人员开发出了世界上第一台3D巧克力打印机。

2011年6月6日，Shapeways（3D打印服务公司）和Continuum Fashion（时尚品牌）发布了第一款3D打印的比基尼。

2010年12月8日，再生医学公司Organovo发布了世界上第一个“有机打印”血管的数据。

2010年11月，Urbee推出首款3D打印的样车。这也是世界上第一辆由巨大的3D打印机打印而成的汽车。所有外部组件，包括玻璃嵌板的打样均由Stratasys公司数字化制造服务站“红眼即时服务”的Dimension型3D打印机和Fortus 3D生产系统制造。

2008年，Objet公司宣布它研制的革命性的Connex 500快速打印系统将成为史上第一台可以同时使用几种不同材料制作部件的系统。

2008年，首版Reprap发布。它能复制自身50%的部件。

2006年，开源项目Reprap被启动。这是一个旨在开发能自我复制3D打印机的项目。任何人都能在GNU通用公共许可证的条款下再销售和/或修改设备。

2005年，ZCorp公司的Spectrum Z510问世。这是市场上首个高清晰彩色3D打印机。

1997年，EOS将其光固化立体成型业务出售给3D Systems公司，但其仍然是欧洲最大的3D打印设备的生产商。

1996年，3D Systems公司推出了Actua2100。3D打印机一词第一次出现在媒体上，意思是指快速成型机。

1996年，ZCorp公司推出Z402。

1996年，Stratasys公司推出Genisys。

1995年，ZCorp公司从麻省理工学院获得独享授权并开始开发基于3D打印技术的3D打印机。

1993年，麻省理工学院获得3D印刷技术专利。它与2D打印机的喷墨技术类似。

1993年，Solidscape公司成立，它将开发使用喷墨技术的打印机。这种打印机能以相对缓慢的速度打印出表面光洁的小部件。

1992年，DTN售出其第一个选择性激光烧结（SLS）系统。

1992年，Stratasys售出其第一个基于FDM机的3D建模。

1991年，Helisye售出其第一个分层实体制造（LOM）系统。

1989年，Scott Crump创办Stratasys公司。

1988年，Scott Crump发明了溶融沉积制模即FDM。

1988年，3D系统针对普通公众开发出SLA—250新机型。

1986年，Charles Hull创立3D系统并开发了第一台商业3D印刷机。它在当时被称为立体平板印刷仪。

1986年，Charles Hull将他的技术命名为立体平板印刷并获得专利。

1984年，Charles Hull开发从数字数据打印出3D物体的技术。3D打印技术作为一项新兴技术，相对于传统的制造技术，具备的优势主要体现在以下几个方面。

打印复杂模型不增加制造成本。对于传统制造技术，物体形状越复杂，制造成本越高。对3D打印机而言，制造形状简单或者复杂的产品制造的成本仅是材料的多少和时间的长短，构造复杂的产品和非常简单的产品如果需要的耗材一样，材料成本相同，所需时间可能也相差不大。

多个产品同时加工或者产品多样化不增加成本。一台3D打印机可以在一个工作平台上同时打印多个形状不同的物体，对于传统设备无法加工制造的结构复杂的物体，3D打印都不需要特别处理。

有些产品无须组装，可以直接打印成一体化产品，突破传统加工限制。3D打印能使部件一体化成型。传统的大规模生产建立在组装线基础上。在现代工厂，机器生产出相同的零部件，然后由机器人或工人组装。因而，产品组成部件越多，组装耗费的时间和成本就越多。然而，3D打印机通过分层制造可以同时打印一扇门及上面的配套铰链，不需要组装。省略组装就缩短了供应链，节省了在劳动力和运输方面的花费。同时，供应链越短，污染也越少。

即时生产、即时交付。3D打印机可以按需打印，企业可以根据客户订单使用3D打印机制造出特别的或定制的产品满足客户需求。进行即时生产，也就减少了企业的实物库存，所以新的商业模式将成为可能。如果人们所需的物品按需就近生产，零时间交付式生产能最大限度地减少长途运输的成本。运用这一技术优势，很多3D打印机制造厂商建立了在线3D打印服务中心。以先临三维为例，其建立了“3D客”和“3D”造两个相互支持的技术服务中心，帮助毫无设计基础的创造者或普通大众设计、制造需要的产品。也可以帮助专业的设计公司打印出其需要的产品。

助力设计突破设计空间。传统制造技术和工匠制造的产品形状有限，制造形状的能力受制于所使用的工具。例如，车床只能制造圆形物品，三轴或者五轴机床可以制造出更为复杂的产品，但是也有大量无法加工的产品。模具产品同样也受制于脱模等问题。而3D打印机可以突破这些局限，开辟巨大的设计空间，甚至可以制作目前只存在于自然界的形状。图6-1所示为传统制造技术无法实现的模型，而使用光固化技术可以轻松精确实现。

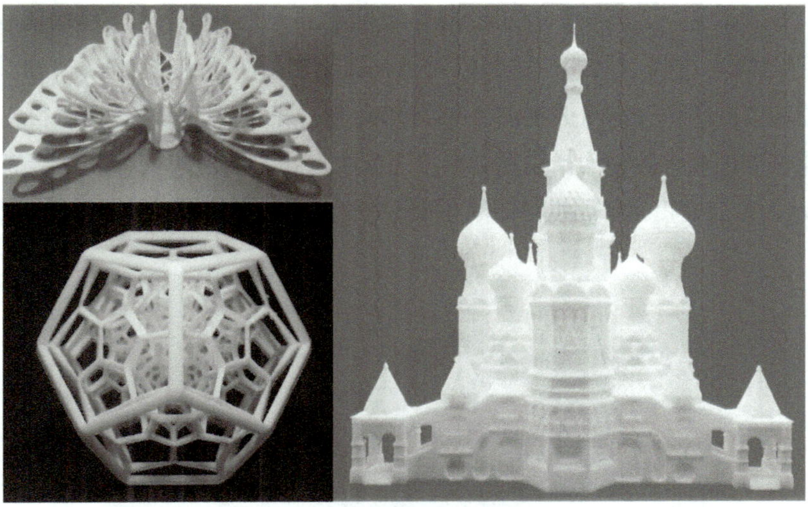

图6-1　光固化技术打印出的实体模型

从业人员技能需求较低。传统工匠需要当几年学徒才能掌握所需要的技能，批量生产和计算机控制的制造机器仍需要熟练的专业人员进行机器调整和校准，但3D打印机只需从设计文件里获得各种指示，便能做同样复杂的物品，且需要的操作技能比传统制造技术需求大大缩小，而且不再受专业的限制。为非专业技能制造开辟了新的商业模式，也为在远程环境或极端情况下的人们提供了新的生产方式。

加工副产品较少，材料消耗少。与传统的金属制造技术相比，3D打印机制造金属零件时产生的副产品较少。传统金属加工的浪费量惊人，90%的金属原材料被丢弃在工厂车间里。而3D打印机制造金属零件时浪费量则大幅度减少。因此，随着打印材料的进步，“净成形”制造会成为更环保的加工方式。图6-2所示为金属粉末激光烧结技术打印的产品。

图6-2　金属粉末激光烧结技术打印出的实体模型

突破空间限制实现办公室制造、便携制造。就单位生产空间而言，与传统制造机器相比，3D打印机的制造能力更强。例如，注塑机只能制造比自身小很多的物品。与此相反，3D打印机可以制造和其打印台一样大的物品。3D打印机调试好后，打印设备可以自由移动，打印机可以制造比自身还要大的物品。较高的单位空间生产能力使得3D打印机适合家用或办公使用。图6-3所示为办公室机型打印机打印的石膏粉末运动鞋样品。

图6-3 石膏粉末打印的运动鞋样品

材料无限组合。对当今的制造机器而言，在切割或模具成型过程中不能轻易地将多种原材料融合在一起，将不同原材料结合成单一产品是件难事。随着多材料3D打印技术的发展，人们有能力将不同的原材料融合在一起。以前无法混合的原料混合后将形成新的材料，这些材料色调种类繁多，具有独特的属性或功能。

精确的实体复制。随着扫描技术和3D打印技术的共同提高，扫描、编辑和复制实体对象，创建的副本精确程度也越来越高。

一、光固化成型（SLA）

立体平板印刷（Stereo Lithography，SLA）技术也称为光固化技术或立体平版印刷技术，其采用光致聚合的液体树脂作为材料，并用紫外线激光构建各个层，从而创建三维物体。

还有一种类似SLA技术的数字光DLP技术成型方式。其和SLA技术的不同之处是光源的不同，SLA技术使用的是紫外线，而DLP技术使用的是投影仪反射的光束。

1．SLA光固化成型

SLA的工作过程如图6-4所示，紫外线激光束通过检流镜驱动，扫描装有液体感光树脂的桶表面，激活聚合反应，树脂硬化形成三维物体的一个固体层。完成一层的构建后，平台将会下降单层厚度（通常为0.05～0.15mm）。然后，刀片扫过部件的横截面，为其涂上新的材料，在这个新的液体表面，再由激光束固化出随后一层的图案，合并到前一层。如此反复，就可形成一个完整的3D部件。

SLA技术需要使用支撑结构，以便将部件固定在升降台上，防止其因重力或刀片的侧向压力而偏转。

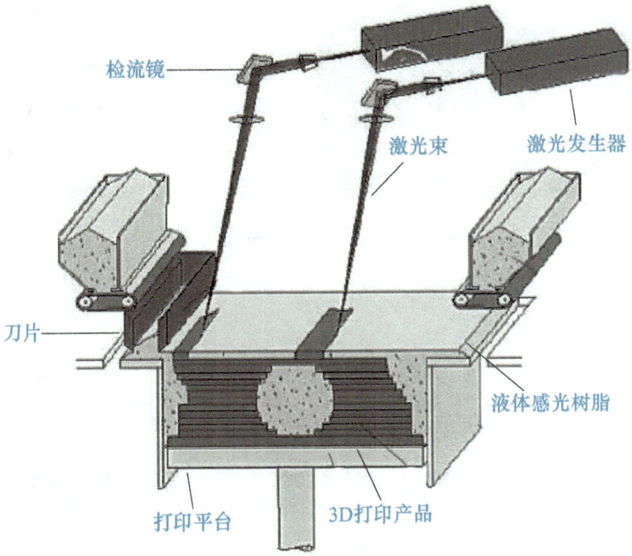

图6-4 SLA的工作过程

SLA产品的后处理。构建完成后，部件将被浸入化学药液中，以清洗掉多余的树脂，随后在紫外线烘箱内进一步完成产品的固化。

2．其他类似的技术

数字光处理（Digital Light Procession，DLP）技术要先把影像信号经过数字处理，然后再把光投影出来。简单来说，用计算机控制的光源都可以被认为是DLP光源。DLP光源相对激光的价格更为便宜。

DLP技术与SLA技术很相似，唯一的不同点在于SLA使用紫外线激光，而DLP则使用DLP投影仪投射的光束。

3．PolyJet光固化成型技术

PolyJet技术是美国Stratasys公司推出的光固化成型技术，PolyJet喷墨技术的工作原理是以超薄层（16μm左右）的状态将感光聚合材料一层一层地喷射到构建托盘上，直至部件制作完成。每一层感光聚合材料在被喷射后立即用紫外线光进行凝固，从而制作出完全凝固的模型，可以立即进行搬运与使用，而无需事后凝固。可以用手或者通过喷水的方式很容易地清除为支持复杂几何形状而特别设计的凝胶体状支持材料。使用该技术制造出来的产品如图6-5所示。

图6-5　PolyJet技术成型的产品

4．光敏材料简介

（1）多色树脂

多色树脂成型的产品如图6-6所示。

图6-6　多色树脂成型的产品

材料性能：多色树脂材料集尺寸稳定性和细节可视性于一身，适用于模拟标准塑料和制作模型，可实现逼真的最终产品效果。

适用范围：广泛的装配与外观测试；活动部件与组装部件；展览与营销模型；电子元件的组装；非常适用于硅胶模具。广泛应用在电子消费品、家电、汽车制造、航空航天、医疗器械等。

材料颜色：白色、蓝色、黑色。

材料热变形温度：45℃。

（2）半透明树脂

半透明树脂成型的产品如图6-7所示。

图6-7　多色树脂成型的产品

材料性能：集高尺寸稳定性、生物相容性和表面平滑度于一身的标准塑料模拟材料。

适用范围：透明或透视部件的成形和拟合测试；玻璃、眼镜、灯罩、灯箱；液流的可视化；彩染；医疗；艺术与展览模型。广泛应用在电子消费品、家电、汽车制造、航空航天、医疗器械等领域。

材料颜色：半透明微黄。

材料热变形温度：45℃。

（3）白色next树脂SomosNext

白色next树脂SomosNext成型的产品如图6-8所示。

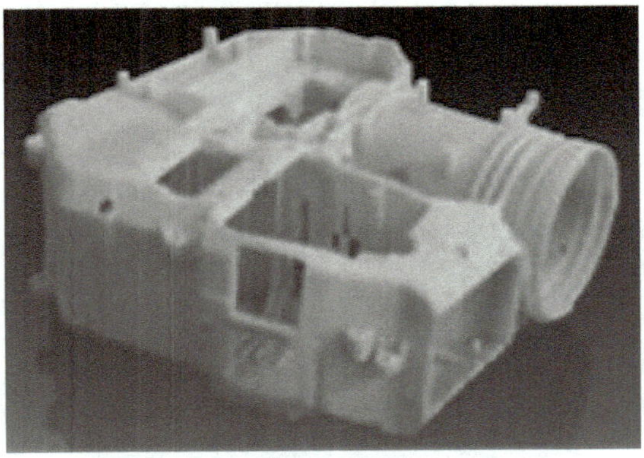

图6-8　白色next树脂SomosNext成型产品

材料性能：SomosNext材料为白色材质，类PC新材料，材料韧性非常好，基本可替代SLS制作的尼龙材料制成的电动工具手柄等，精度和表面质量更佳。SomosNext制作的部件拥有迄今最先进的刚性和韧性结合——这是热塑性塑料的典型特征，同时保持了光固化立体造型材料的所有优点：做工精致、尺寸精确和外观漂亮。

应用范围：汽车、家电、电子消费品等。

材料颜色：白色。

（4）树脂材料Somos 11122

树脂材料Somos 11122成型产品如图6-9所示。

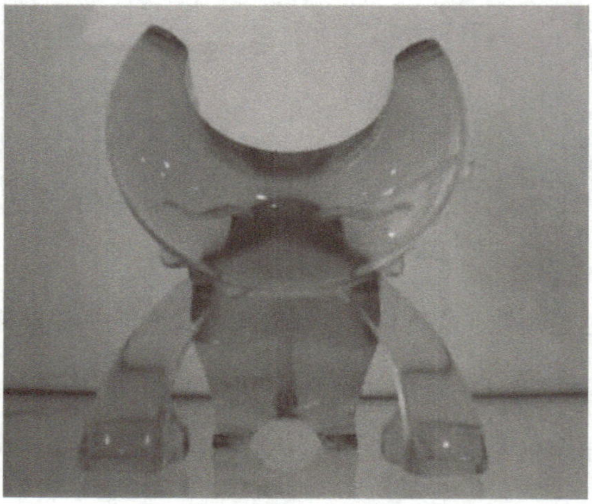

图6-9 树脂材料Somos 11122成型产品

材料性能：Somos 11122看上去更像是真实透明的塑料，具有优秀的防水和尺寸稳定性。

应用范围：Somos 11122提供多种类似工程塑料的特性，包括ABS和PBT。这些特性使它很适合用在汽车、医药、电子类消费市场；透镜；包装；流体分析；RTV翻模；耐用的概念模型；风洞试验；快速铸造等领域。

材料颜色：透明。

（5）环氧树脂（类透明PC类）

环氧树脂（类透明PC类）成型的产品如图6-10所示。

图6-10 环氧树脂（类透明PC类）成型产品

材料性能：这种便于铸造的激光快速成型树脂：含灰量极低（1500℉时的残留含灰量（0.01%），可用于熔融石英和氧化铝高温型壳体系，不含重金属锑，可用于制造极其精密的快速铸造型模，广泛应用于汽车、家电、电子消费品等领域。

材料颜色：透明。

（6）亚力克材料

亚力克材料成型的产品如图6-11所示。

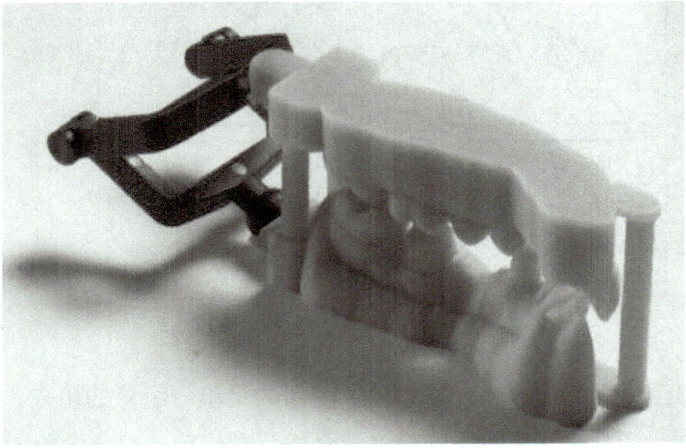

图6-11 亚力克材料打印成型的假牙矫正产品

材料性能：亚力克耐候及耐酸碱性能好，不会因常年累月的日晒雨淋产生泛黄及水解的现象；寿命长，与其他材料制品相比，寿命长3年以上；透光性佳，可达92%以上，所需的灯光强度较小，节省电能；抗冲击力强，是普通玻璃的16倍，适合安装在特别需要安全的地带；绝缘性能优良，适合各种电器设备；自重轻，比普通玻璃轻一半，建筑物及支架承受的负荷小；色彩艳丽、亮度高，是其他材料不能比美的；可塑性强，造型变化大，加工成型容易；可回收率高，为日渐加强的环保意识所认同；维护方便，易清洁，雨水可自然清洁，或用肥皂和软布擦洗即可。亚力克（有机玻璃）材料表面光洁度好，可以打印出透明和半透明的产品，目前利用亚克力材质，可以打出牙齿模型用于牙齿矫正的治疗。

应用范围：广泛应用于医学研究、汽车、家电、电子消费品等广大领域。

材料颜色：透明、半透明。

二、选择性激光烧结（SLS）

SLS技术是一种使用高功率激光（如二氧化碳激光）的添加制造技术，其原理如图6-12所示。其是将很小的材料粒子融合成团块，形成所需要的三维形状。高功率激光根据三维数据所生成的切面数据，选择性地融化粉末层表面的粉末材料，然后每扫描一个粉末层，工作平台就下降一个层的厚度，一个新的材料层又被施加在上面，这个过程一直重复至完成制造。

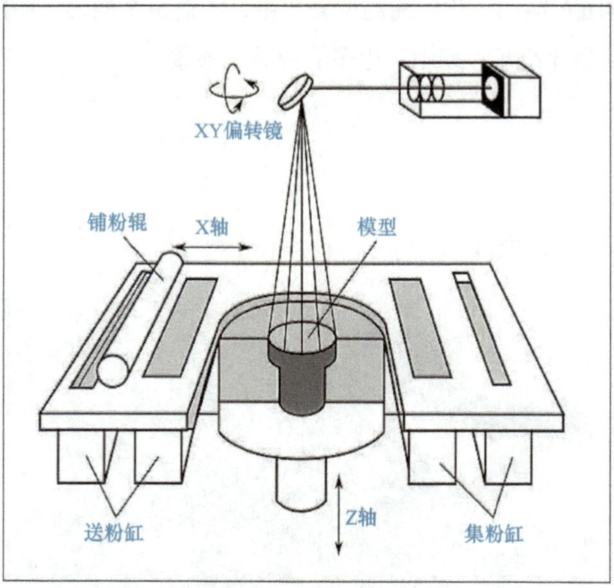

图6-12　选择性激光烧结（SLS）的工作原理

有些SLS机（如直接金属粉末激光烧结机）使用的是单一组分的粉末，但大多数SLS机使用的是双组分的粉末，通常是涂层粉末或粉末混合物。在使用单组分的粉末时，激光只熔化粒子的外表面（表面熔化）。与其他添加制造方法相比，SLS技术使用的材料范围比较广，包括聚合物材料（如尼龙或聚苯乙烯）、金属材料（如钢、钛、合金的混合物）、复合材料和绿砂等。处理过程可以是完全熔化、部分熔融或液相烧结。根据材料的不同，该技术可实现高达100%的材料密度，制造的产品性能堪比传统制造工艺。在许多情况下，部件被包围在粉末层中，因此生产率非常高。与SLA技术、FDM技术等添加制造技术不同，SLS技术不要求支撑结构。由于SLS技术能够很容易地直接通过CAD数据制作出非常复杂的几何图形，因此其已在世界各地得到了广泛应用。

1．其他类似的技术

（1）直接金属激光烧结（Direct Metal Laser Sintering，DMLS）

DMLS是一种使用金属材料的3D打印技术，由德国EOS公司开发。这项技术采用金属粉末，并通过使用局部聚焦激光束使其“焊接”。从概念上与SLM技术相同，但实现细节不同。在SLM技术中，金属粉末被完全融化，而在DMLS技术中只是被烧结。DMLS中各部分的构建是通过一层一层地添加形成的，各层的厚度通常为20μm。

DMLS机采用200W高功率的镱光纤激光器，在其构建区，有1个材料分配平台、1个构建平台，以及1个用于在构建平台上移动粉末的涂覆刀片。DMLS机生产的零件精度高，细节分辨率好，有良好的表面质量和优异的机械性能。从理论上讲，几乎任何金属合金都可用于

DMLS机打印，但目前该技术使用的材料主要有16—4和14—5不锈钢、马氏体钢、钴铬、镍625和镍718、钛合金Ti6Al4V。

（2）电子束熔化成型（Electron Beam Melting，EBM）

EBM技术是一种用于制造金属零件的快速制造方法，由瑞典Arcam AB集团研制。该技术通过高真空中的电子束来熔化金属粉末层，从而制造产品。

EBM机从三维CAD模型中读取数据，并将粉末材料放到连续层上，利用一个计算机控制的电子束使这些层熔化在一起而建立部件。整个过程是在真空环境中进行的，因而避免了活性材料熔融时出现氧化等现象。EBM机一般需要在700～1000℃的高温下操作，打印的层厚范围为0.05～0.2mm。利用该技术制造的产品非常致密，没有空隙且很结实。目前EBM技术使用的材料是钛合金，非常适于医疗植入、航空航天等对产品性能有较高要求的领域。

（3）选择性激光熔化成型（Selective Laser Melting，SLM）

SLM技术是利用金属粉末在激光束的热作用下完全熔化、经冷却凝固而成型的一种技术。为了完全熔化金属粉末，要求激光能量密度超过106W/cm^2。目前用SLM技术的激光器主要有Nd—YAG激光器、CO_2激光器、光纤（Fiber）激光器。这些激光器产生的激光波长分别为1064nm、10640nm、1090nm。

金属粉末对1064nm等较短波长激光的吸收率比较高，而对10640nm等较长波长激光的吸收率较低。因此在成型金属零件过程中具有较短波长激光器的激光能量利用率高，但是采用较长波长的CO_2激光器，其激光能量利用率低。在高激光能量密度作用下，金属粉末完全熔化，经散热冷却后可实现与固体金属冶金焊合成型。

SLM技术正是通过此过程，层层累积成型出三维实体的快速成型技术。

根据成型件三维CAD模型的分层切片信息，扫描系统（振镜）控制激光束作用于待成型区域内的粉末。

一层扫描完毕后，活塞缸内的活塞会下降一个层厚的距离；接着送粉系统输送一定量的粉末，铺粉系统的辊子铺展一层厚的粉末沉积于已成型层之上。

然后，重复上述两个成型过程，直至所有三维CAD模型的切片层全部扫描完毕。这样三维CAD模型通过逐层累积方式直接成型金属零件。最后，活塞上推，从成型装备中取出零件。至此，SLM金属粉末直接成型金属零件的全部过程结束。

（4）选择性热烧结（Selective Heat Sintering，SHS）

SHS机的工作过程与SLS机类似，不同的是，SHS机使用的是热敏打印头，而非激光打印头。热敏打印头将热量供给构建室中的热塑性粉末层，即可形成任意复杂的几何形状。其每层的厚度为0.1mm，使用的材料为热塑性粉末。

2．粉末材料简介

（1）钛合金

性能材料：用于生产最终使用的金属样件，质量可媲美开模加工的模型。钛合金模型的强度非常高，尺寸精密，能制作的最小细节的尺寸为0.1mm。广泛应用于家电、汽车制造、航空航天、医疗器械等广大领域。

材料颜色：银白色。

材料热变形温度：熔点1672℃。

钛合金材料成型的产品如图6-13所示。

图6-13　钛合金材料成型的产品

（2）不锈钢

性能材料：不锈钢模型是用一种加入了铜成份的不锈钢粉打印而成。不锈钢打印在金属打印上来讲算是最便宜的一种打印形式，既具有高强度，又适合打印大物品。广泛应用于家电、汽车制造、航空航天、医疗器械等广大领域。

材料颜色：玫瑰金、钛金、紫金、银白色、蓝色。

材料热变形温度：不同规格有不同的温度。

不锈钢材料成型的产品如图6-14所示。

（3）尼龙铝粉材料

性能材料：是由一种灰色铝粉及腈纶混合物制作而成。尼龙铝是一种高强度并且硬挺的材料，做成的样件能够承受较小的冲击力，并能在弯曲状态下抵抗一些压力。它的表面是一种沙沙的、粉末质感也略微有些疏松的材料。

尼龙的粉末中参杂了铝粉，利用SLS技术进行打印，其成品就有金属光泽，经常用于装饰品和首饰等创意产品的打印中。广泛应用于机、汽车、火车、船舶、宇宙火箭、航天飞机、人造卫星、化学反应器、医疗器械、冷冻装置等广大领域。

材料颜色：银白色。

材料热变形温度：熔点660℃。

尼龙铝粉材料成型的产品如图6-15所示。

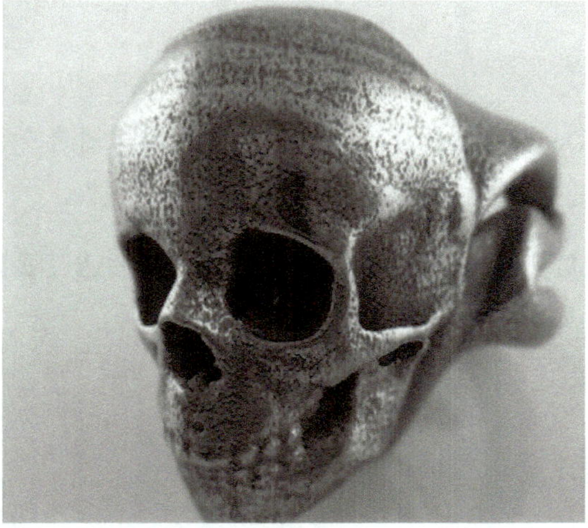

图6-14 不锈钢材料成型的产品

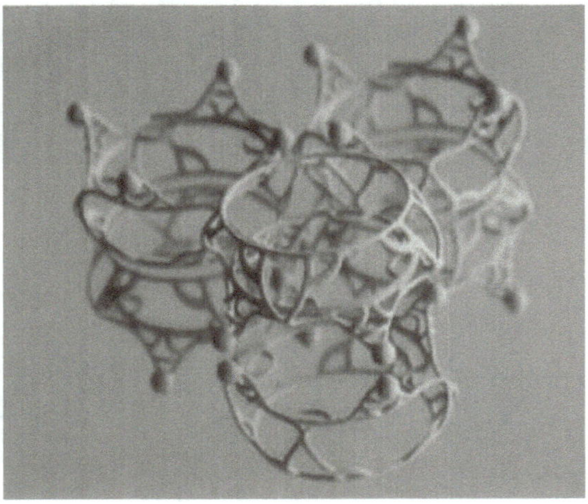

图6-15 尼龙铝粉材料成型的产品

（4）陶瓷材料

陶瓷粉末采用SLS进行烧结，当然3D打印并不能完成陶瓷的高温烧制，需要在打印完成之后进行高温烧制。主要应用于个性化陶瓷产品设计，如图6-16所示。

图6-16　陶瓷材料成型的产品

三、熔融沉积式

熔融沉积式（Fused Deposition Modeling，FDM）是增材制造技术中的一种，也是较为简易和廉价的一种成型方式，主要用于建模、原型设计和生产制造。

此技术使用的材料以材料丝形式存在，打印机将其加热后通过喷嘴挤出，逐层构建物体。FDM技术打印出来的产品如图6-17所示。

图6-17　FDM成型工艺的产品

任务2　快速成型文件的数据处理

要想实现3D打印，必须具有能够打印的3D数据模型。数据模型可以是通过三维软件制作的，或者是3D扫描获得的。这些三维数据模型被Slicer软件分割成层，然后将其转化为3D打印机可以识别的G-Code。随后3D打印机将指定材料按照G-Code指定的位置进行放置和逐层叠加。目前广泛使用的格式是STL格式。

STL是一种3D模型文件格式，是由3D Systems公司于1988年制定的一个接口协议，是一种为快速原型制造技术服务的三维图形文件格式。STL文件由多个三角形面片的定义组成，每个三角形面片的定义包括三角形各个定点的三维坐标及三角形面片的法矢量。三角形顶点的排列顺序遵循右手法则。STL文件有两种类型：文本文件（ASCII格式）和二进制文件（Binary）。

STL的ASCII格式如下：

```
solid filenamestl          // 文件路径及文件名
facet normal x y z         // 三角面片法向量的3个分量值outer loop
vertex x y z               // 三角面片第一个顶点的坐标
vertex x y z               // 三角面片第二个顶点的坐标
vertex x y z               // 三角面片第三个顶点的坐标
endloop
endfacet                   // 第一个三角面片定义完毕
……
……
endsolid filenamestl       // 整个文件结束
```

STL的二进制文件格式如下：

二进制STL文件用固定的字节数来给出三角面片的几何信息。文件的起始80字节是文件头，存储文件名，可以放入任何文字信息；紧随着用4个字节的整数来描述实体的三角面片个数，后面的内容就是逐个给出每个三角面片的几何信息。每个三角面片占用固定的50字节，它们依次是3个4字节浮点数，用来描述三角面片的法矢量；3个4字节浮点数，用来描述第1个顶点的坐标；3个4字节浮点数，用来描述第2个顶点的坐标；3个4字节浮点数，用来描述第3个顶点的坐标，每个三角面片的最后两个字节用来描述三角面片的属性信息（包括颜色属性等，暂时没有用）。一个二进制STL文件的大小为三角形面片数乘以50再加上84个字节。

目前常用的正、逆向软件主要有ProE、UG/NX、CATIA、Imageware、Geomagic Studio、CopyCAD、RapidForm等，其均可以输出STL类型的3D打印数据文件。

其他常用的格式还有OBJ格式。OBJ格式的文件是Alias Wavefront公司为它的一套基于工作站的3D建模和动画软件“Advanced Visualizer”开发的一种标准3D模型文件格式，适用于3D软件模型之间的互导。目前几乎所有知名的3D软件都支持OBJ文件的读写，不过其中很多需要通过插件才能实现。

AMF（Additive Manufacturing File）格式的文件是将3D模型转换为数字文件用于3D打印及增材制造的新文件标准。

在AMF出现之前，STL已经被广泛地使用在3D打印/增材制造中，已经成为事实的3D打印/增材制造技术标准。但是STL文件格式缺失颜色、纹理、材质、点阵等属性，对3D打印的发展造成了很大的制约。为此，2009年1月份，ASTM委员会成立了专门的小组来研究新型的3D打印/增材制造文件标准，经过1年的调查研究，最终确立了基于XML技术的AMF作为最新的3D打印/增材制造文件标准。AMF得到了ASTM委员会和业内诸多企业的认可，AMF的标准编号为ASTM F2914—12。

AMF作为新的基于XML的文件标准，弥补了CAD数据和现代增材制造技术之间的差距。这种文件格式包含用于制作3D打印部件的所有相关信息，包括打印成品的材料、颜色和内部结构等。

标准的AMF文件包含object、material、texture、constellation、metadata这5个顶级元素，一个完整的AMF文档至少要包含一个顶级元素。

object：object定义了模型的体积或者3D打印/增材制造所用到的材料体积。

material：material定义了一种或多种3D打印/增材制造所用到的材料。

texture：texture定义了模型所使用到的颜色或者贴图纹理。

constellation：constellation定义了模型的结构和结构关系。

metadata：metadata定义了模型3D打印/增材制造的其他信息。

AMF文档还包含Geometry specification、Color specification、Texture maps、Material specification、Mixed graded lattice and random materials、Printconstellations、Meta-data、Optional curved triangles、Formulas、Compression等信息。

AMF文档标准作为专门针对3D打印/增材制造开发的开放性文档标准，已经得到业内诸多企业和专家的支持，目前AMF文档标准最新的版本是V0.1。

任务3　快速成型技术的应用领域与实例

3D打印技术可用于珠宝、鞋类、工业设计、建筑、工程和施工（AEC）、汽车、航空航天、牙科和医疗产业、教育、地理信息系统、土木工程及许多其他领域。在模具制造、工业设计等领域被用于制造模型或者用于一些产品的直接制造，意味着这项技术正在普及。通过3D

打印机也可以打印出食物，这是3D打印机未来的发展方向之一。

一、航天航空业

由于金属3D打印的价格较为昂贵，其主要应用领域是航空航天领域。GE的工程师就用3D打印机成功“打印”出了航空发动机的重要零部件。与传统制造相比，这一技术将使该零件成本缩减30%、制造周期缩短40%。我国在航空航天的3D打印方面有独到技术，在某型号战斗机上就有3D打印的零部件。图6-18所示为3D打印的航空部件。

图6-18　3D打印的航空部件

二、医疗行业

近年来，3D打印技术在医疗行业的应用取得了长足的发展。个性化定制的整形牙套；利用CT数据建模，然后打印出来的人体器官模型，对于医生准确判断手术方案提供了更加直观的立体三维模型。图6-19所示的是3D打印的整形牙套。

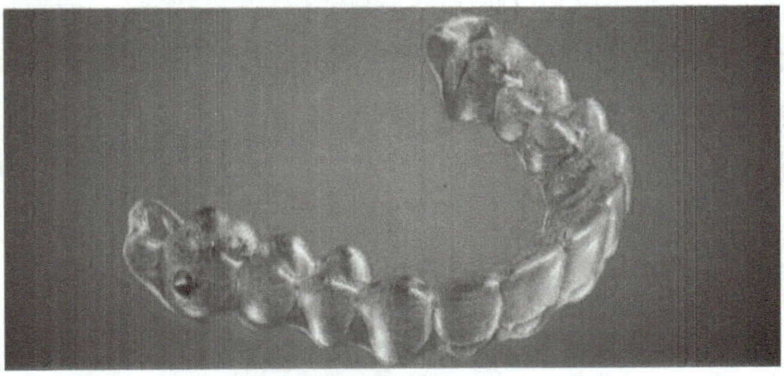

图6-19　3D打印的整形牙套

将来外科医生们或许就可以在手术中现场利用打印设备打印出各种尺寸的骨骼用于临床使用。这种神奇的3D打印机已经被制造出来了，而用于替代真实人体骨骼的打印材料正在紧锣密鼓地测试中。

在实验室测试中，这种骨骼替代打印材料已经被证明可以支持人体骨骼细胞在其中生长，并且其有效性也已经在老鼠和兔子身上得到了验证。

未来数年内，打印出的骨骼替代品或将帮助外科手术医师进行骨骼损伤的修复，用于牙医诊所甚至帮助骨质疏松症患者恢复健康。

为了打印骨骼材料，博斯和她的同事们使用了一台商业销售的ProMetal 3D打印机进行测试。这种3D打印机最初的设计目的是为了打印金属件。它会逐层喷洒塑料胶粒在一层粉末基底之上并逐层成型。每一层的厚度仅相当于人的头发丝宽度的一半。

这种骨骼支架的主要材料成分是磷酸钙，其中还额外添加了硅和锌以便增强其强度。当它被植入人体内之后可以暂时起到骨骼的支撑作用，并在此过程中帮助正常骨骼细胞生长发育并由此修复之前的损伤，随后这种材料可以在人体内自然溶解。

科学家们花费4年时间才找出这种材料的合适配方，其中涉及化学、材料学、生物学和工艺科学的诸多学科。

三、制造业

近几年3D打印技术在制造业的应用也越来越广泛，例如，3D打印的模具零件、3D打印的快速模具、3D打印的塑料件等。制造业需要很多3D打印产品，因为3D打印无论是在成本、速度和精确度上都要比传统制造好很多。而3D打印技术本身并不非常适合大规模生产，所以制造业利用3D打印技术能给个性化、小批量的制造带来很多好处，甚至连质量控制都不再是问题。比如，微软的3D模型打印车间，在产品设计出来之后，通过3D打印机打印出来模型，能够让设计制造部门更好地改良产品，打造出更出色的产品。这不是说用户的车是3D打印机打印出来的（当然或许有一天这会成为可能），而是说汽车行业在进行安全性测试等工作时，会将一些非关键部件用3D打印的产品替代，在追求效率的同时降低成本。图6-20所示为3D打印的新款汽车。

图6-20　3D打印的新款汽车

四、食品业

近年来，3D打印的食品屡见报端，巧克力、煎饼、蛋糕等3D打印的产品已经商业化运作，并且取得了成功。

2013年5月22日，NASA已选中总部位于得克萨斯州的系统和材料研究公司，向其投资11.5万美元，研发能为宇航员制造“营养可口”食品的3D打印机。

其实3D打印食品并没有多少新奇之处。只不过在食品打印机的概念设计方案中，打印机的“墨盒”——更换成装载食物的部分。一款用来打印披萨饼的3D打印机就是首先打印一层面饼，并在打印的同时烤好；然后机器会将使用装载番茄的“墨盒”和水、油混合，打印出番茄酱。最后将酱料和奶油打印在比萨饼的表面，如图6-21所示。

图6-21　3D打印的披萨

五、文物行业

美国德雷塞尔大学的研究人员通过对化石进行3D扫描，利用3D打印技术做出了适合研究的3D模型，不但保留了原化石所有的外在特征，同时还做了比例缩减，更适合研究。博物馆里常常会用很多复杂的替代品来保护原始作品不受环境或意外事件的伤害，同时复制品也能将艺术或文物的影响传递给更多更远的人。史密森尼博物馆就因为原始的托马斯·杰弗逊雕塑要放在弗吉尼亚州展览，所以博物馆用了一个巨大的3D打印替代品放在了原来雕塑的位置。

近几年，使用三维扫描仪和3D打印机进行文物修复的案例屡见不鲜，而且修复还原产品的水平之高远超出人们的想象。比如，在雕塑修复中，可以使用三维扫描仪扫描破损的文物，然后在三维设计软件中进行数字化修复缺失的部分，最后将设计好的缺失部分使用3D打印机打印出来，喷漆，上色，大大提高了修复的效率和对修复人员的依赖程度。图6-22所示是使用

3D打印技术修复后的雕塑。

图6-22　3D打印辅助复原后的雕塑

六、建筑行业

随着3D打印技术的普及，对建筑行业也产生了巨大的影响。在上海，3D打印的节能别墅；规划设计公司、售楼处，3D打印的建筑模型，通过比例精确展现了建筑的设计理念和外观。在建筑业里，工程师和设计师们已经接受了用3D打印机打印的建筑模型，这种方法时间短、成本低，制作精美且环保，在完全合乎设计者要求的同时又能节省大量材料。

海牙核安全峰会在2014年3月24日～25日举行，各国国家元首皆出席此次峰会。各国元首也会忙里偷闲参加一些有趣的聚会或活动，如前美国总统奥巴马先生在DUS公司的3D打印展览馆参观全球最大的3D打印建筑物。该3D打印展览馆目前正在利用3D打印技术准备打印全球最大的3D打印房屋，该公司使用名为KamerMaker的3D打印机，高达6m，可安置在废弃集装箱内。KamerMaker的功能与桌面3D打印机相似，可在连续层次中挤压出热塑料。它还可以用来打印较小物件，比如板凳。图6-23所示为3D打印的别墅。

图6-23　3D打印的别墅

项目小结

通过本项目的学习，可以了解近年来3D技术的发展过程，了解几种典型的3D打印技术，如挤出成型中FDM（熔融沉积式）技术的原理和使用的材料；颗粒型成型技术中SLS（选择性激光烧结）、SLM（选择性激光熔化成型）技术的原理和使用材料的不同及其应用范围；光聚合成型技术中SLA（立体平板印刷）、DLP（数字光处理）技术的原理和使用的材料及其应用范围。

通过对3D打印数据的处理分析，特别是当前通用的STL数据的学习，进一步理解3D打印文件的成型原理。

思考与练习

1）快速成型技术也称为增材制造，其和传统的制造业有何不同之处?

2）自己身边有没有使用3D打印技术加工制造出来的产品，能分辨出它们是使用了哪种技术吗?

3）在已经学习过的三维软件中，如何将设计文件输出为3D打印的格式即STL文件?

项目7

三维扫描在产品质量检测中的应用

本项目将通过GOM Inspect三维检测软件进行三维测量数据的分析练习，引导读者将三维扫描数据应用到产品质量分析和检测报告输出中，并熟练掌握三维检测软件GOM Inspect的操作技巧。

- ❐ 任务1　GOM Inspect软件入门。
- ❐ 任务2　三维扫描数据的输入及编辑。
- ❐ 任务3　简单检测及报告输出。
- ❐ 任务4　创建二维截面检测。
- ❐ 任务5　额外的对齐计算。

在产品生产过程中，为了保证生产出来的产品外形尺寸和CAD设计尺寸在可控的公差范围之内，经常需要对产品的各种尺寸进行检测。对于常规的精密机加工产品的质量检测可以使用三坐标测量机进行形位公差测量和“数模对比”。由于其测量方式受到单次点测量的限制，无法得到全面的产品质量分析数据，而对于检测基准不全导致无法建立检测坐标系的产品，三坐标测量机更是无法完成检测。因此对于需要全面质量检测和检测基准不全的产品可以使用三维扫描仪进行扫描，得到产品数据，输入到分析软件中进行分析，得到需要的检测分析报告。

本项目将介绍如何使用GOM Inspect软件进行数据输入、编辑数据、对齐数据、检测分析、输出报告、输出网格等操作，完成产品质量检测。

任务1　GOM Inspect软件入门

一、认识GOM Inspect软件

1．GOM Inspect软件介绍

GOM Inspect是一款免费的三维检测和网格处理软件，不但可用于分析三维点云的形状及尺寸，而且还可作为视读软件供用户查看测量结果和CAD数据。

本款免费软件专门为需要处理和评估三维数据的用户而设计。GOM Inspect软件并未提供全部参数化功能，但可保证测量数据的可溯源性。有些高级功能，例如创建模板、示教扫描和参数化检测等功能，则只有GOM Inspect Professional软件才提供。GOM Inspect软件广泛应用于质量控制、产品研发和生产阶段的三维测量数据分析。可用于评估出自GOM测量系统、三维扫描仪、激光扫描仪、CT、CMM及其他来源的三维测量数据。

2．GOM Inspect软件的主要功能

1）输入点云：ATOS、STL、PLY、ASCII等。

2）生成多边形网格：网格边缘光顺、稀化、补孔及优化处理，创建网格桥等。

3）输入CAD数据：CATIA V4、CATIA V5、Pro/E、NX、IGES、STEP、JT-Open、Parasolid和PLY等。

4）同一项目中执行多种对齐：自动预对齐、RPS、3-2-1、面-线-点、最佳拟合对齐、逐

级对齐、基于局部坐标系的对齐等。

5）CAD比较：曲面、截面、点等。

6）基于CAD数据生成几何元素：线、平面、圆、圆柱、圆锥等。

7）基于二维截面的分析。

8）构造和测量计划：尺寸、虚拟卡尺、角度、直径等。

9）GD&T分析基于ISO 1101和ASME Y13—5标准。

10）报告：初样检验、表格（如VDA）、自由定义的报告模板、报告的屏幕演示、阶段项目视频、标注的手动和自动定位等。

二、获取GOM Inspect软件

用户可以登录GOM公司的网站下载GOM Inspect软件、学习素材、学习视频，与其他用户沟通使用心得。下载完成后根据安装步骤提示完成软件的安装。

三、认识GOM Inspect软件的图形用户界面

GOM Inspect 2016软件提供了简洁的菜单、清爽的界面、分区的功能、随时可以进入的帮助设计，帮助用户快速掌握该软件的用法。

1．GOM Inspect 2016软件的开始页

启动GOM Inspect后显示的开始页如图7-1所示。通过该界面可以轻松完成新建项目、直接打开最近使用的项目、打开已经存在的项目等基本操作。

2．GOM Inspect 2016软件的界面介绍

打开一个项目后的软件界面如图7-2所示（以检测任务环境为例）。

软件顶部虚线框内是软件的标题栏、菜单栏和快捷工具栏，通过菜单栏用户可以轻松找到需要的各种命令。对于各种常用命令则会显示在快捷工具栏以快捷图标的形式出现，如图7-2所示。在检测任务下，软件常用的各种检测命令和选择工具会直接显示在软件的各个显著位置，方便用户使用。

软件左侧虚线框内的部分是根据不同任务而设计的浏览器区，可以通过单击如图7-2所示“文件”菜单下的任务切换按钮切换不同的任务。切换任务后，软件的功能界面和命令也会发生相应的变化。GOM Inspect 2016共有开始、检测、报告、网格编辑4个主要任务，图7-2显示的是软件的检测任务环境。

软件中部的虚线框内部分是软件的主要工作区。该区域位于软件的中部便于用户观察物体，进行产品检测。为了方便用户更加便捷地观察模型，借助任务区左下角的坐标立方体，用户可以非常方便地切换各种标准视图、ISO视图和旋转视图等。软件右侧的虚线框内部分是选择对象的属性区，通过该区域用户可以查看选中对象的所有属性，选中的对象不同，属性区中显示的信息也不相同。

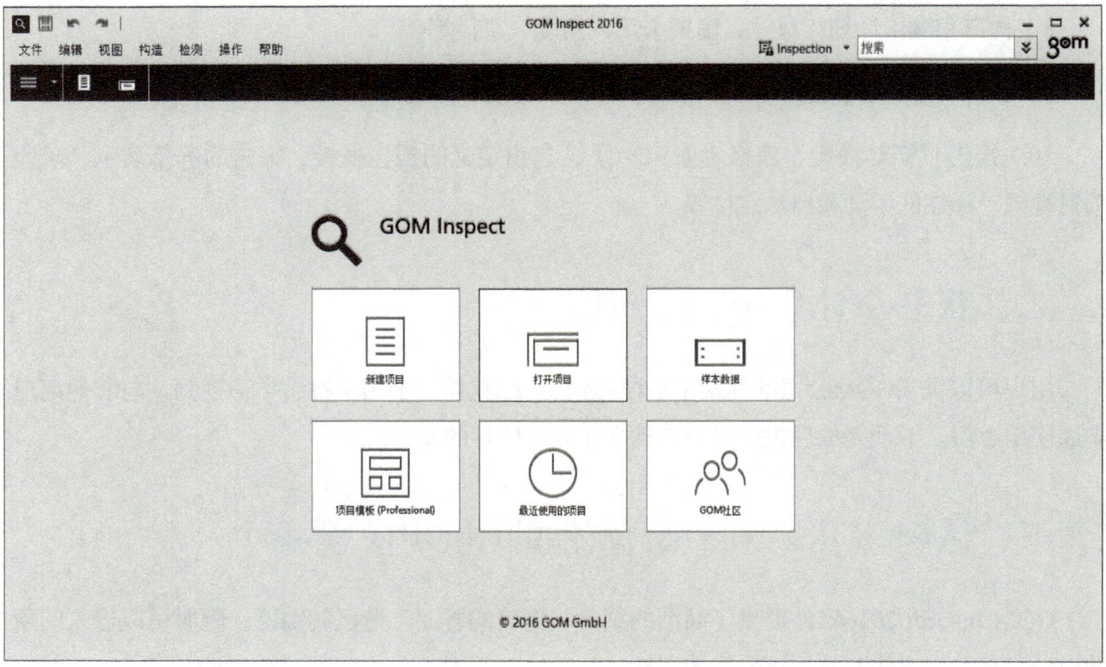

图7-1 GOM Inspect 2016软件开始页

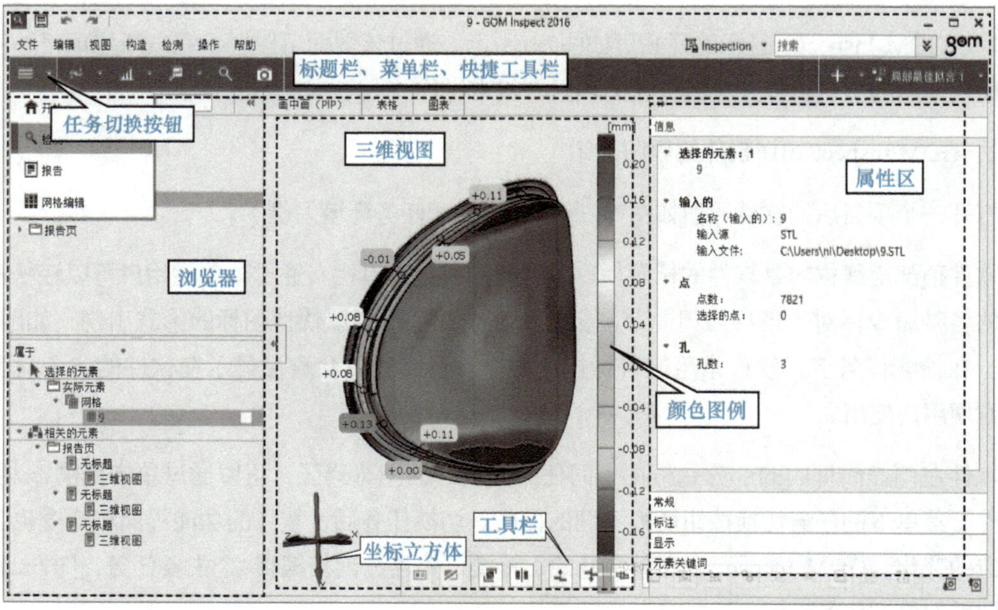

图7-2 GOM Inspect 2016软件主界面

3．GOM Inspect 2016软件中的鼠标操作

为了方便用户观察模型，可以使用鼠标实现模型的旋转、缩放、平移等功能，具体的操作方法见表7-1。

表7-1 GOM Inspect 2016软件中的鼠标操作

按　键	功　能
鼠标左键	“单击”操作用于选择对象；“按住并移动光标”用于旋转对象
鼠标中键	“按住并移动光标”用于平移对象。向前（远离用户的方向）滚动滑轮用于放大对象，向后（接近用户的方向）滚动滑轮用于缩小对象
鼠标右键	“单击”鼠标右键操作用于打开光标所在对象上的快捷菜单

任务2 三维扫描数据的输入及编辑

完成如图7-3所示的GOM Inspect练习文件CAD模型加载、扫描网格数据的加载和编辑。

图7-3 GOM Inspect 练习文件

一、通过菜单命令加载CAD模型

执行“文件”→“输入”→“文件”命令，在弹出的输入文件对话框中浏览GOM Inspect练习文件的保存路径，选中练习文件“gom_part.stp”，单击“打开”按钮。系统弹出“输入CAD”对话框，如图7-4所示。用户可以自定义CAD模型三角化网格的分辨率，一般建议选择中等精度，“结构修复模式”选择“自动”。GOM Inspect软件支持CATIA V4、CATIA V5、Pro/E、SIEMENS NX、IGES、STEP、JT-Open、Parasolid和PLY等众多文件格式的输入。

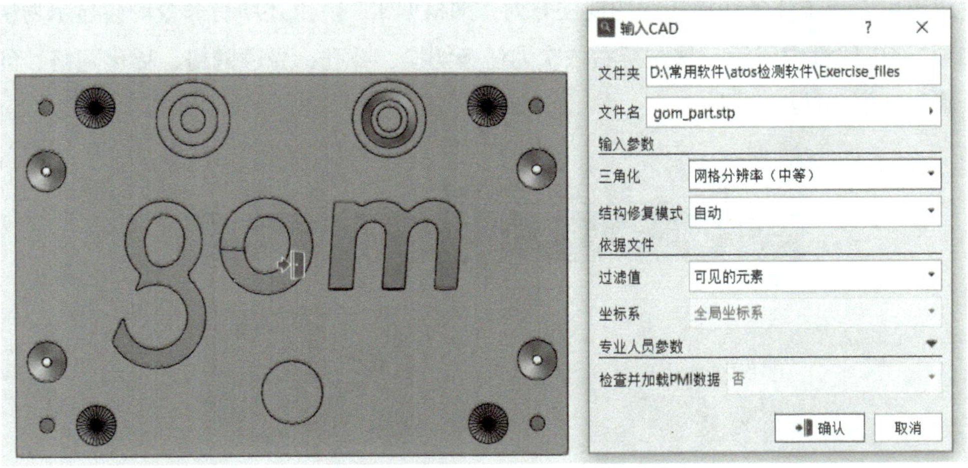

图7-4 加载练习文件gom_part.stp

二、从Windows浏览器拖拽加载CAD模型

用户也可以选在GOM Inspect软件的任务开始页或检测任务页，从Windows浏览器直接拖拽gom_part.stp文件到软件工作区，完成文件加载。

三、扫描网格数据的加载

扫描网格数据的加载用户可以参考本任务第一步中的两种数据模型加载方式，完成扫描网格STL数据gom_part_measurement.stl的加载，在加载对话框中用户应选择加载STL数据的单位和目标网格类型，如图7-5所示。

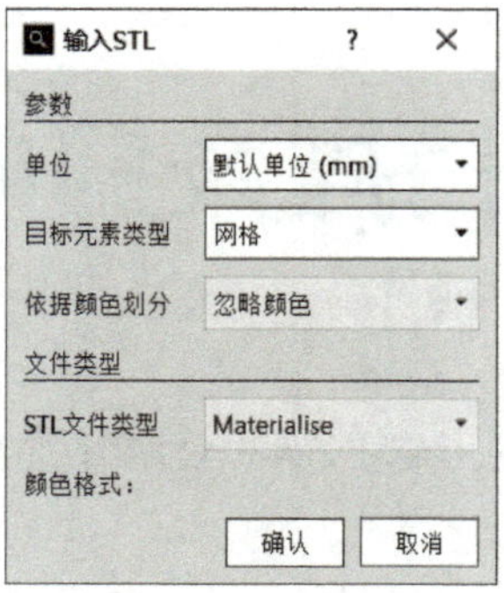

图7-5 “输入STL”对话框

上述两个练习文件，可在GOM公司网站下载，也可在配套电子资源中找到。

四、编辑网格

GOM Inspect软件提供了强大的网格编辑功能，主要包括交互式补孔、光顺网格、稀化网格、创建网格桥、修复网格和精细网格。上述所有命令均可以在“操作”→“网格”下面找到，用户也可以单击任务切换按钮切换任务为“网格编辑”。上述所有命令均会显示为快捷工具，如图7-6虚线框内所示，从左至右依次为任务切换、补孔、光顺网格、稀化网格、创建网格桥、修复网格和精细网格。

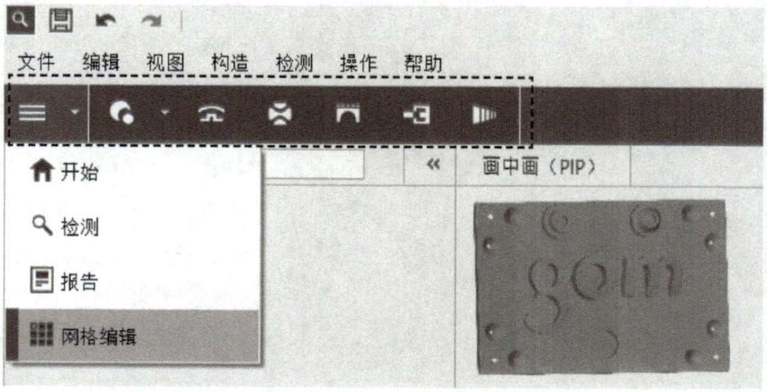

图7-6 “网格编辑”命令

1．曲面选择

为了方便用户编辑网格，GOM Inspect软件提供了强大的网格选择和取消选择功能，当用户处于网格编辑和检测任务时，在工作区的下部会显示如图7-7所示的选择工具条。使用较多的3个命令分别是“曲面选择”→“取消曲面选择”（组合键<Ctrl+空格>）、“穿过曲面选择”→“取消穿过曲面选择”（组合键<Ctrl+Shift+空格>）和“取消所有曲面选择”（组合键<Ctrl+N>）。包括上述命令在内的所有曲面选择工具用户均可在“编辑”→“三维中选择”中找到。

图7-7　网格曲面选择工具条

当用户需要选择一部分曲面进行编辑时，可以执行“编辑”→“三维中选择”→“曲面选择”→“取消曲面选择”命令；单击选择工具条中的“曲面选择”→“取消曲面选择”按钮；也可以在网格上单击鼠标右键，在弹出的“曲面选择”菜单中选择；也可以直接使用快捷键<Ctrl+空格>调用需要的曲面选择工具，光标从箭头替换为。

当用户要选择需要编辑的网格区域时，可以在按住鼠标左键的同时拖动鼠标选择需要选择的区域，然后单击鼠标右键，图标转换为（从左至右分别是从现有区域添加本次选择区域、从现有选择区域减去本次选择区域和取消本次选择）。根据需要，如果在上释放鼠标右键，则完成选择区域的添加；如果在上释放鼠标右键，则完成选择区域的去除；如果在上释放鼠标右键，则取消本次选择。

2．补孔

1）自动补孔。执行“文件”→“输入文件”命令在对话框中选择“gom_part_measurement.stl”文件，完成网格数据的加载。执行“操作”→“网格”→“补孔”→“自动”命令或单击右侧的三角形选择 自动... 自动补孔，系统弹出“自动补孔”对话框，如图7-8所示。单击选择工具条中的“曲面选择”→“取消曲面选择”按钮或者按<Ctrl+空格>组合键，在如图7-9所示需要补孔的周边区域拖动鼠标左键绘制绕孔一周的绿色线框，然后单击鼠标右键在弹出的上释放鼠标右键，完成选择的区域以红色显示。单击“自动补孔”对话框中的“应用”按钮，完成自动补孔操作，如图7-10所示。

2）交互式补孔。执行选择“操作”→“网格”→“补孔”→“交互式补孔”命令或单击右侧的三角形选择 交互式... 交互式补孔，系统弹出“交互式补孔”对话框。按住<Ctrl>组合键在需要补孔的网格边缘单击鼠标完成补孔，如图7-11所示。在完成补孔的同时软件弹出交互式补孔的智创键（从左至右分别是上一个孔、取消补孔、补孔、补孔并跳到下一个孔、下一个孔），用户可以根据需要在填补结果中选择粗糙、基于平面、标准、光顺、非常光顺补孔方式，在删除邻域中输入需要删除邻域的数值，在此过程中，用户可以清晰地看到每一个改变后的预览效果。

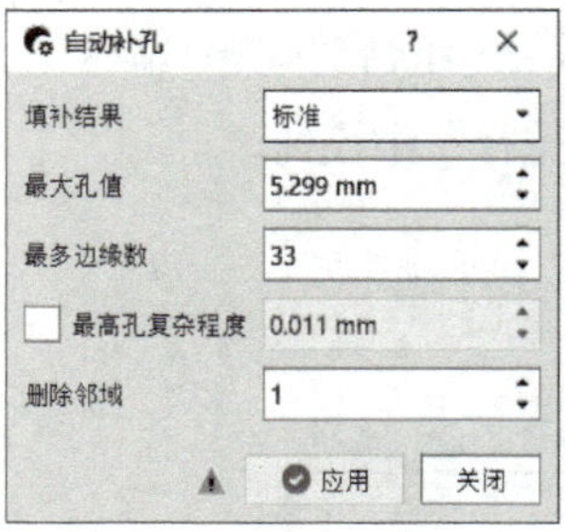

图7-8 “自动补孔”对话框

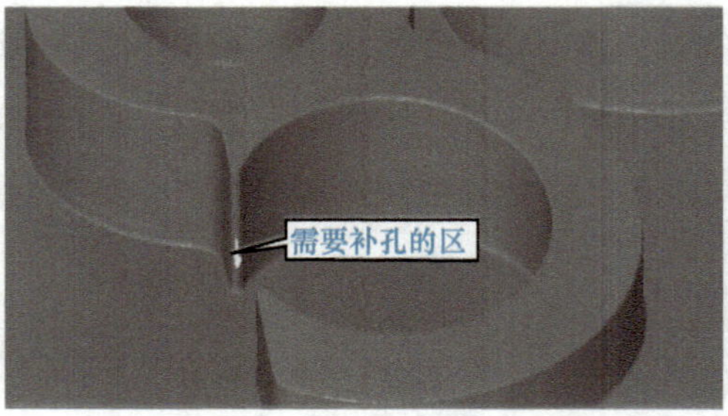

图7-9 网格曲面需要补孔的区域

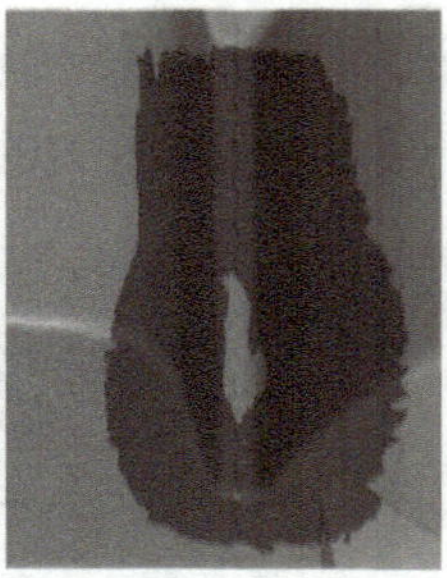

图7-10 完成效果

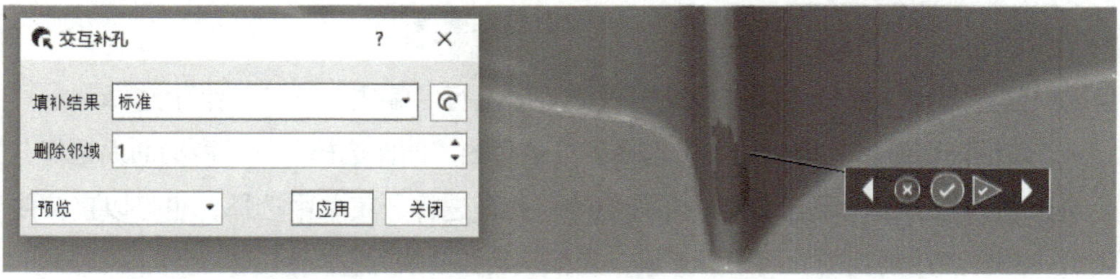

图7-11 网格面的交互式补孔

如果需要补的孔过于复杂，那么还可以使用交互式补孔功能分步骤完成补孔操作，具体操作如下：单击右侧的三角形选择“交互式补孔”，按住<Ctrl>键的同时在孔的边缘按住鼠标左键拖动至孔的另一边然后松开鼠标左键，系统会在鼠标移动轨迹的起点和终点间绘制一条粉红色的补孔分界线，如图7-12所示。

用户可以在分界线一侧单击鼠标，完成该部分孔的补孔操作，如图7-13所示。用户可根据需要重复上述自动补孔或交互式补孔，完成复杂孔的补孔操作。

最终效果如图7-14所示。

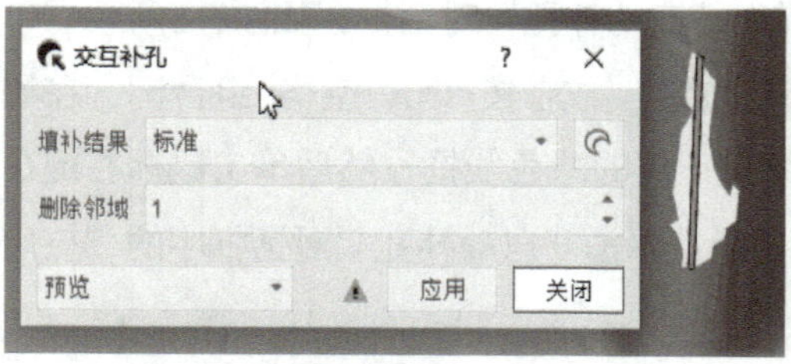

图7-12 绘制交互式补孔分界线

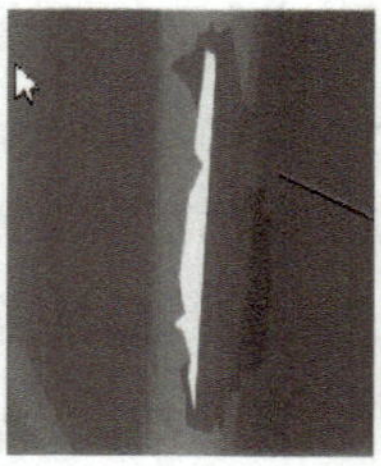

图7-13 补部分孔

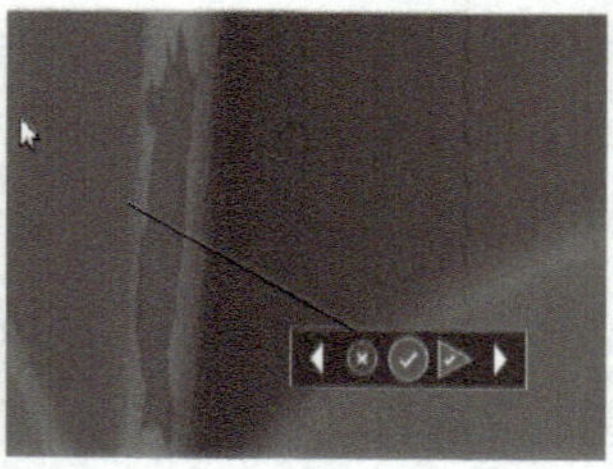

图7-14 完成后的效果

3．光顺网格

如果扫描得到的网格数据噪声比较大，例如，在“gom_part_measurement.stl”文件的右下角的锥形孔面上有比较大的噪声需要处理（见图7-15），则可以使用“光顺网格”命令对该面进行光顺，得到光顺的锥形面。如果需要对某一区域内的面进行光顺，则首先要选中该区域。

选中需要光顺的锥形面，执行“操作”→“网格”→“光顺”命令或单击光顺按钮，系统弹出“光顺网格”对话框，如图7-16所示。用户可以根据需要在预览窗口之下调整“过滤半径”“细节锐化”“曲面公差”，得到需要的光顺效果。

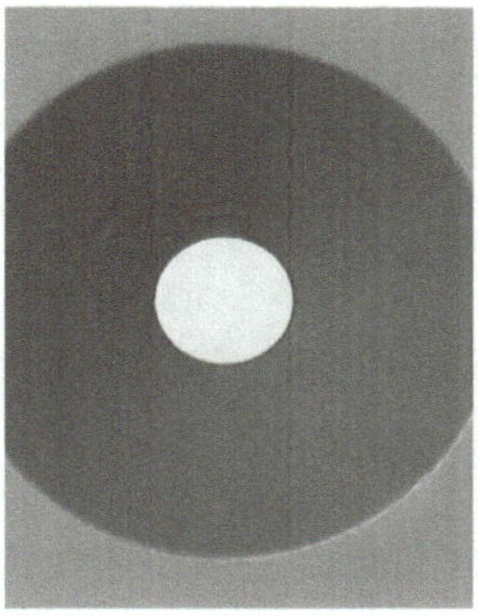

图7-15　需要光顺的区域

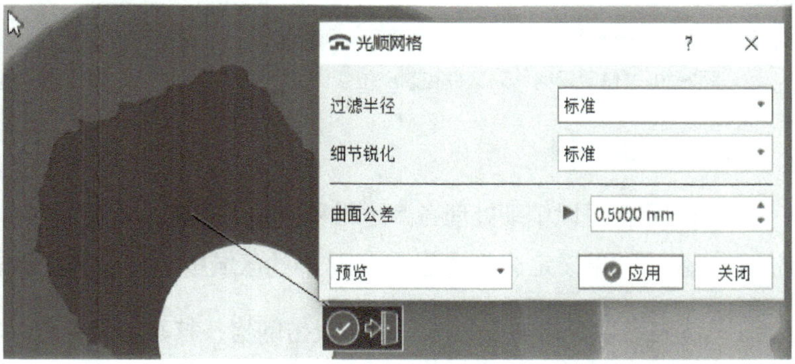

图7-16　“光顺网格”对话框和预览效果

4．创建网格桥

利用“网格桥”命令可以将两个不同的网格连接起来，然后使用“补孔”命令将缺孔补全。

执行“操作”→“网格”→“补孔”→“网格桥”命令或单击“网格桥”按钮，系统弹出“创建网格桥”对话框，如图7-17所示。在“gom_part_measurement.stl”文件的左下角孔的顶部和底部分别单击鼠标选择两个点，系统自动计算出预览效果，如图7-18所示。通过更改“切向张力”更改网格桥的曲率，达到需要的效果。最后单击右侧的三角形选择交互式...“交互式补孔”，按住<Ctrl>键在孔的网格边缘单击鼠标完成补孔，效果如图7-19所示。

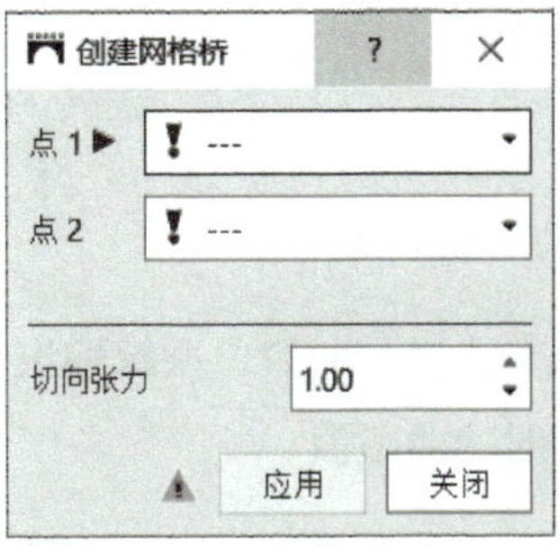

图7-17　“创建网格桥”对话框

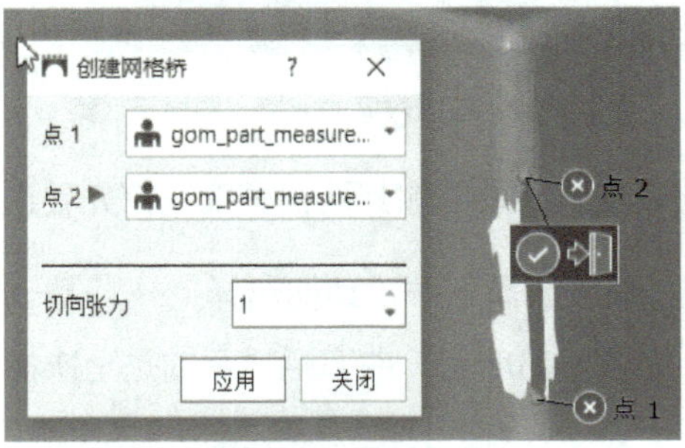

图7-18　网格桥预览效果

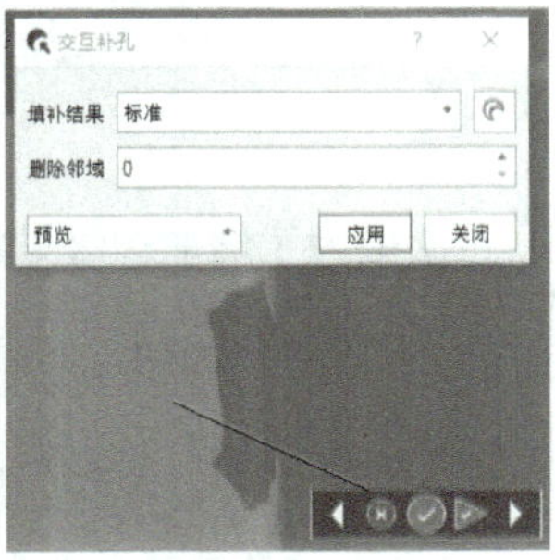

图7-19　完成补孔效果

5．修复网格

修复网格功能对于修复网格上的杂点、划痕等非常有用。执行“操作”→“网格”→“修复网格”命令或单击“网格桥”按钮，系统弹出“修复网格”对话框，如图7-20所示。在

图7-20所示的杂点附近按住<Ctrl>键的同时，在要修补的区域单击鼠标，修改邻域层参数达到需要的效果，如图7-21所示。

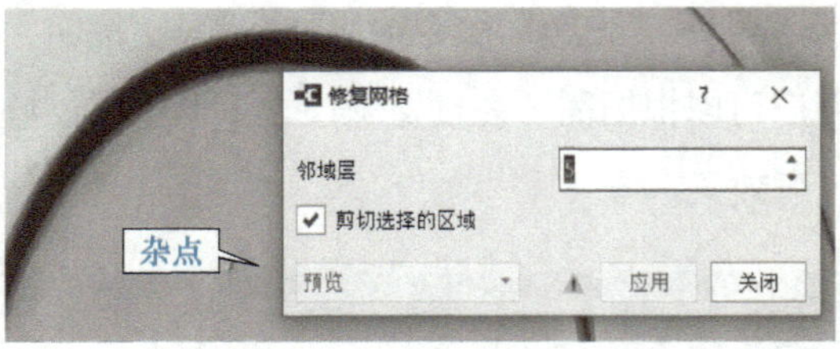

图7-20 “修复网格”对话框和杂点位置

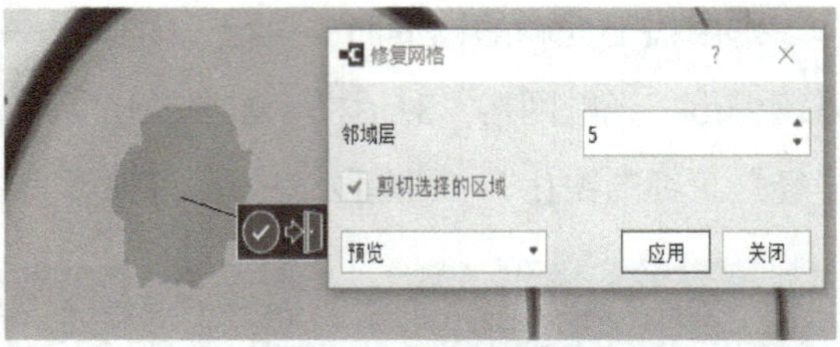

图7-21 修改邻域层参数及效果

6．精细化网格

精细化网格可以精细处理各个边缘和半径的形状，会增加网格的多边形密度。这个功能会增加数据量。如果设定迭代数为1，则选择的区域里的多边形数量按3倍递增。

1）首先启用网格的多边形显示，双击网格，打开其属性栏，在右侧的属性栏标签中找到“显示”标签，单击“显示”标签，选择✓ 网格结构，显示效果如图7-22所示。

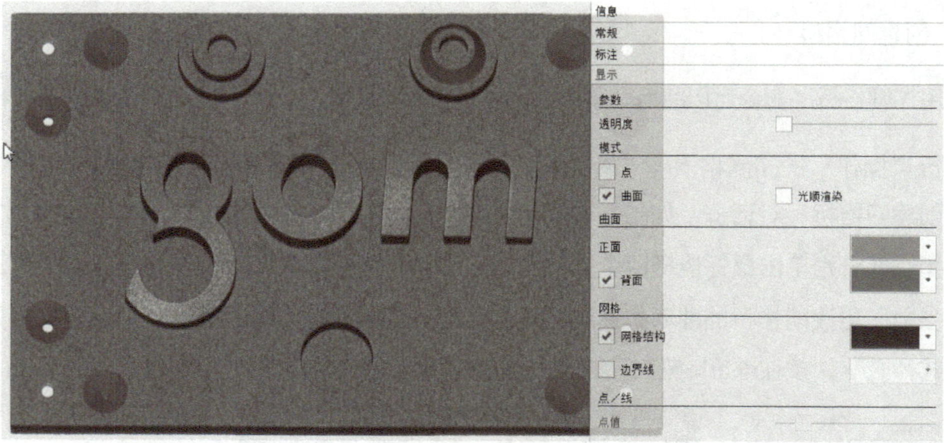

图7-22 扫描数据的网格结构显示效果

这里为了增加边缘处的表现，需要增加其网格密度，首先要选择边缘部分。

2）执行“编辑”→“三维中选择”→“其他选择”→“基于曲率选择”命令，系统弹出“基于曲率选择”对话框，如图7-23所示，曲率栏显示的是上次操作时的曲率值。

3）为了确定边缘处的曲率，在图7-23右侧的位置，按住<Ctrl>键的同时单击鼠标，系统会自动计算出该处的曲率，并基于该曲率选择所有曲率相同的区域，单击“应用”按钮完成后的效果如图7-24所示。

4）如果需要在此基础上增加选择范围，则可以执行“编辑”→“三维中选择”→“网格选择”→“扩大选择区域”命令扩大选择区域，扩大后的效果如图7-25所示。

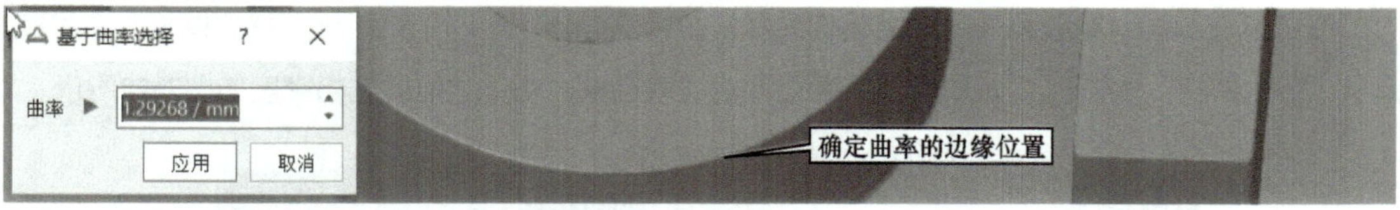

图7-23 “基于曲率选择”对话框和确定曲率的边缘位置

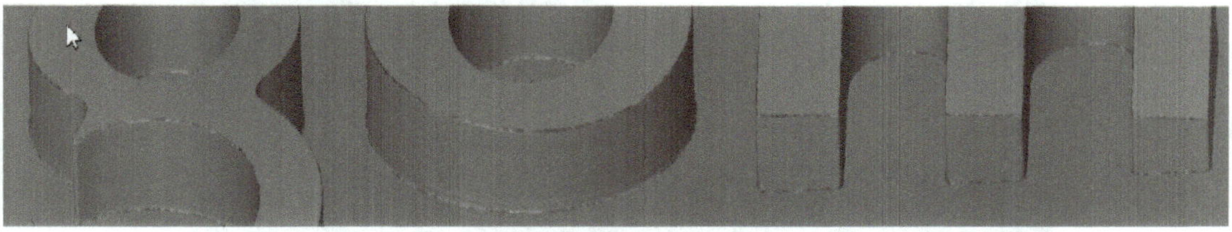

图7-24 基于曲率选择后的效果

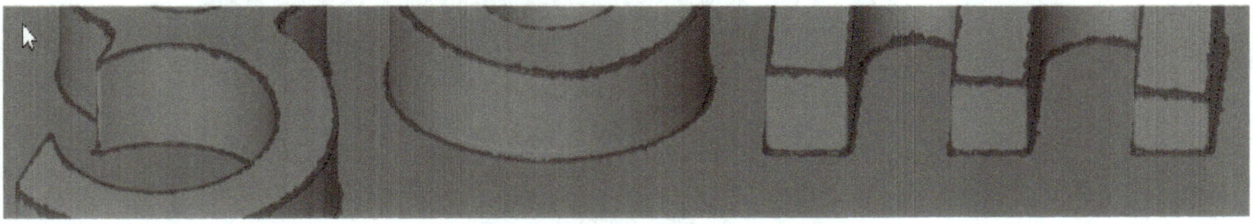

图7-25 经过3次扩大后的选择范围

5）选中该区域后，没有精细化网格的扫描数据。使用网格显示的网格密度如图7-26所示，执行“操作”→“网格”→“精细网格”命令或单击“精细网格”按钮，系统弹出“精细网格”对话框，更改“迭代次数”为2，单击“应用”按钮，精细化之后的效果如图7-27所示。

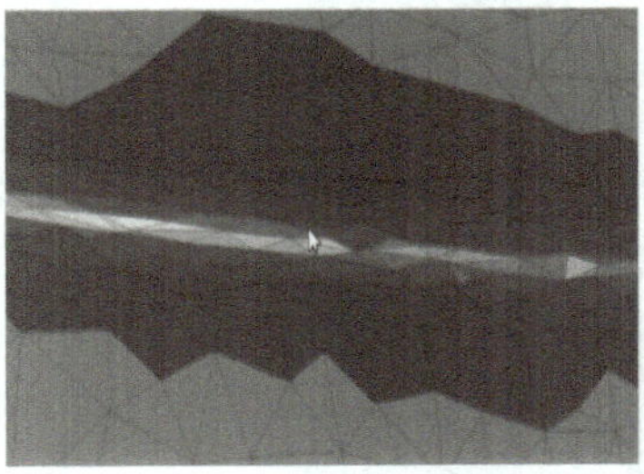

图7-26 精细化之前的网格密度

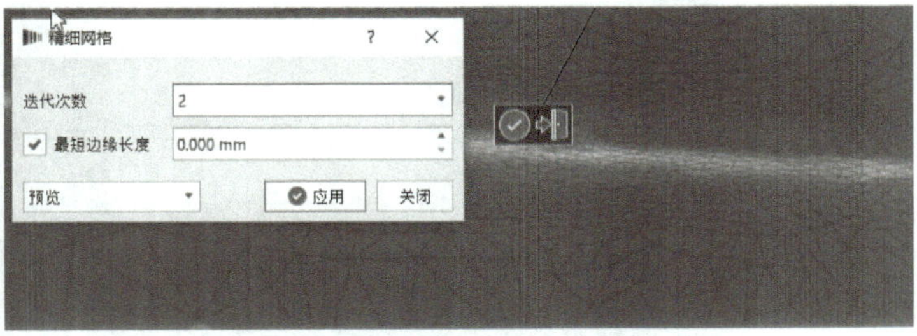

图7-27 两次迭代后的网格密度

7．稀化网格

稀化网格可稀化处理选择的网格区域。在稀化处理过程中，把一个三角形中的两个点挤为一个点。为了让结果错误尽量小，软件在空间里相应移动这个点。

通过稀化网格区域可以减少网格的数据量。比如，铣削程序等其他第三方软件能够处理的点量有限，可以在保持精度的情况下尽量减少数据量。

双击网格数据，更改属性为网格结构显示，执行“操作”→“网格”→“稀化网格”命令或单击“稀化网格”按钮，系统弹出“稀化网格”对话框，稀化之前的网格密度如图7-28所示。

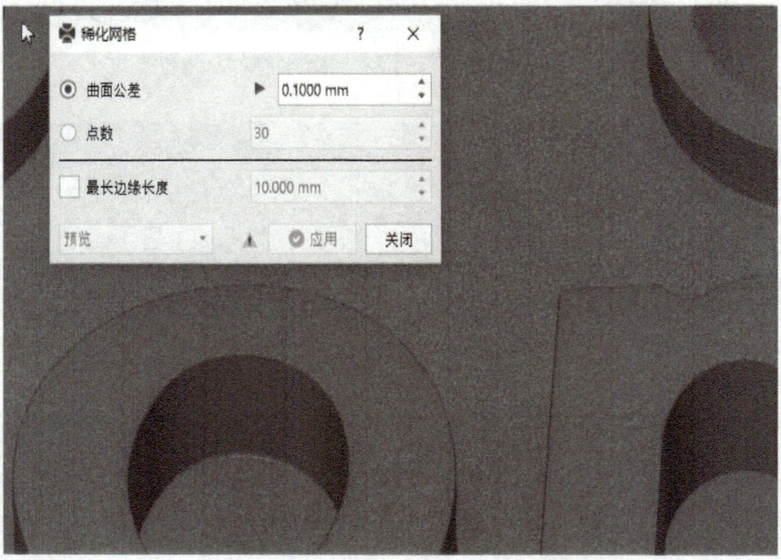

图7-28　稀化之前的网格密度

按<Ctrl+A>组合键选择所有网格，因为整个数据较大，在预览时仅显示圆形区域内的部分预览数据，如图7-29所示。单击“确定”按钮完成整个网格的稀化，其数据量减少巨大。

用户也可以应用“选择”工具，选择需要稀化的部分区域进行局部稀化。

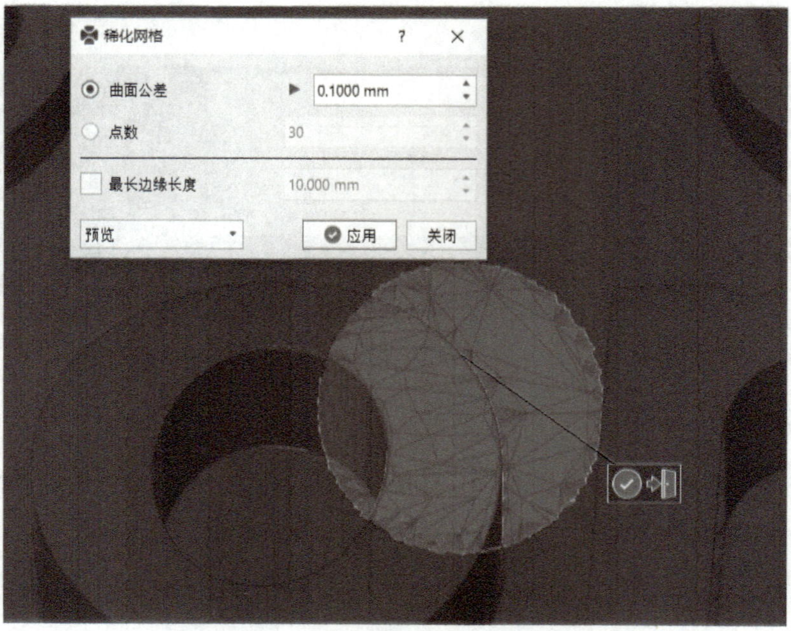

图7-29　稀化预览时网格密度对比

任务3　简单检测及报告输出

将软件提供的CAD模型和任务2中处理好的“gom_part_measurement.stl”文件输入到GOM Inspect软件中，实施对齐和简单检测，保存项目并输出报告。

一、输入测量数据和CAD数据

打开GOM Inspect软件，软件进入开始任务界面，执行“文件”→“输入”→“文件”命令，在弹出的“输入文件”对话框中浏览GOM Inspect练习文件的保存路径，选中练习文件“gom_part.stp”，单击“打开”按钮，系统弹出“输入CAD”对话框，单击“确定”按钮完成选定的CAD数据的加载。

使用相同的操作步骤完成扫描数据“gom_part_measurement.stl”的输入。完成后的效果如图7-30所示。

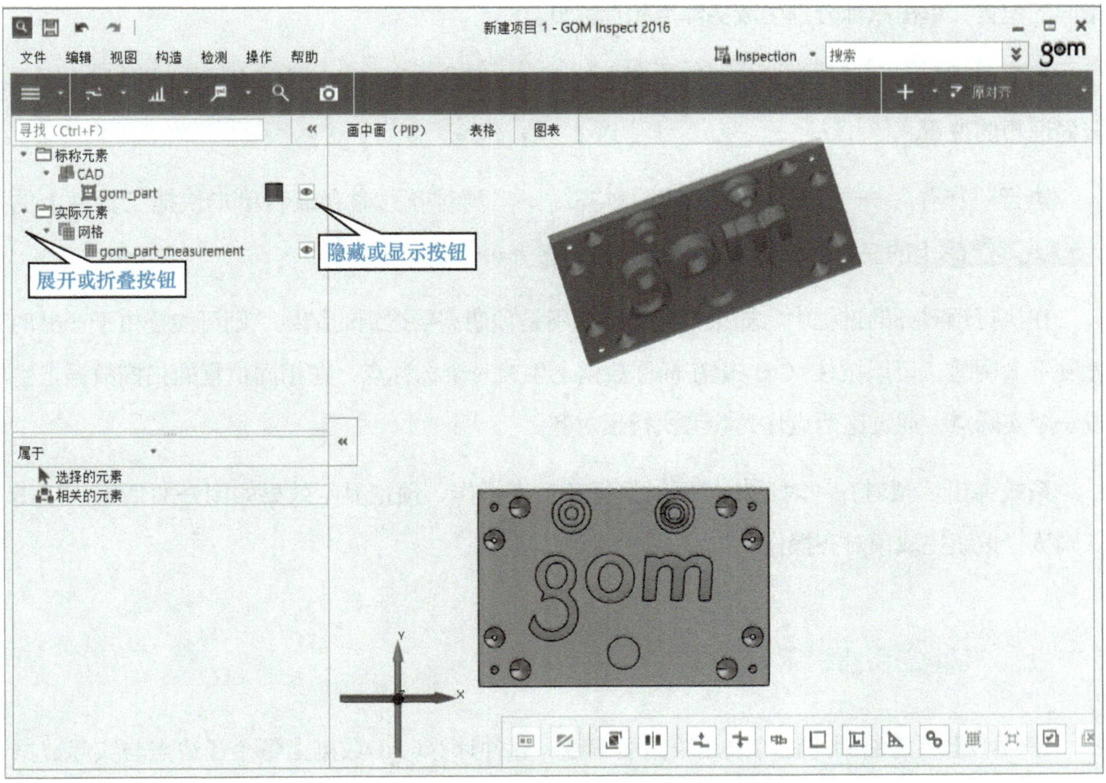

图7-30　输入CAD数据和扫描数据的软件界面

此时在软件左侧的文件列表中可以看出CAD数据“gom_part.stp”是以蓝色显示的标称元素，“gom_part_measurement.stl”是以绿色显示的实际元素。

用户可以单击管理区内的三角形按钮，展开或折叠文件名称；单击眼睛图标，隐藏或显示对象。后期创建的对齐、标注和检测报告等均会显示在该管理窗口中。

二、实施预对齐

预对齐可以把扫描数据预对齐到标称数据（CAD数据），这与测量的开始位置无关。还可以设定执行预对齐后自动进行最佳拟合对齐。

在进行任何其他的对齐或检测之前，必须首先实施一次预对齐。

测量对象的结构层次越分明，软件就越快找到适于对齐的解决方法。针对平坦或旋转对称的组件，对齐搜索所需的时间相对长些。

如果使用的是对称的或者是没有明显三维结构的测量数据，则进行自动预对齐就比较困难。在这些情况下就要用到帮助点。在按住<Ctrl>键的情况下，在扫描数据和标称数据上大致相同的位置，单击鼠标分别生成实际点和标称点。

为了得到预对齐最佳起始值，单击测量物中心位置或平坦部位，生成的实际点和标称点是较为理想的位置。

执行“操作”→“对齐”→“初始对齐”→“预对齐”命令或者单击快捷工具栏上的

上的三角形图标选择“预对齐”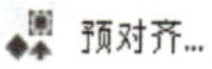

。

在执行预对齐的过程中，如果得到的结果不是预期需要达到的结果，则可能是由于产品的差别不太明显，可以按住<Ctrl>键在标称数据上生成一个标称点，在相同位置的扫描数据上生成一个实际点，通过这两点作为参考执行预对齐。

系统弹出“预对齐”对话框，同时执行预对齐操作，预览显示效果如图7-31所示。单击“确认”按钮完成预对齐操作。

三、创建曲面比较

在CAD上创建曲面比较可以比较曲面偏差。软件计算CAD数据上每个多边点与实际数据之间的垂直距离，在设计的CAD数据上以彩图形式显示出偏差。

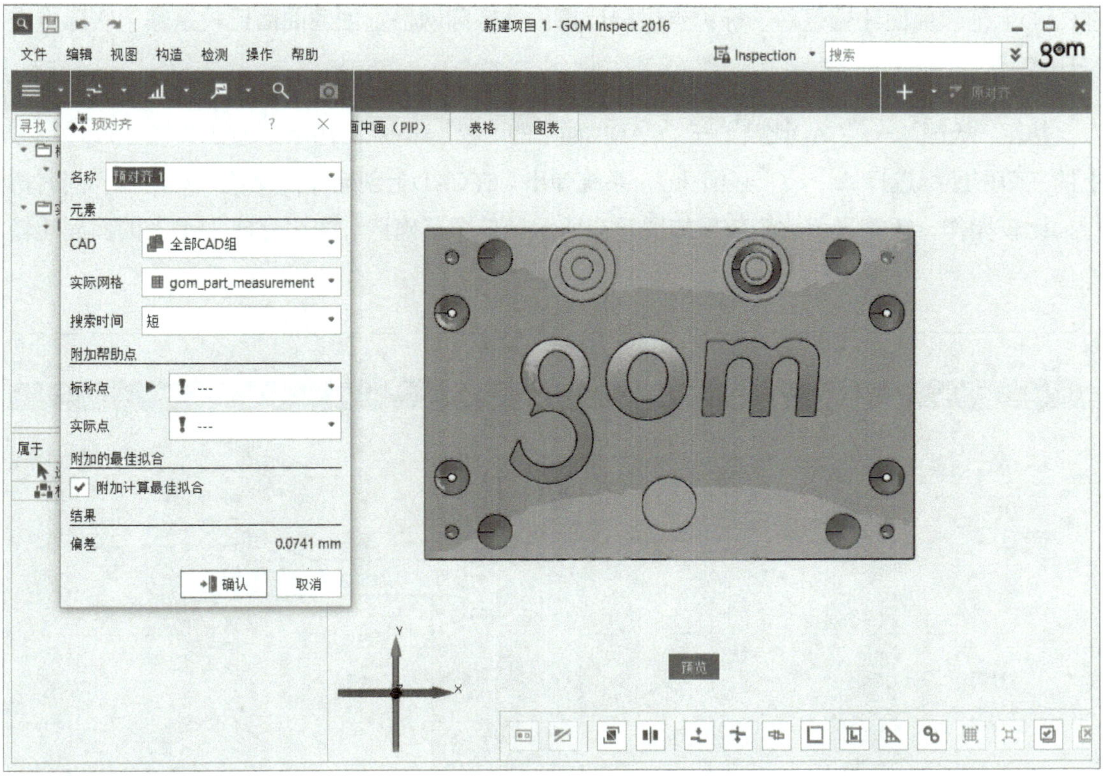

图7-31　实施预对齐的效果

双击数据，在右侧的属性框中打开显示框，选中网格结构，多边形点的显示效果如图7-32所示。在该图形中可以看出三角形片体的分布情况，取消选中网格结构，返回原始状态。

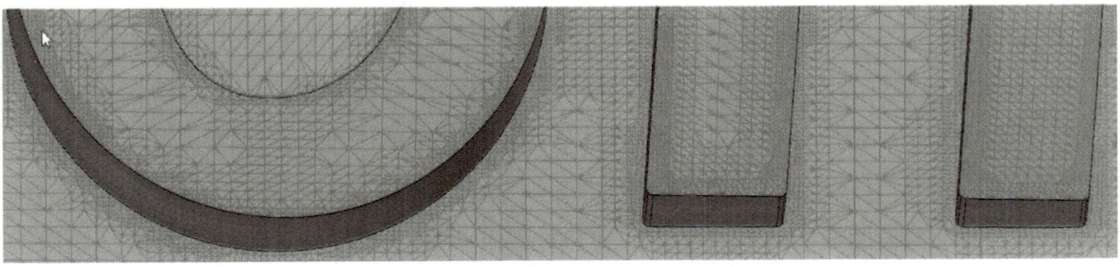

图7-32　CAD数据多边形点的显示效果

在GOM标准图例模板，偏差彩图里的颜色值从蓝色演变到绿色再到红色，蓝色表示测量的曲面低于CAD面。红色说明测量的数据位于CAD曲面之上。绿色表明这些区域没有偏差或者偏差很小。

打开这项功能后，软件设置为可以看见用于检测任务的所有CAD数据。选择三维视图里的数据，然后软件计算出偏差预览图。如果改变功能对话设置，则软件随即更新预览视图。

在CAD上创建曲面比较和在实际网格上创建曲面比较的不同之处在于其计算方法不同。

在CAD上创建曲面比较是基于标称点进行计算。在实际网格上创建曲面比较是基于实际点进行计算。

执行“检测”→“CAD比较”→“CAD曲面上的比较”命令或者单击快捷工具栏上的上的三角形图标选择 CAD上的曲面比较...，系统弹出“在CAD上创建曲面比较”对话框，同时执行预比较操作，预览显示比较效果如图7-33所示。单击“确认”按钮完成CAD上的曲面比较操作。

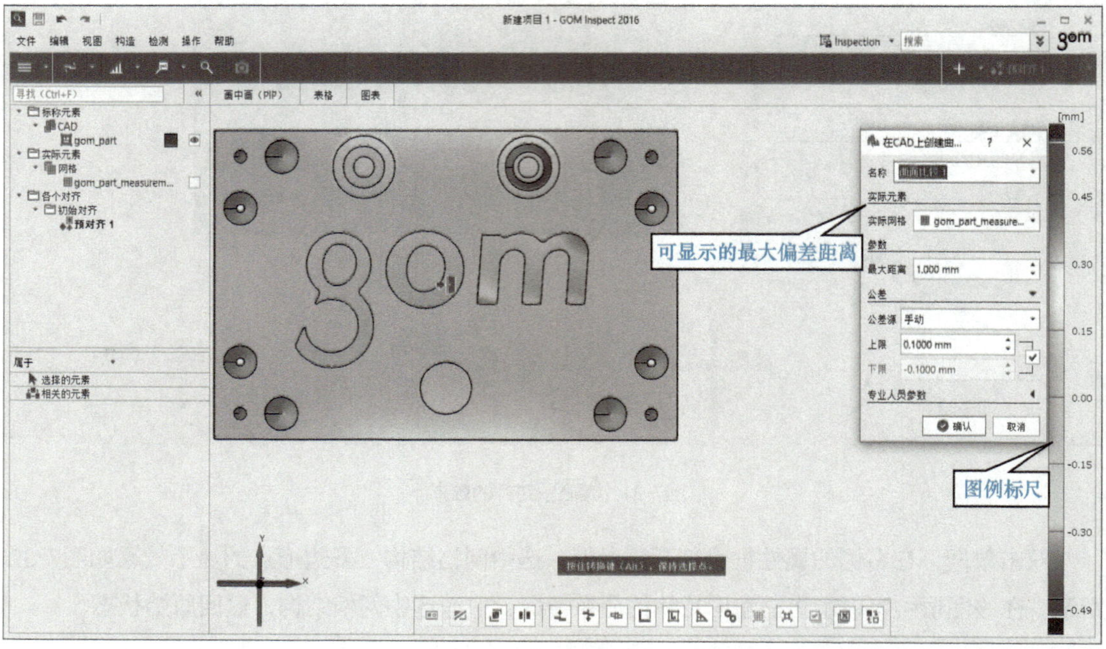

图7-33 CAD上的曲面比较偏差彩图显示效果

用户可以在参数选项卡的最大距离中输入允许显示的最大偏差，例如，输入的距离为1mm，则偏差超出部分以灰色显示。用户可以单击图7-33中图例标尺的顶端或底端的数值，系统弹出对话框，在左侧的文本框中输入需要填入的数值，表示偏差为对称偏差，单击对称偏差图标，该图标更改为非对称偏差图标，此时可以在顶端输入上限偏差，在下部输入下限偏差。

四、标记偏差标注并记录检测结果

偏差标注可以在彩色偏差图上显示某一位置的具体偏差数值，方便用户更加直观地查看某一位置的偏差量。

执行“检测”→“偏差标注”命令或者单击快捷工具栏上的上的三角形图标选择偏差标注图标 偏差标注...，此时鼠标光标从箭头转变为十字形状的光标。

按住<Ctrl>键并在彩色偏差图上移动鼠标指针，软件界面里显示带有数值的相关偏差标注预览图。按住<Ctrl>键的同时单击鼠标即可创建该点的偏差标注，单击鼠标右键结束该功能。如果需要删除某一个点的偏差标注则可以单击该点，按<Delete>键即可删除。

按住<Ctrl>键，在图7-34所示的位置单击鼠标生成偏差标注，单击鼠标右键完成偏差标注。

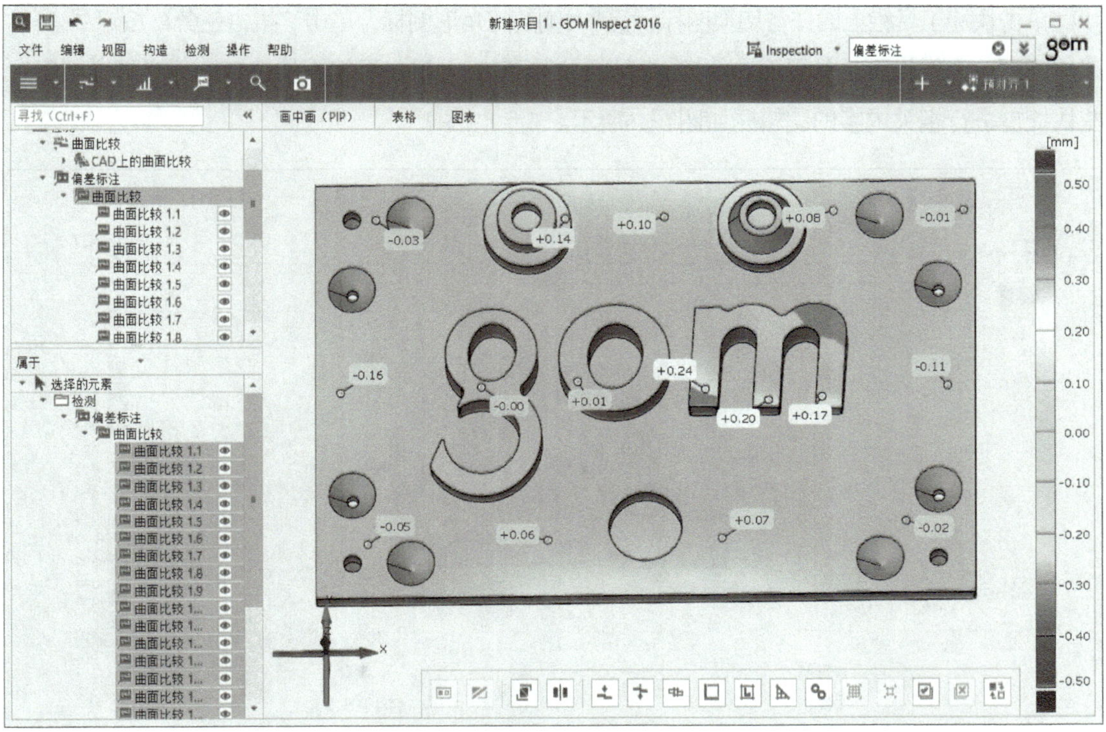

图7-34　创建偏差标注位置

偏差标注完成后，为了以报告页的形式记录该检测结果，可以执行“操作”→“报告”→“创建报告页”命令或单击快捷工具栏上的创建报告页图标。系统弹出“创建报告页”对话框，如图7-35所示。

单击图7-35中报告页底部中间 Title Style (A4) 按钮右侧的三角形按钮，系统弹出所有的报告页模板文件，选择“Title Style（A4）”模板，单击报告页底部的按钮，可以更改报告页为横版或竖版样式。

这里选择的是横版A4样式。该报告页从上至下主要有以下要素组成：

顶部的标题框；

彩色偏差图和图例标尺；

项目关键词对话框。

在创建报告页的过程中可以根据需要在报告页标题框输入报告页标题内容，也可以在报告生成以后输入项目关键词的相关内容。

单击“确定”按钮，系统生成报告页，同时在任务浏览区生成报告页任务列表。报告页任务列表列出所有已经生成的报告页。

单击快捷工具栏上的任务切换图标右侧的三角形图标，单击“报告任务”按钮报告，工作区更改为报告页任务界面。快捷工具栏图标相应变为报告页编辑快捷键，用户可以利用这些快捷键进行相关内容的编辑，如图7-36所示。

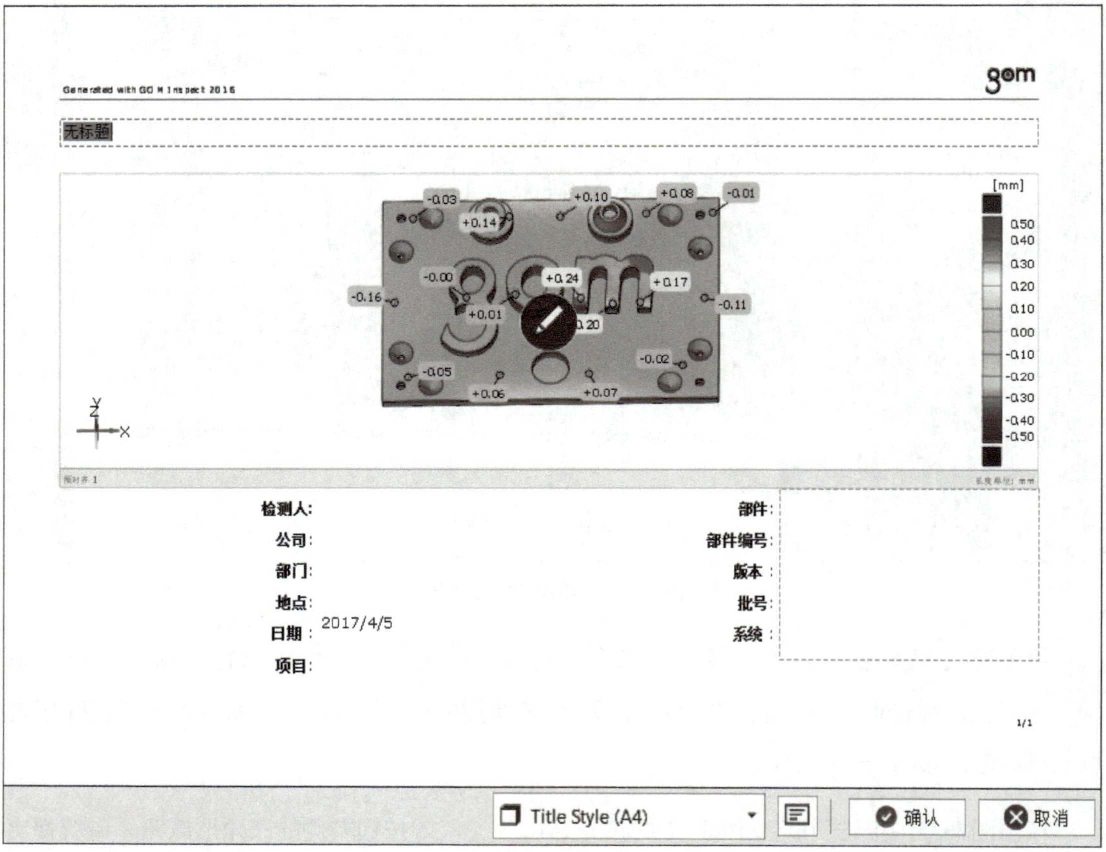

图7-35　创建偏差标注位置

单击图7-36中快捷工具栏中的定义项目关键词图标，系统弹出“定义项目关键词”对话框，如图7-37所示。用户可根据需要输入各项目关键词，单击“确认”按钮完成输入。

至此第一页检测报告制作完成。如果用户需要继续制作此工件其他角度的偏差标注报告页，则可以按以下操作步骤进行。

单击快捷工具栏上的任务切换图标右侧的三角形按钮，单击“检测任务”检测按钮，工作区更改为检测任务界面。

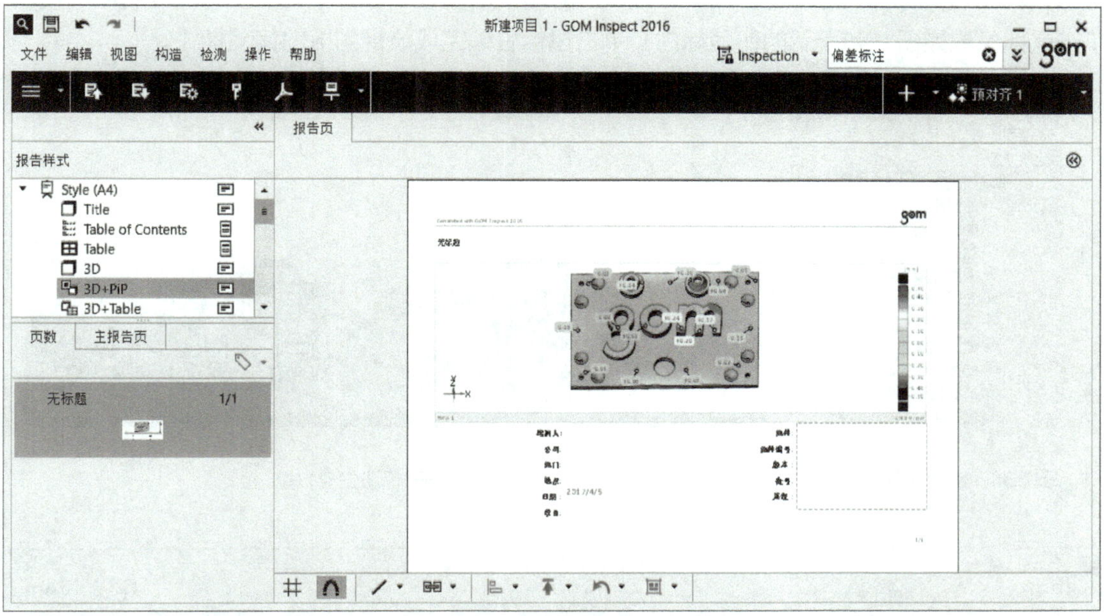

图7-36　报告页任务界面

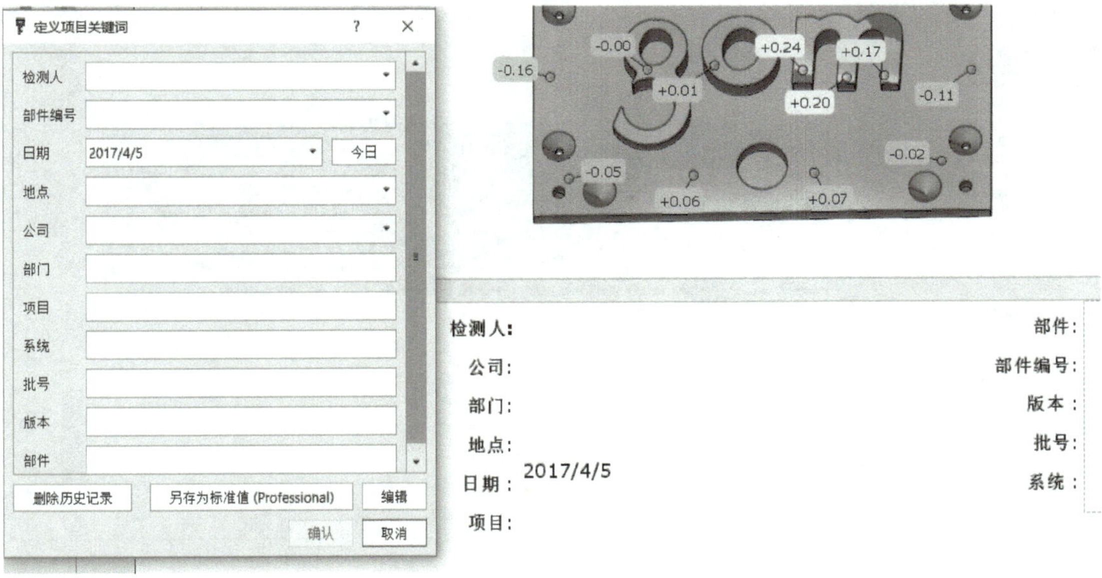

图7-37　输入项目关键词

在任务栏管理区，依次单击检测、偏差标注、曲面比较前的三角形按钮，展开曲面比较任务列表，可以看到如图7-38所示的检测任务列表，最后单击的曲面比较被选中。

执行“视图”→“元素”→“隐藏”命令或按<I>键，隐藏已经创建的所有偏差标注点。

按住鼠标左键并拖动至如图7-39所示的视图方位。执行“检测”→“偏差标注”命令或者

单击快捷工具栏上 上的三角形按钮选择偏差标注图标 偏差标注...，按住<Ctrl>键的同时单击鼠标生成如图7-40所示的偏差标注，单击鼠标右键完成该视图下的偏差标注。

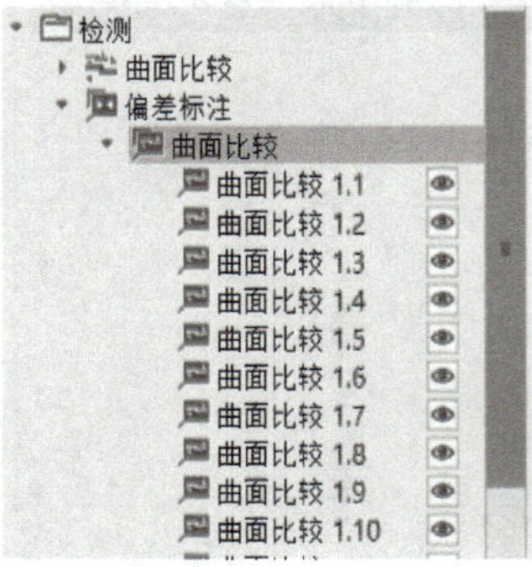

图7-38　检测任务列表

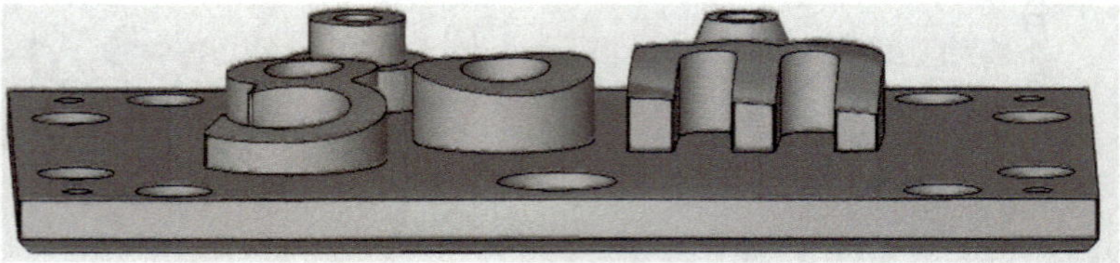

图7-39　偏差标注生成方位

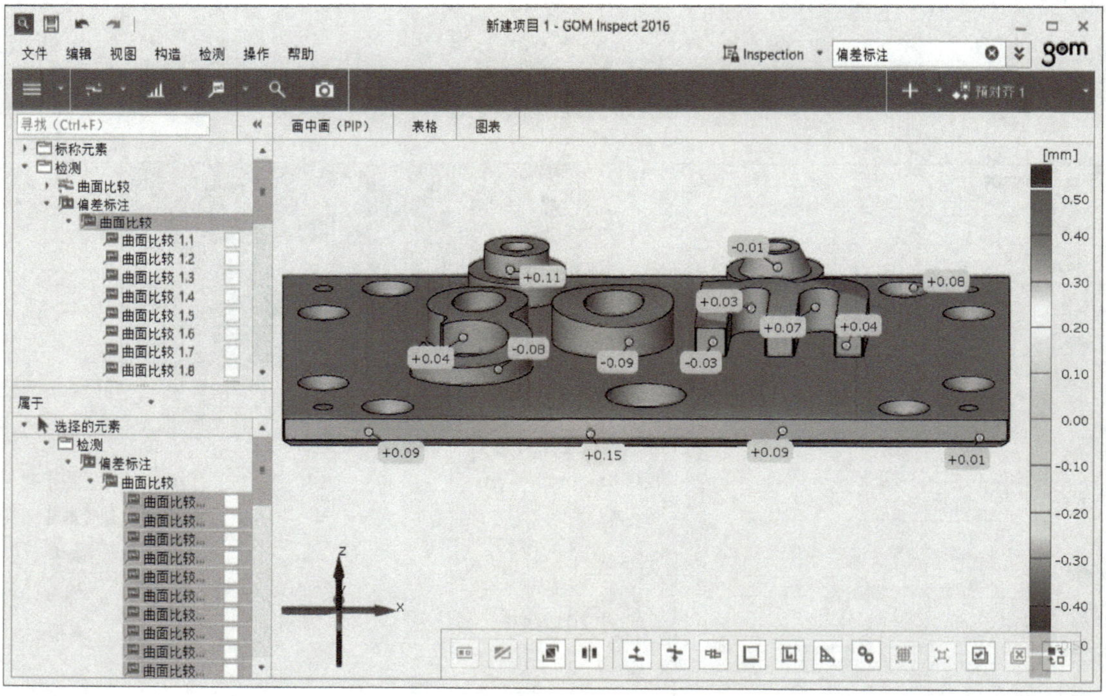

图7-40　第二页偏差标注生成位置

执行“操作”→“报告”→“创建报告页”命令或单击快捷工具栏上的创建报告页图标 。保存此视图下的偏差标注报告页，生成第二页报告页。用户如果想继续创建其他视图下的偏差标注报告页，则可以重复以上步骤，完成不同视图报告页的创建。至此完成了扫描数据和CAD数据的输入、预对齐、CAD曲面上的比较、偏差标注和保存报告页，下一步需要做的就是保存项目并输出项目报告。

五、保存项目并输出报告

执行“文件”→“保存”命令或按<Ctrl+S>组合键保存项目，系统弹出“另存项目为”对话框，如图7-41所示。在路径浏览窗口选择保存路径，输入保存项目的文件名“练习项目”，单击“保存”按钮，完成对该项目的保存。

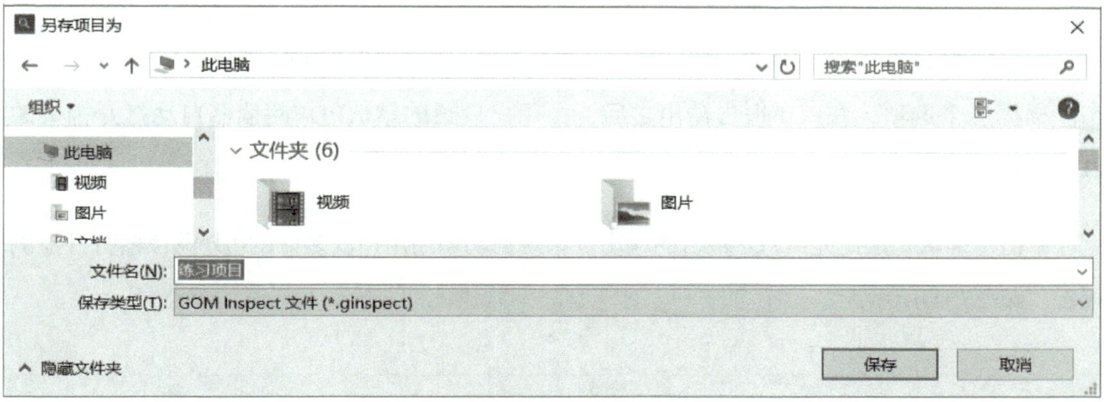

图7-41 “另存项目为”对话框

GOM Inspect软件可以把报告页输出为PDF文件到测量报告里。

如果报告页含有视频，那么软件也可以输出这些视频，并在PDF文件里可以播放视频。执行“文件”→“输出”→“报告”→“PDF”命令，系统弹出“输出为PDF格式”对话框，如图7-42所示。

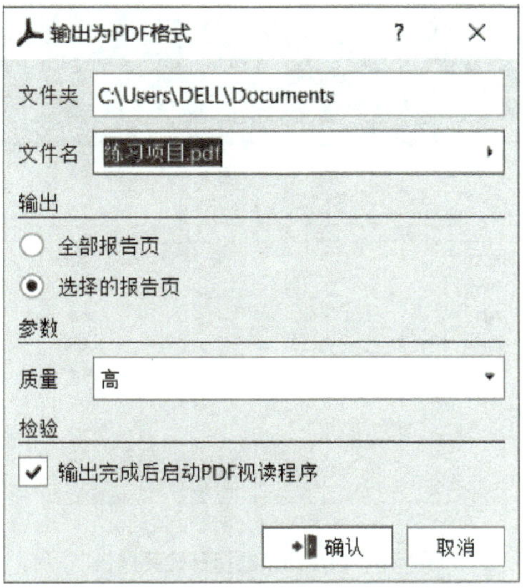

图7-42 “输出为PDF格式”对话框

文件夹栏显示出软件将要保存文件的文件夹路径，软件自动指定文件名。如果要改变名称，则单击这个项目栏。如果要改变存储位置，则单击此项目栏，然后系统引导用户到需要的文件夹路径。

输出选项可选择输出全部报告页或选择的报告页。参数质量设置为“高”，通过这个选项来决定PDF文件里图像和视频的质量。

在检验栏可以设置输出完成后启动PDF阅读器，软件默认设置这个选项处于启用状态。根据这个选项，在PDF报告输出之后，由用户设置的默认PDF阅读器自动打开相关的PDF文件。

单击“确认”按钮完成PDF报告的输出。系统自动调用用户安装好的PDF阅读器打开检测报告，如图7-43所示。

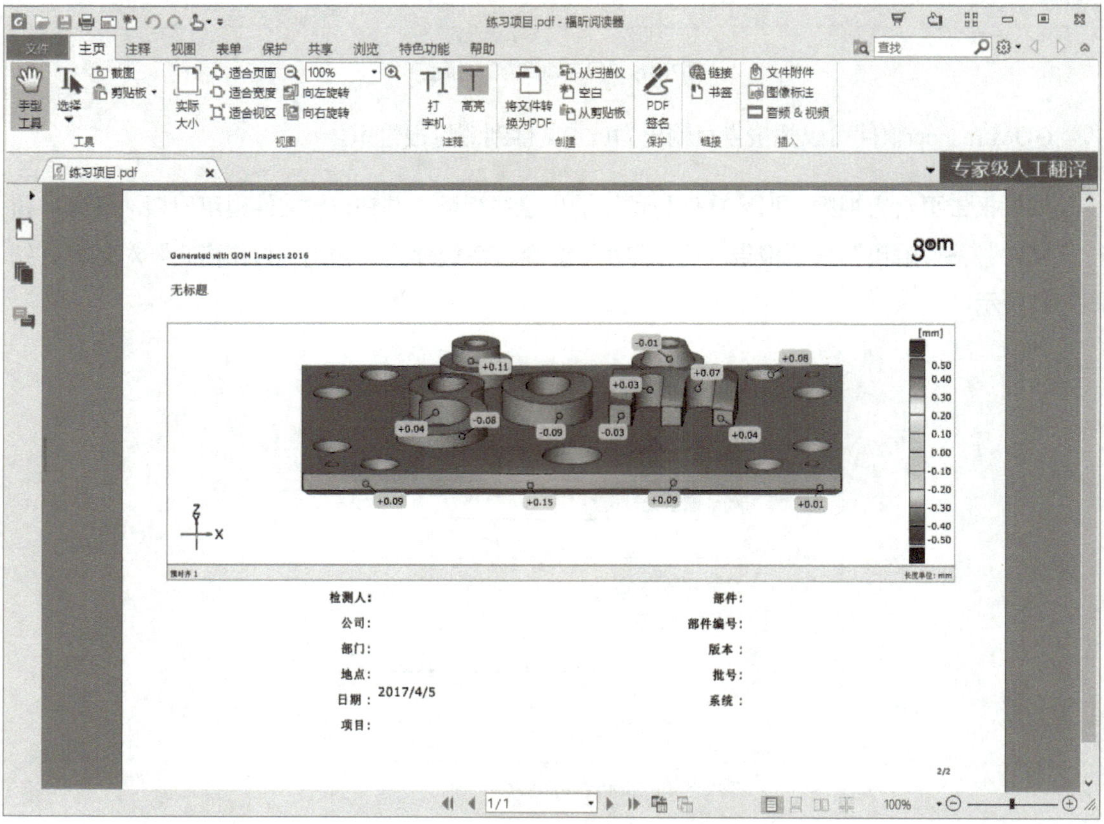

图7-43　PDF阅读器打开检测报告

任务4 创建二维截面检测

相对于任务3中的检测，本任务需要完成的是在二维截面视图中的检测，且此二维截面是可以通过标称元素设定的。

任务4要求在任务3中三维视图里检测数据的基础上，完成二维截面检测，在二维视图中进行标记偏差标注、剪切面、生成报告页等其他操作。

一、创建检测截面

本任务将在任务3保存的文件“练习项目”的基础上，添加检测截面，生成二维检测数据，并转化为报告页。

1）打开保存好的“练习项目”文档。在浏览器区依次打开检测、曲面比较、CAD上的曲面比较，按<I>键，其作用是隐藏快捷键，系统会将该对象隐藏起来。

2）在浏览器区打开标称数据“gom_part”后面的显示图标，显示出标称数据，打开“实际元素”→“网格”→“gom_part_measurement”后面的显示显示出扫描数据。标称数据和扫描数据的显示界面如图7-44所示。

图7-44 显示CAD和扫描数据的软件界面

在CAD数据上创建检测截面是软件沿指定的参考平面穿过CAD数据生成一个截面，随后计算出二维剪切面里从标称数据到测量数据的偏差。

打开这项功能后，软件设置为看得见所有用于检测任务的CAD数据。选择三维视图里的数据，计算出这个检测截面，以预览形式显示。

如果改变功能对话设置，则软件随即更新预览图。当创建检测截面时，软件还将创建与之相关的实际截面。

3）执行“检测”→“CAD比较”→“在CAD数据上的截面”命令或者单击快捷工具栏上的创建截面图标，系统弹出“在CAD数据上创建检测截面”对话框，如图7-45所示。

4）在参考平面右侧的文本框中单击黑色三角形，选择平行于标称元素坐标系的系统平面Z为参考平面。

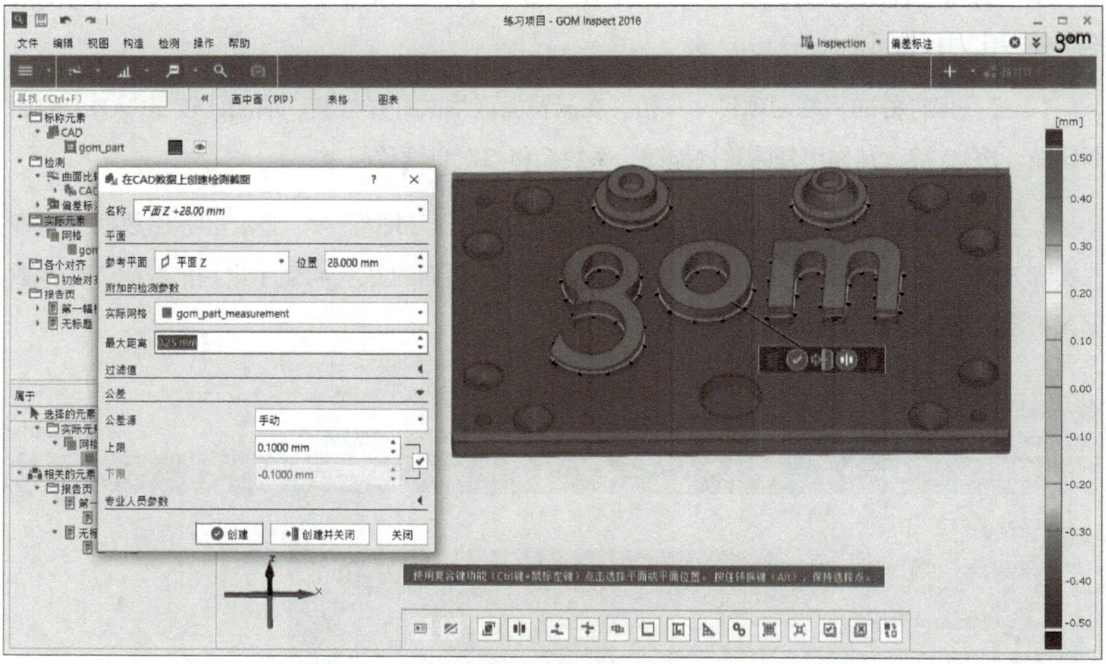

图7-45　创建检测截面

单击位置文本框，滚动鼠标滑轮，每次滑动增加或减少1mm的距离。

如果按住<Ctrl>键滑动滑轮位置，每次滑动增加或减少0.1mm的距离。

5）在“位置”文本框中输入28mm，表示在平行于坐标系的Z平面且距离Z平面28mm的距离处剪切此网格创建检测截面。

说明：在此对话框中平面下的参考平面文本框共有两个，参考平面是指相关的参考平面，软件依据此参考平面创建检测截面。

既可以从列表中选出参考平面，也可以在三维视图里直接选择。

作为软件的默认设置，列表里提供了坐标系的平面、用户创建的平面以及用户自定义的剪切面作为参考面选项。

只有当参考平面在选择的范围以内，软件才会创建一个检测截面。

“位置”可在这里指定参考平面的位置，也可在三维视图里直接指定位置，还可以输入距离确定截面位置。

“最大距离”在这里指定实际数据和标称数据之间的最大距离。

在进行分析时，软件不会考虑超过这个距离之外的那些点。软件此处的默认设置是以灰色显示这个距离之外的点。超出此距离则无法标注偏差。此处输入的距离是0.25mm，表示超出0.25mm的偏差不会显示出来。

单击公差右边的黑色三角形，随即打开进一步的参数设置。用户可以根据需要设定公差源和上下限公差。

完成设定之后，单击对话框中的创建图标按钮，生成检测截面，效果如图7-46所示。

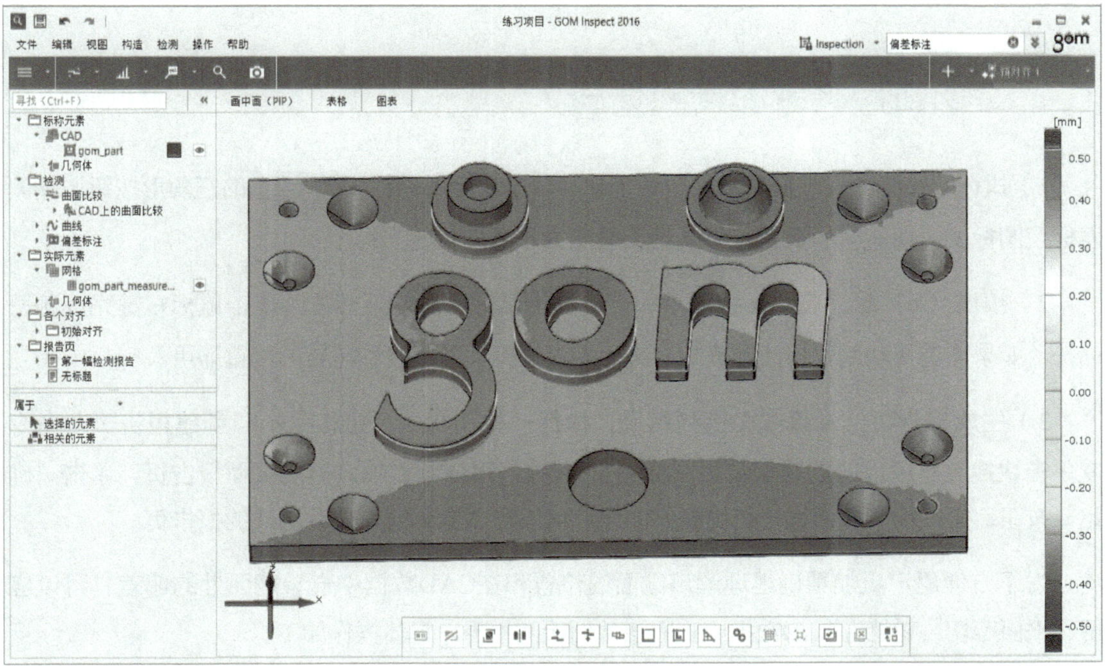

图7-46 完成检测截面效果

6）为了只显示图7-47所示的检测截面，在浏览器里选中检测截面，执行“视图”→“元素”→“显示专属的”命令或按<E>键，软件只显示选中的元素，其他元素将隐藏。

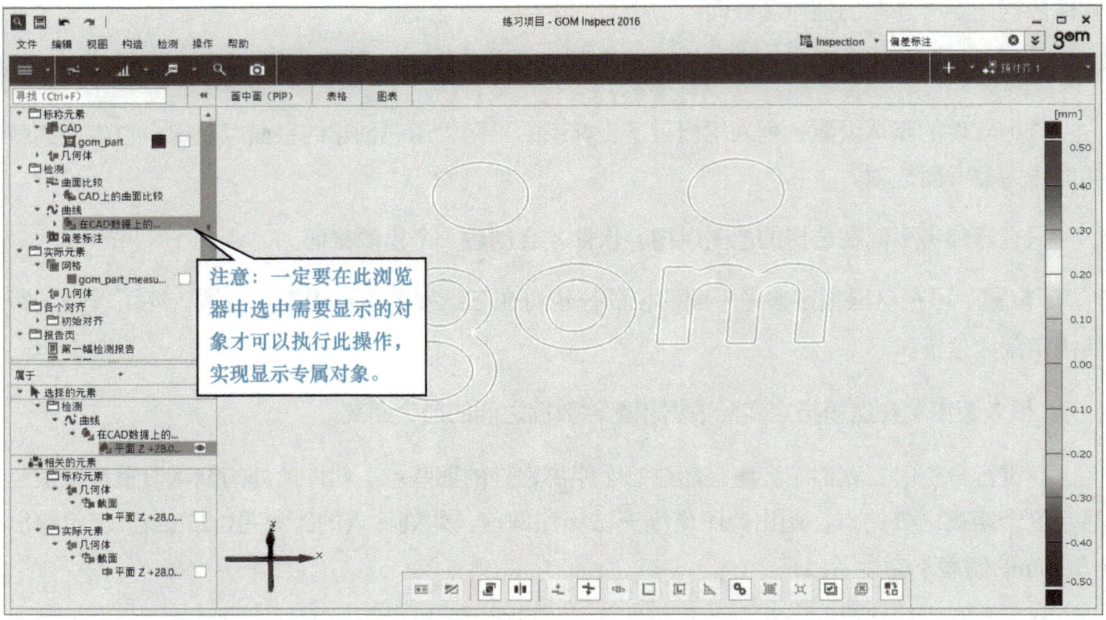

图7-47　专属显示检测截面效果

7）如果需要显示其他元素，那么也可以在选中需要显示的元素后，执行“视图”→“元素”→“显示”命令或按<V>键显示该元素。

二、创建检测截面偏差标注

1）执行“检测”→“偏差标注”命令或者单击快捷工具栏中上的三角形按钮选择偏差标注图标 偏差标注...。此时光标从箭头转变为十字形状的光标。

2）按住<Ctrl>键，在图7-48所示的位置单击鼠标生成偏差标注，单击鼠标右键完成偏差标注。如果需要移动偏差标注标签的位置，则直接拖动其标签到需要的位置即可。

3）生成报告页记录该截面检测结果，执行“操作”→“报告”→“创建报告页”命令或单击快捷工具栏上的创建报告页图标，在报告页标题栏输入检测截面报告页，单击“确定”按钮，完成检测截面报告页的制作。用户可以在浏览器窗口查看生成的报告页。

为了方便用户更加精确地理解该截面的位置和在CAD数据中查看截面处的偏差，可以应用“平面剪切”功能在CAD数据中查看该截面检测报告。具体操作如下：

4）在浏览器窗口选中标称数据，执行“视图”→“元素”→“显示”命令或按<V>键显示标称元素CAD数据。显示效果如图7-49所示。

5）选中工作区下方的工具栏中平面上的剪切图标，移动鼠标至CAD数据上的图标上，当鼠标在该图标上移动时，软件预览显示需要剪切的部分。选择需要剪切的部分，单击鼠标完成剪切。单击“画中画”按钮 画中画（PIP）启动画中画界面，效果如图7-50所示。

6）当需要显示产品局部的平面剪切偏差标注效果时，可将工作区的CAD数据放大并移动到合适的位置。单击画中画上部的依据三维视图转动图标，此时其右侧的显示缩放区域按钮变亮，单击此按钮，画中画区域中蓝色方框内的区域和工作区显示的放大部分同步显示。此时，当用户移动或转动工作区的CAD数据时，画中画的蓝色方框做相应移动。完成后的效果如图7-51所示。

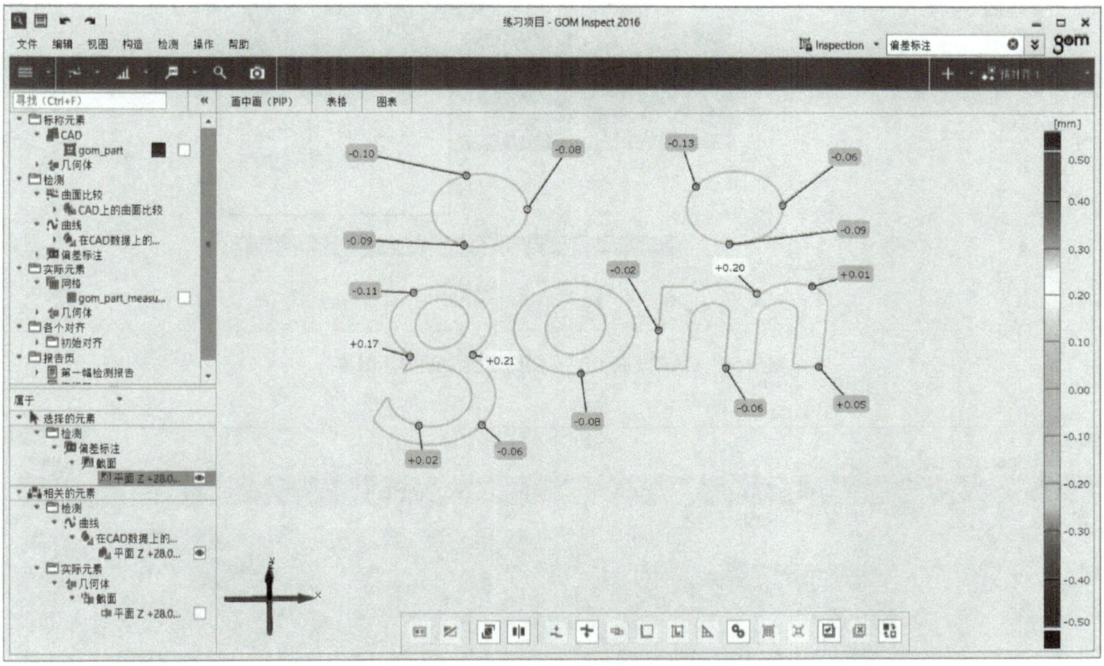

图7-48 检测截面偏差标注效果

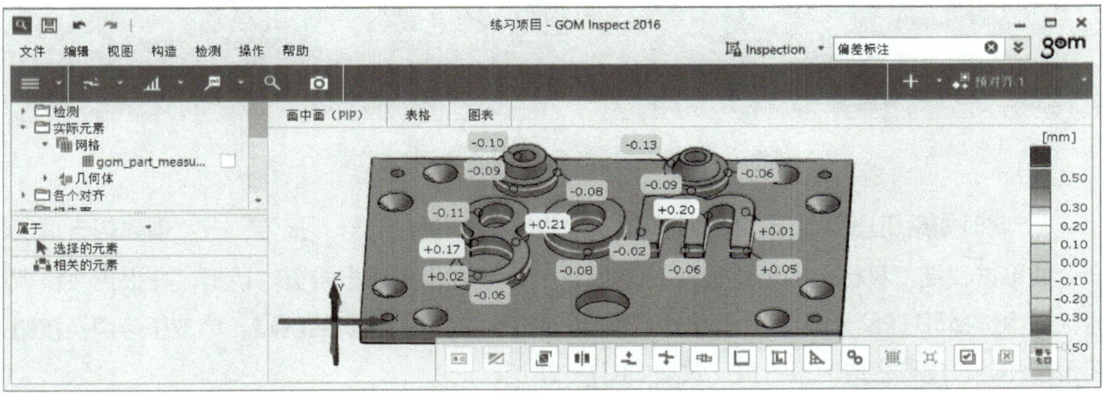

图7-49 在CAD数据中显示检测截面偏差标注效果

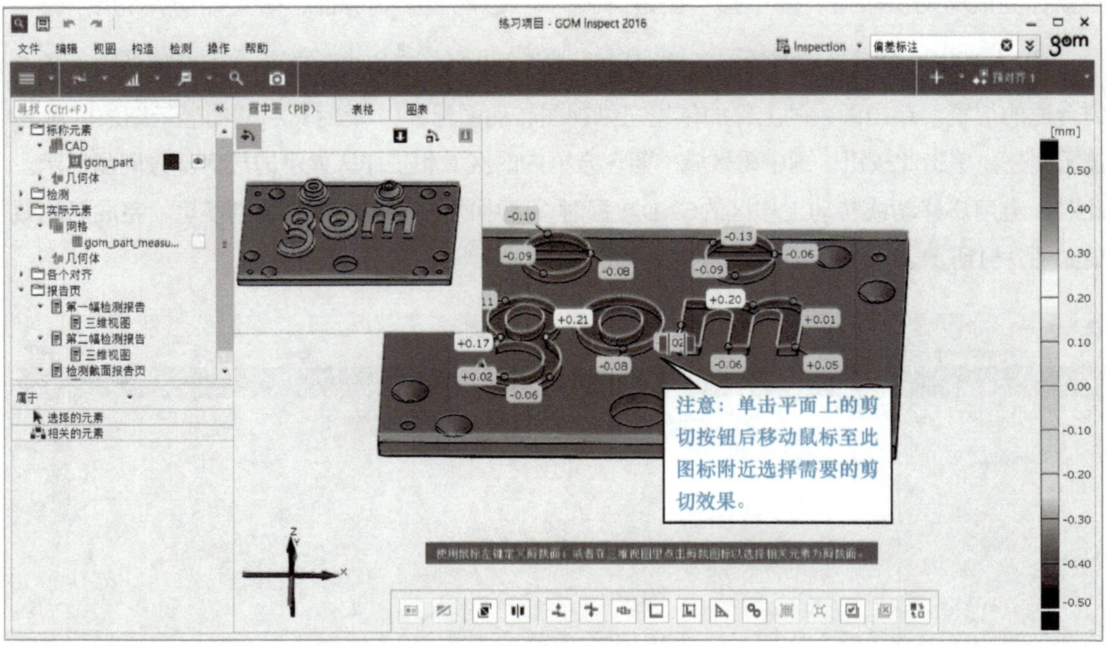

图7-50　CAD数据上的平面剪切画中画显示效果

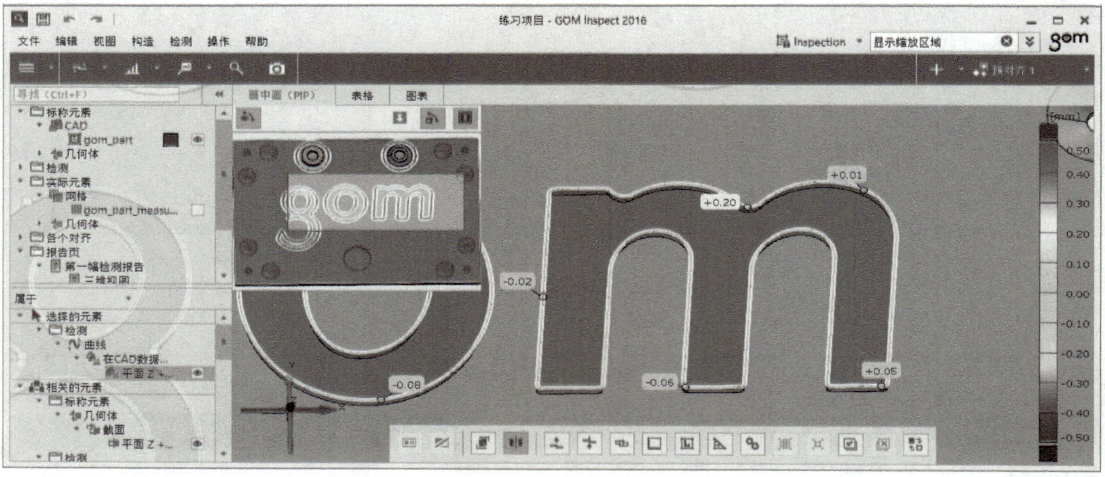

图7-51　画中画显示下的局部平面剪切标注效果

7）此时如果用户需要保存此报告页，则可以执行“操作”→“报告”→“创建报告页”命令或单击快捷工具栏上的创建报告页图标，系统弹出创建报告页对话框，在报告页模板对话框中选择3D+PiP Style (A4)，单击“确定”按钮，完成报告页的创建。单击任务切换按钮至报告任务，浏览生成的报告页，效果如图7-52所示。

8）最后执行“文件”→“保存”命令或按<Ctrl+S>组合键保存项目。

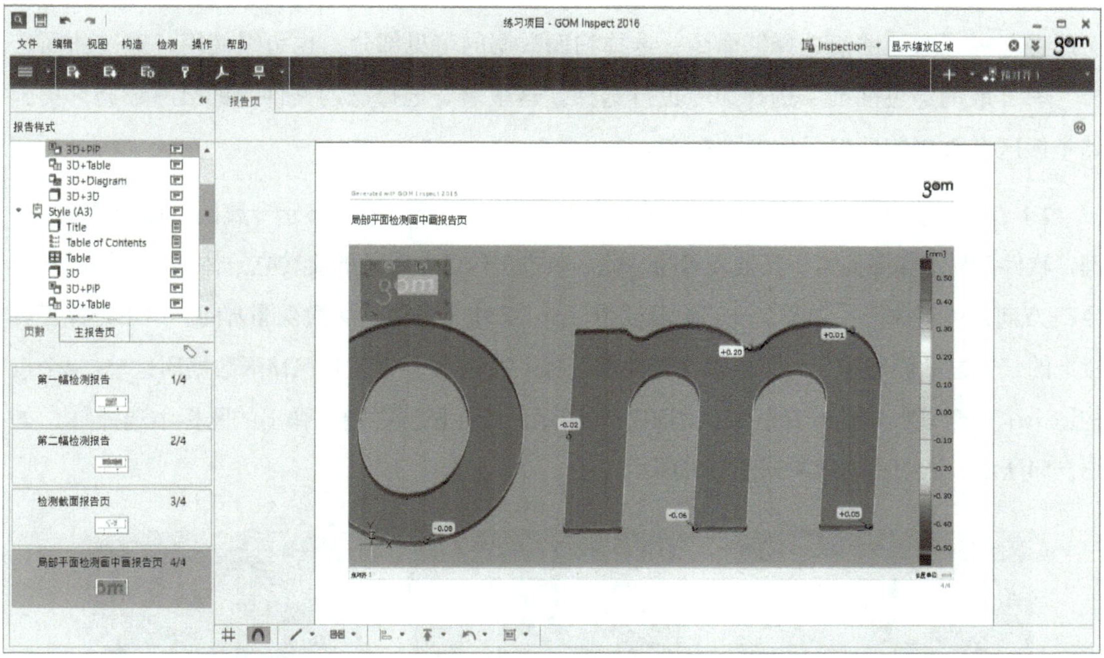

图7-52 局部平面标注检测画中画报告页

任务5 额外的对齐计算

任务5将在任务3中CAD数据和扫描数据预对齐的基础上，完成其他额外的主对齐，比如局部最佳拟合对齐、321对齐、RPS对齐。复制报告页、重新生成报告页等操作。

一、创建局部最佳拟合对齐

局部最佳拟合，可以通过一种最佳拟合计算对齐实际数据到标称数据。要创建最佳拟合对齐，首先需要创建一项初始对齐。初始对齐是将实际数据贴近标称数据。如果实际数据并不靠近标称数据，那么软件不能计算局部最佳拟合对齐。

要进行局部最佳拟合对齐，首先需要选择相关需要实施局部最佳拟合的实际数据，不要在标称数据上进行选择。实施局部最佳拟合对齐，是为了查看局部数据的对齐情况。依据局部最佳拟合对齐的结果分析产品的局部缺陷。在这里需要分析字母M数据上的偏差情况。为创建最佳拟合和对齐，需要选择部分曲面，用户可以使用三维视图中工作区下方的选择工具栏的选择工具，或者在扫描数据上单击鼠标右键，在弹出的快捷菜单中选择“曲面选择”→“取消曲面选择”命令，选择扫面数据的可见部分。也可以使用“穿过曲面选择”→“取消穿过曲面”选择命令进行选择。这里需要选择练习文件上的M形数据，实施基于该区域数据的局部最佳拟合对齐。

1）在浏览器里选中实际元素，执行“视图”→“元素”→“显示专属的”命令或按<E>键，软件只显示实际元素，其他元素将隐藏。单击工作区左下角的旋转立方体，切换视图方向至Z+方向，或者执行“视图”→“标准视图”→“Z+R”命令，切换视图方向。单击选择工具栏上的“穿过曲面选择”→“取消穿过曲面选择”按钮，在工作区M形数据周边单击4个点构造一个包含该数据的选择区域，如图7-53所示。按住鼠标右键在弹出的图标中选择，如图7-54所示。选中后的效果如图7-55所示。

图7-53　四点构造的选择框

图7-54　弹出的选择图标

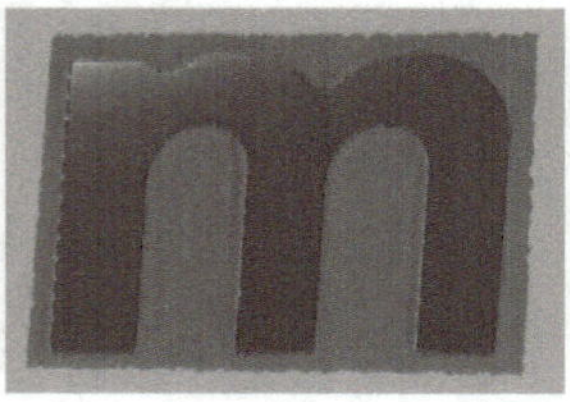

图7-55　选中后的效果

2）单击工作区左下角的旋转立方体，切换视图方向至Y-方向，或者执行“视图”→“标准视图”→“Y-”命令。单击选择工具栏上的“穿过曲面选择”→“取消穿过曲面选择”按钮，在工作区M形数据周边单击4个点构造一个如图7-56所示的选择区域，按住鼠标右键在弹出的图标中选择，取消该区域内已经被选择的数据，旋转视图至合适的方位，至此完成了需要局部最佳拟合的数据，如图7-57所示。

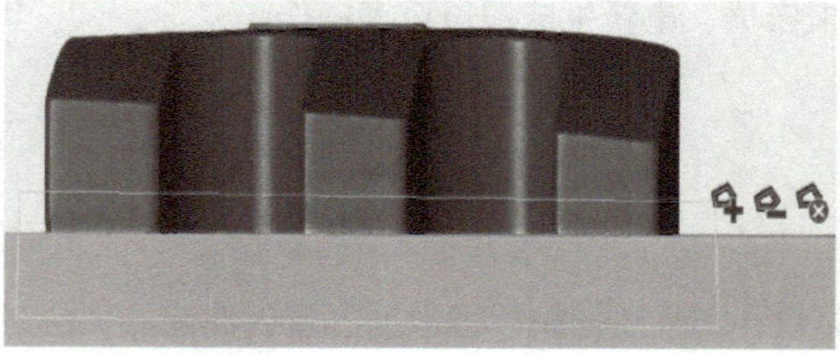

图7-56　需要取消选择的区域

图7-57　需要局部最佳拟合的数据

3）执行“操作”→“对齐”→“主要对齐”→“局部最佳拟合对齐”命令或者单击主工具栏上的图标右侧的三角形按钮，在弹出的菜单中选择“局部最佳拟合” 局部最佳拟合... 。软件弹出“局部最佳拟合”对话框，输入搜索的最大距离为0.5mm。单击“确定”按钮完成基于选择数据的局部最佳拟合对齐。在浏览器里选中“检测”→“曲面比较”→“CAD上的曲面比较”按钮，执行“视图”→“元素”→“显示专属的”命令或按<E>键，软件只显示

"CAD上的曲面比较"，完成后的效果如图7-58所示。

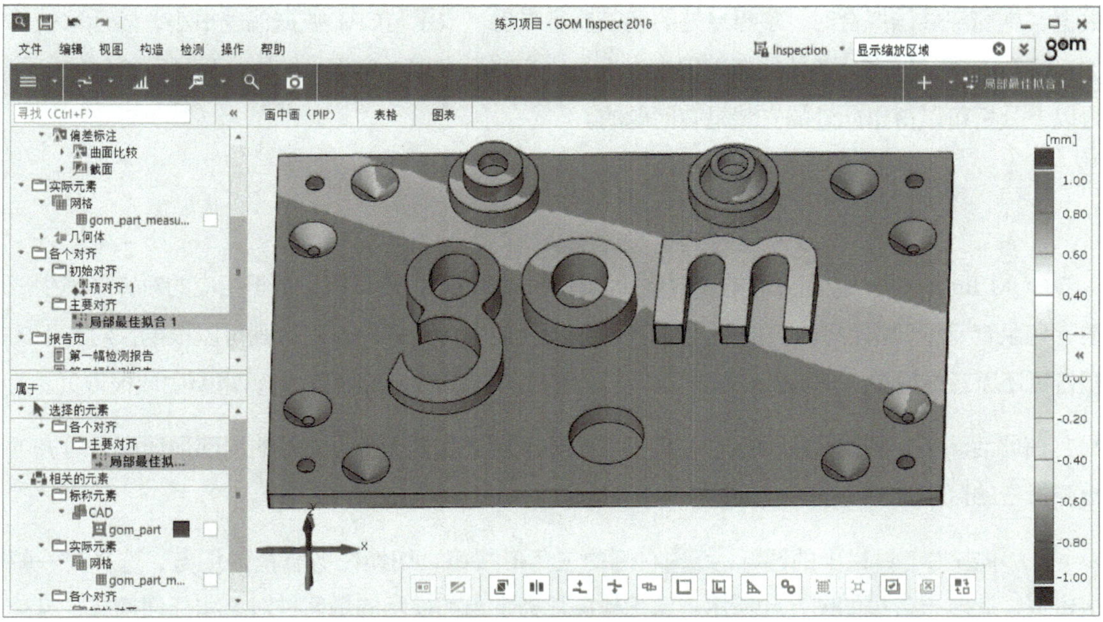

图7-58 实施局部最佳拟合对齐的曲面比较结果

通过观察图7-59所示的基于预对齐的CAD上的曲面比较结果，发现整个产品的扫描数据与CAD数据偏差均匀且偏差较少，而字母M处数据的左下角和右上角处已经超出设定的检测范围，系统以灰色显示，偏差主要集中在此处，此处的加工可能存在问题。

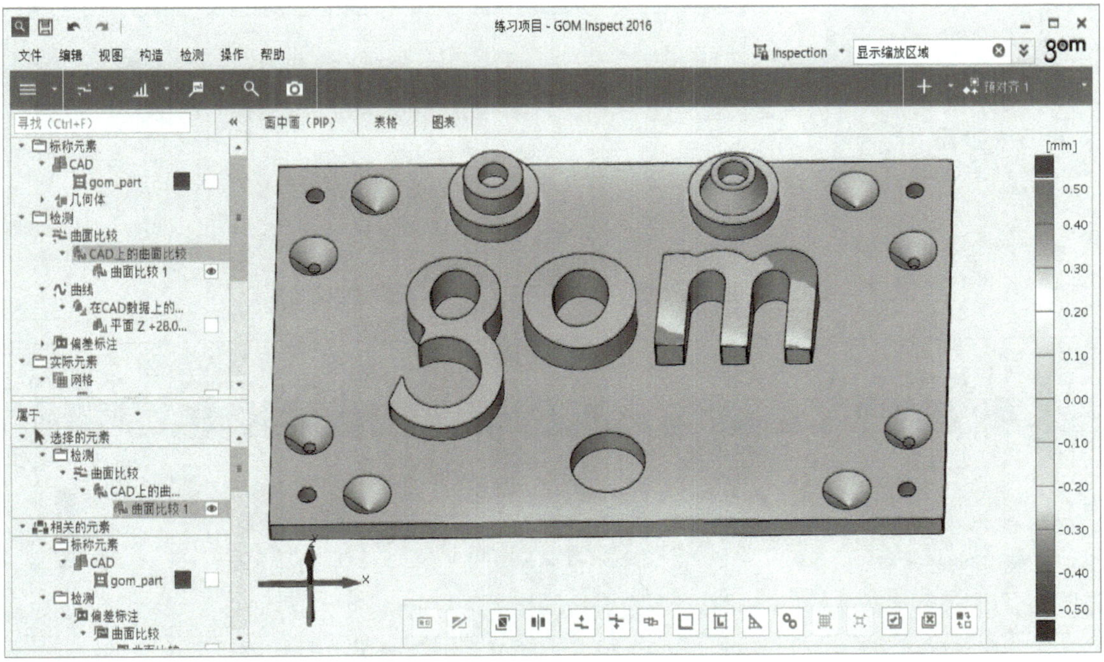

图7-59 实施预对齐的CAD上的曲面比较结果

通过观察图7-58所示的基于局部最佳拟合的CAD上的曲面比较结果，发现当以字母M处的数据实施局部最佳拟合时，字母M处的偏差显示绿色，表示与CAD数据偏差很小，表示M处的加工没有问题，但产品整体的偏差很大。通过观察产品发现，字母M处的产品是可拆卸的。综合以上分析可以得出此处的安装是有问题的。

二、编辑报告页

GOM Inspect是一种溯源性的参数化检测软件，所有的报告页都是基于相应的对齐环境生成的。如果查看相同报告页视图下的预对齐和局部最佳拟合对齐的差别，则可以根据预对齐下的报告页还原三维视图，复制原有报告页，更改预对齐为局部最佳拟合对齐，重新生成报告页。

在此活动中，将比较相同报告视图下的整体预对齐和基于数据M处的局部最佳拟合对齐下检测报告的区别。

1）单击主工具栏上的图标右侧的三角形按钮，切换任务至报告任务，选择第一幅报告页，此时报告页如图7-60所示。无论检测任务下当前显示的是何种对象和任何模式，当单击报告任务环境下的根据报告页还原三维视图图标时，软件将更新检测任务工作区显示内容和报告页内容一致。此时检测任务下的视图如图7-61所示，已经保持一致。

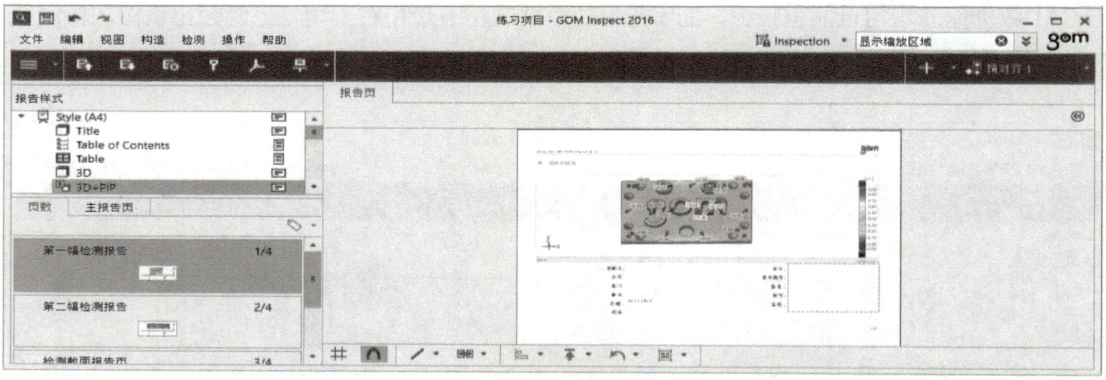

图7-60　基于预对齐的报告任务下的第一幅检测报告视图

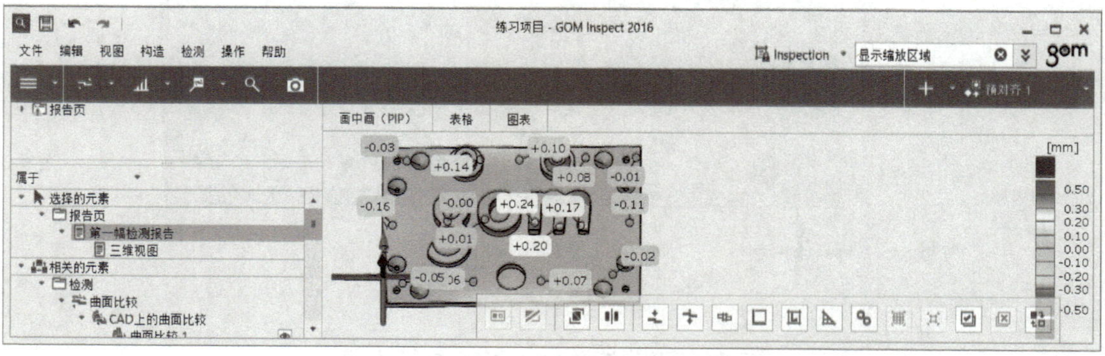

图7-61　基于预对齐的检测任务下的数据视图

2）单击检测任务下主工具栏上 预对齐 1 图标右侧的三角形按钮，在下拉列表中选择局部最佳拟合对齐。此时图7-61所示的基于整体预对齐的检测更新为基于局部最佳拟合对齐的结果，如图7-62所示。

图7-62 基于局部最佳拟合对齐的检测任务下的数据视图

3）单击检测任务下主工具栏上 图标右侧的三角形按钮，在下拉列表中选择报告任务，软件进入报告任务。此时报告任务下显示仍然是基于预对齐的第一幅报告页。单击鼠标选择第一幅检测报告，按住<Shift>键，单击最后一幅局部平面检测画中画报告页，软件将所有的报告页选中，如图7-63所示。在已选中的报告页上单击鼠标右键，在弹出的快捷菜单中选择“复制”命令，复制所有的报告页。在已选中的报告页上单击鼠标右键，在弹出的快捷菜单中选择“粘贴”命令，粘贴已经复制的报告页，系统弹出的对话框如图7-64所示。单击“后”按钮，在选择的报告页之后插入复制的报告页，此时粘贴之后的报告页仍然是处于选中状态，而原报告页处于非选中状态，如图7-65所示。单击任务报告下的重新配置报告页图标，系统弹出“重新配置报告页”对话框，将评估参数中的对齐和图例原设置“出自报告”更改为“出自当前三维视图”，如图7-66所示。系统更新复制后的报告页为局部最佳拟合对齐下的分析检测结果。更新后的检测结果如图7-67所示。

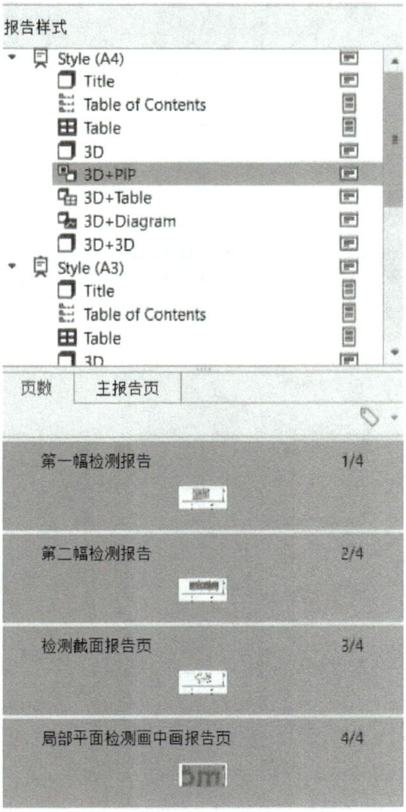

图7-63 复制前的选择状态

4）至此，完成了编辑报告页，复制、粘贴报告页，重新配置报告页的相关操作。最后执行“文件”→“保存”命令或按<Ctrl+S>组合键保存项目。

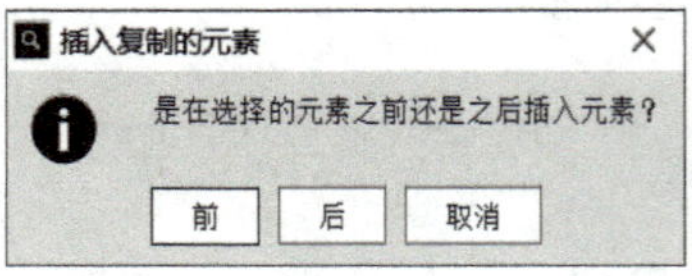

图7-64 “插入复制的元素”对话框

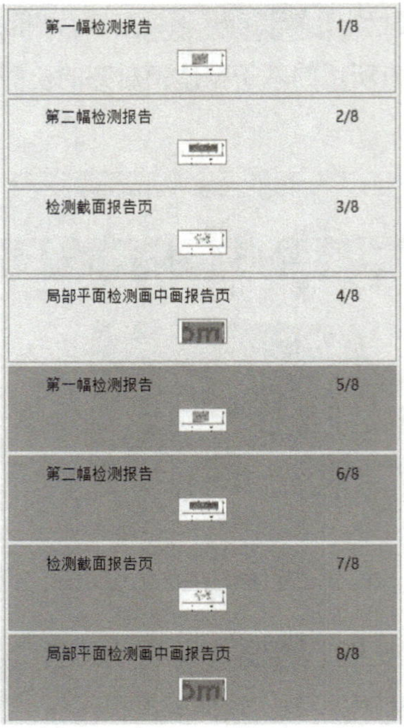

图7-65 复制后的选择状态

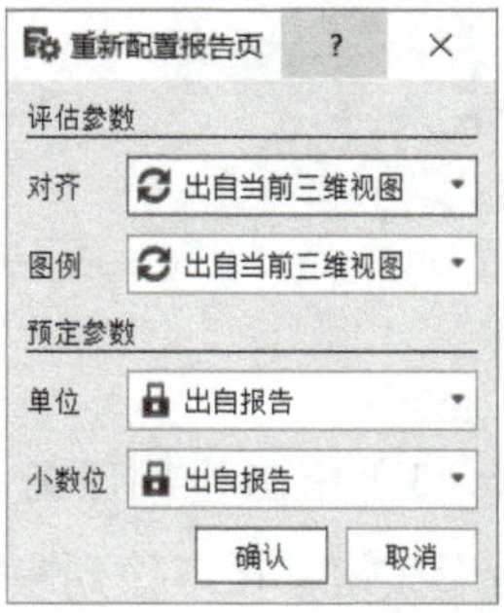

图7-66 “重新配置报告页”对话框

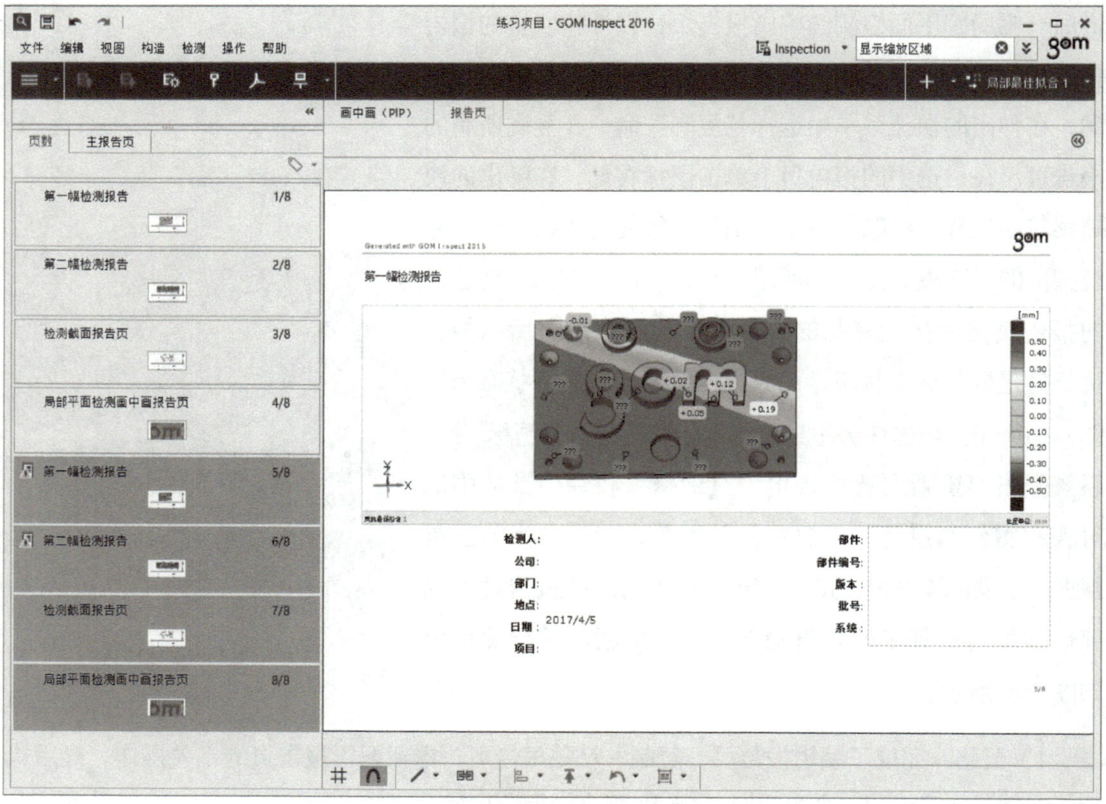

图7-67 更新后的报告任务显示界面

三、以公差的形式显示报告页

这里将学习如何设置整个CAD数据的公差、设置某个或某些面片的公差、生成带公差的视图报告等操作。

1）在浏览器窗口中双击 gom_part，软件窗口右侧将打开该CAD数据的属性窗口，点击公差选项卡，激活dXYZ对话框，dXYZ右侧的公差文本框随之激活。单击最右侧方框，方框内有对勾表示是对称公差，没有对勾表示是非对称公差，输入非对称公差，上公差为0.5，下公差为-0.3，如图7-68所示。完成整个CAD数据公差的设置。

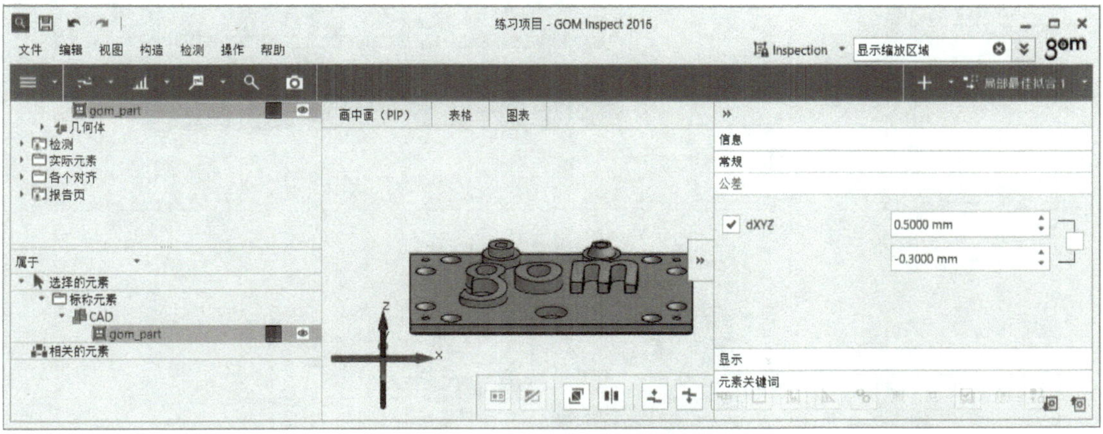

图7-68　CAD数据的公差设置界面

2）也可以选择需要重点显示的面片，在CAD数据整体公差的基础上设置不同的面片公差，执行“操作”→“CAD”→“编辑面片”命令，系统弹出“编辑面片”对话框，按住<Ctrl>键，使用鼠标左键在CAD数据上字母O和M的顶部单击选择两个面片，并在“编辑面片”对话框中输入上限公差为0.3，下限公差为-0.2，如图7-69所示。单击“应用”按钮，完成设定。

3）在浏览器窗口中依次打开“标称元素”→“CAD”，选中“gom-part”，执行“视图”→“元素”→“显示专属的”命令或按<E>键，软件只显示CAD数据gom-part。

4）完成CAD整体公差设置和选择面片公差设置之后，就可以改变其曲面比较的表现形式，将图例显示更改为公差图例，软件以绿色表示在公差范围内，黄色表示在警告阶段，红色表示不合格。在软件最右侧的颜色图例条上单击鼠标右键，系统弹出如图7-70所示的菜单。移动光标到图例类型上，系统弹出图例、公差图例选择菜单，选择公差图例。图例工具条的显示从渐变的变化颜色更改为绿、黄、红3色显示，如图7-71所示。

图7-69 “编辑面片”对话框

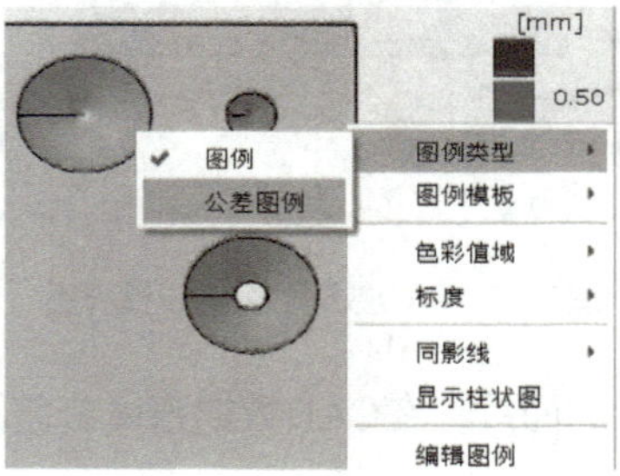

图7-70 更改图例显示对话框

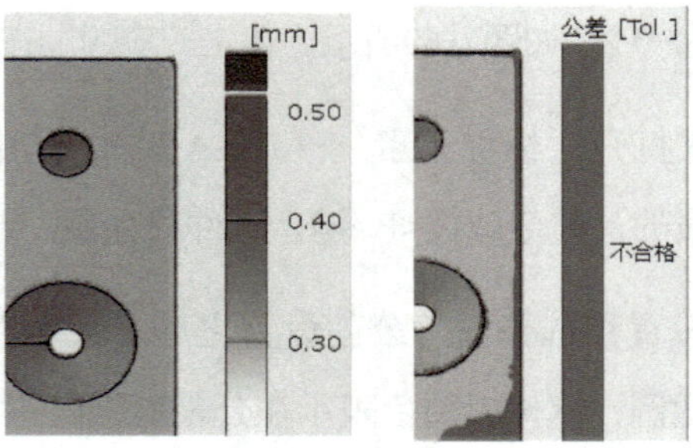

图7-71 图例、公差图例显示对比

5）接下来就可以将公差图例显示的内容记录在报告页中。单击主工具栏图标创建报告页，系统弹出“创建报告页”对话框，如图7-72所示。选择“3D Style（A4）”模版样式，单击“确定”按钮完成报告页的创建。

图7-72 公差显示保存的报告页

四、RPS对齐

RPS（Reference Point System）对齐是用于创建用户自定义的对齐。这种对齐以曲面点或者构造的含有点的各种元素为依据。通过所有使用的RPS点，将偏差（均方误差）减小到最小。软件尝试对齐各个RPS点，以便相关偏差为零或者尽可能为零。

RPS对齐是在各个指定的参考点的基础上进行对齐计算。这些指定的参考点含有坐标（X、Y、Z）。测量数据被对齐到标称数据的坐标系。为了RPS对齐，给每个点调整相关坐标的有效方向。

成功进行RPS对齐的前提条件是项目里含有初始对齐，比如，一个含最佳拟合的预对齐等。通过“测量原理”，RPS标称元素与实际数据产生关联关系。如果可能，则使用可以遵循动态规则的RPS点，比如，曲面点。RPS补偿换算简单且有效。

RPS规则：要计算RPS对齐，软件使用动态或静态规则。通过这两种规则，软件尝试把相关RPS点的偏差减少到最小。如果是遵循动态规则的元素，则软件自动评估每个内部中间结果。软件基于应有的规则结果，优化转换结果。如果是遵循静态规则的元素，则软件不能自动评估每个内部中间结果。为此必须手动定义迭代次数。

提示和技巧：如果根据有效方向命名相关的RPS点，那么在RPS对话框里进行指配则相对容易一些。

在项目里创建RPS点有多种方法：在CAD数据里有RPS点；在标称数据上构造RPS点；根据点坐标输入一个ASCII文件。

在这里使用CAD数据里的RPS点。首先在CAD数据上建立基于RPS对齐的标称元素，然后使用“测量原理”在实际数据上建立实际元素，执行RPS对齐。

“测量原理”是创建实际元素的一种简便方法。

软件基于标称元素（CAD 数据）创建实际元素。在这个过程中，软件把实际元素与标称元素关联起来。

根据3点构造平面，两点构造直线，一点构造原点的原则。首先在CAD数据上建立标称元素。

1）在浏览器窗口中依次打开“标称元素”→“CAD”，选中“gom-part”，执行“视图”→“元素”→“显示专属的”命令或按<E>键，软件只显示CAD数据“gom-part”。

2）执行“构造”→“点”→“曲面点”命令，软件弹出“构造曲面点”对话框，勾选对话框中的“自动计算矢量”选项，以产生点的方向为点命名，按住<Ctrl>键的同时在CAD数据上单击鼠标建立fz1、fz2、fz3、fy1、fy2、fx6个点，如图7-73所示。

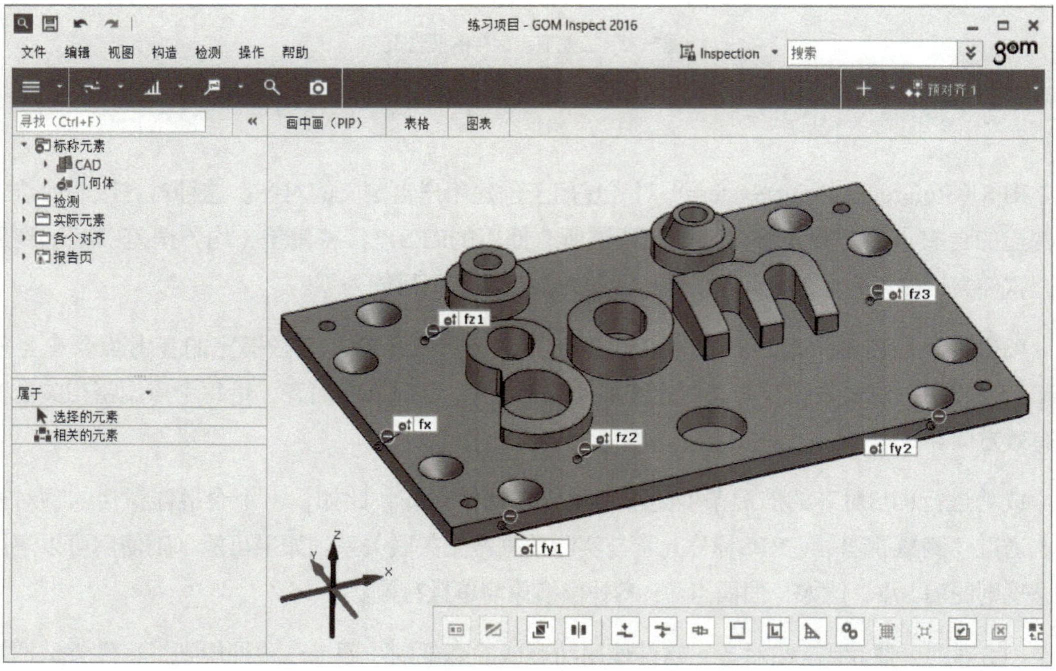

图7-73　在CAD数据上构造的RPS对齐点

3）接下来使用“测量原理”在实际元素上建立对应的点。

首先在浏览器窗口选中在CAD数据上构造的点，选择“标称元素”→“几何体”→“曲面点”，选中在CAD数据上构造的6个点。

4）执行“检测”→“应用测量原理”→“点”→“与网格的交点”命令，软件弹出测量原理与网格的交点对话框，单击“确定”按钮完成应用。用户就可以在浏览器中看到已经创建的点。到现在为止已经具备了进行RPS对齐的所有前提。

5）选择“标称元素”→“几何体”→“曲面点”，选中在标称元素上构造的6个点。

6）执行“操作”→“对齐”→“主要对齐”→“RPS”命令，软件弹出“RPS”对话框，如图7-74所示。

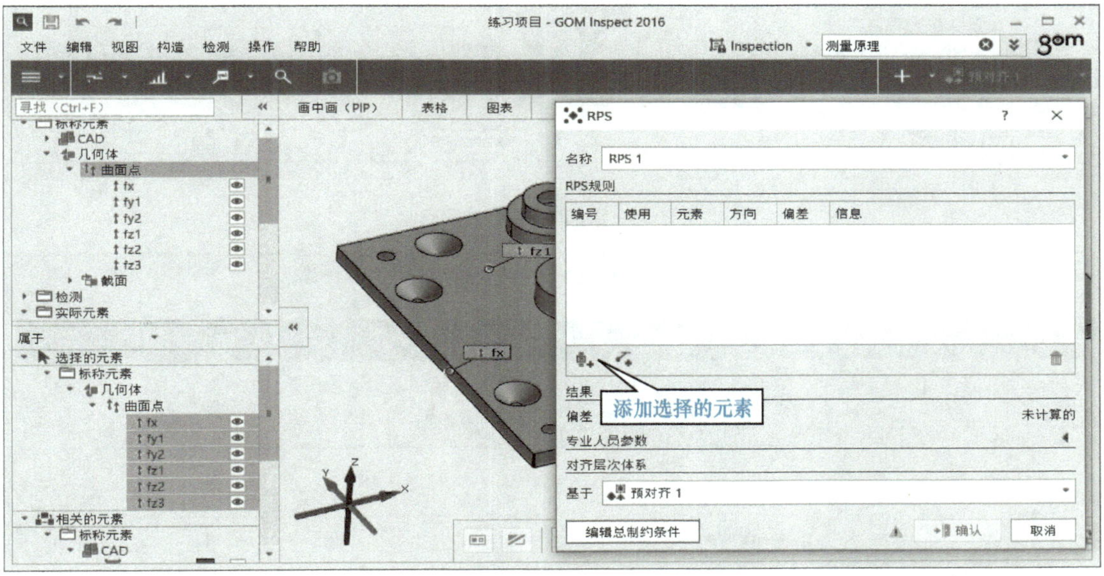

图7-74 “RPS”对话框

由于在执行该命令之前已经选中标称元素的6个曲面点，如图7-71左侧虚线框内所示，所以添加选择的元素按钮可用。如果在执行RPS对齐命令之前没有选择标称元素中的曲面点，则该按钮不可用，用户也可以在执行该命令之后在浏览器窗口选择。

7）单击图7-74中的“添加选择的元素”按钮，软件将已经选中的标称元素的6个曲面点添加进去，如图7-75所示。单击“确认”按钮完成RPS对齐。

8）复制并粘贴报告页，更新RPS对齐的内容。单击主工具栏上的图标选择报告任务浏览器，选择预对齐下的前3个报告页，在报告页上单击鼠标右键，在弹出的快捷菜单中选择“复制”命令，在最后一幅报告页上再次单击鼠标右键，在弹出的快捷菜单中选择“粘贴”命令。软件弹出“插入复制元素”对话框，需要选择是在最后一幅报告之后或者是之前插入复制的报告页，选择“后”。复制后的报告页仍处于选中状态，单击主工具栏上的重新配置报告页图标，完成报告页的更新。至此完成了基于RPS对齐的所有操作。完成后的报告页如图7-76所示。注意，此报告页右上角虚线框内显示的对齐方式是RPS对齐。

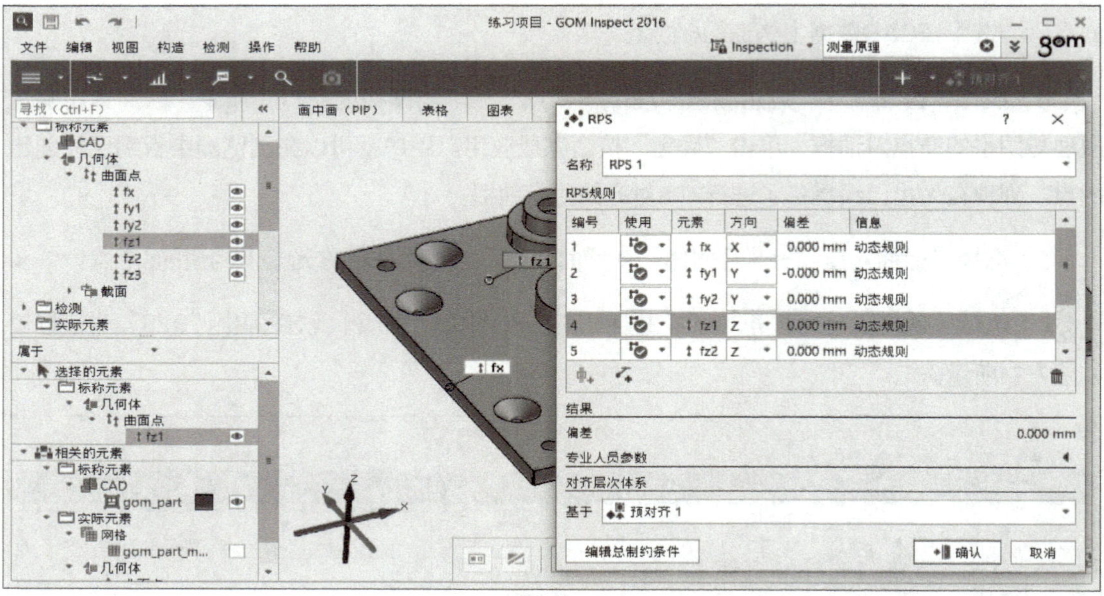

图7-75 添加RPS对齐曲面点

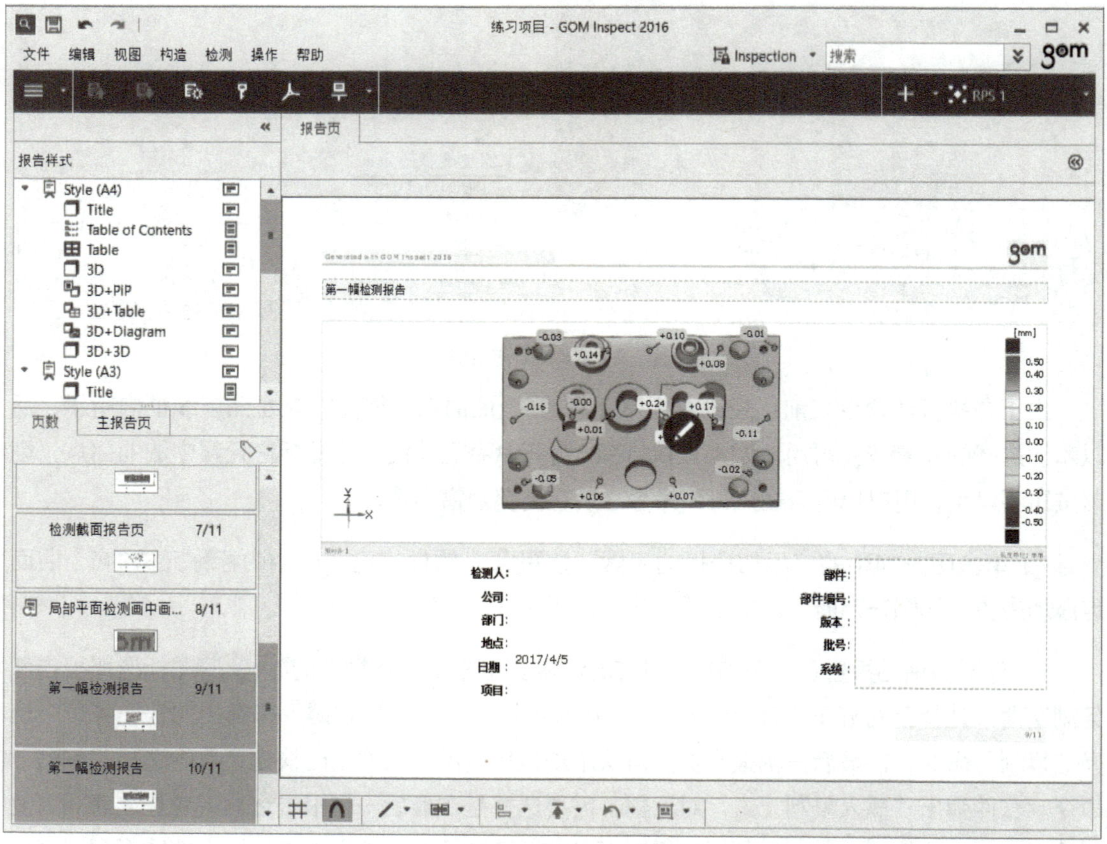

图7-76 完成后的报告页

项目小结

通过本项目的练习，可以完成不同类型的数据文件的输入，指定相应的文件为标称数据和实际数据，执行预对齐操作，进行简单的基于CAD数据的曲面比较和偏差标注。还可以根据需要添加额外的最佳拟合对齐和RPS对齐，然后复制报告页，完成在不同的对齐环境下相同的报告视图更新。如果需要更加清晰地表达某一部位的比较情况，则可以使用“画中画”功能；如果需要显示某一截面的检测结果，则可以使用检测截面的功能完成。

思考与练习

1）GOM Inspect软件支持哪些类型的数据输入？哪些类型的数据导入之后可以直接作为标称元素存在？

2）GOM Inspect软件支持的对齐方式有几种，它们有什么不同之处？

3）检测报告的输出有几种显示方式？

4）如何在不同的对齐环境下更新报告页？